中国の海上権力

海軍・商船隊・造船〜その戦略と発展状況

浅野 亮
山内 敏秀 編

創土社

目　次

はじめに　　　　　　　　　　　　　　山内 敏秀 …… 4

序章　なぜ海洋が重要なのか　　　　　浅野 亮 …… 13

1章　中国海軍発展の軌跡　　　　　　山内 敏秀 …… 61

2章　拡充する中国商船隊　　　　　　森本清二郎
　　　　　　　　　　　　　　　　　　松田琢磨 …… 87

3章　中国造船工業界の伸張　　　　　重入義治 …… 119

4章　中国海軍の戦略　　　　　　　　山内 敏秀 …… 151

5章　主要水上戦闘艦艇の近代化　　　山内 敏秀 …… 177

6章　中国初の空母就役の意義　　　　下平拓哉 …… 209

7章　潜水艦部隊の建設　　　　　　　山内 敏秀 …… 221

8章　中国の両用戦能力　　　　　　　下平拓哉 …… 247

おわりに　　　　　　　　　　　　　　山内 敏秀 …… 265

索引 …… 269

執筆者一覧 …… 276

中国の主要シーレーン（海上補給路）
出所：Military Power of Balance of the People's Republic of Chaina（2008）

各章ごとの欄外につけられた用語解説、または文中の囲み記事で筆者が明示されているもの以外は編集部が作成しました。文責は編集部にあります。

はじめに

　16世紀、エリザベス女王の寵臣で探検家でもあったサー・ウォルター・ローリーは「海を制する者は世界の富を制し、世界の富を制する者が世界を制する」と主張した。
　米国の戦略研究家アレフレッド・マハン（1840～1914）が『海上権力史論』（*The Influence of Sea Power upon History, 1660-1783*）で対象としたのは、1648年のウエストファリア条約によって独立したオランダと英国が海上貿易の独占を争った第2次英蘭戦争（1665～67）から七年戦争（1756～1763）までの期間であり、この間に英国がいかにして興隆してきたかを分析したものである。そこでは海は公道であり、陸上よりの安全で安価な通商路であると把握した上で、生産、海運、植民地の3つが海洋国家の消長を解き明かす鍵であり、海軍力だけでなく貿易・海運を含めた広い意味でのシーパワーの発展が海洋国家の興隆を左右してきたと結論づけている。
　一方、フランスの海軍戦略研究家ラウール・カステックス（1878～1968）は、海上交通を支配すれば自らは交通路を自由に利用し、敵に対してはこれを拒否できるから、海軍の使命は海上交通路の支配の外にはないと強調する。しかし、英国や日本のような島国に対しては海上を支配することによって深刻な効果を及ぼすことができるが、イタリアのような半島国に対しては島国に対するほどの効果はなく、フランスのように広い範囲にわたって陸上の国境を他の国と接し、海上交通を断絶されても他の国と連絡を取ることができる国を破ることは難しいと指摘する。言い換えれば、広い範囲にわたって陸上国境を有する国の消長は英国や日本のような島国と異なりシーパワーの発展にあまり左右されないとも理解できる。
　中国の中国移動通信連合会副会長兼秘書長である倪健中（げいけんちゅう）らは、中国は1万8000kmの海岸線を持つ歴史的な海洋国家であると主張する[1]。しかし、歴史的に中国が海洋国家であったという主張への同意は決して多くないであろ

う。宋代にジャンクが開発され、沿海を含む国内海上交通が発達し、経済を活性化させてきたが、中国の歴代王朝が発展してきた要因として海を発見することは困難である。歴代王朝の安全保障政策を概観すると、防塞派と海防派の対立であった。そして多くの時代、北方からの脅威に備えることを主張した防塞派が勝利してきた。

そのような中国の歴史の中で、海において中国が光彩を放ったのは明代・鄭和の大航海と清朝の北洋水師（北洋海軍）である。

鄭和の大航海は1405年から1433年、7回にわたって実施された。大航海の目的については中国の文献からは明らかではないが、永楽帝が朝貢を促す使節を派遣し、朝貢体制の発展に努めたことから、鄭和の大航海もこの文脈上にあったと考えるのが妥当である。

一方、1871年の宮古島島民台湾遭難事件を契機として清国内では北洋に洋式海軍を創設することが議論され、北洋大臣李鴻章(りこうしょう)の下に建設が始まり、1888年、北洋水師が編成された。北洋水師はドイツのフルカン造船所で建造された装甲艦「定遠」「鎮遠」を主力に艦艇32隻、4万トン強の勢力を誇っていた。しかし、1894年9月、黄海海戦において日本に敗れ、北洋水師は潰え去り、再建されることはなかった。

このように中国の歴史、特に近代を概観すると、明あるいは清がシーパワーの発展によって興隆したというよりは、国家の発展後に海洋に進出したと見ることができる。すなわち、マハンの主張ではなく、カステックスの主張がより適合しているように思われる。これは、中国は現時点で見ても、14カ国と陸上国境を接し、その総距離は2万2000km強であり、フランスとよく似た地勢的環境にあるためと言えよう。

1949年の中華人民共和国成立後はどうであろうか。毛沢東の時代、毛沢東が海の長城建設を主張したとはいえその関心は大陸に向かっており、海との関わりは敵が海洋を経由して侵攻してくるという脅威の場としてしか認識されてこなかった。

改革開放によって海は中国発展の空間と認識され、中国の海洋戦略は海洋

発展戦略と海洋防衛戦略の両輪によって達成されると考えられるようになった[2]。そして、海洋における発展と海軍のとの関係について、劉華清（→「序章」22ページ参照）は「…海洋事業は国民経済の重要な構成部分であり、海洋事業の発展には強大な海軍による支援がなければならない。…」[3]と主張した。

改革開放が始まった直後の1980年、中国が保有する100総トン以上の鋼船は955隻、680万トン強[4]であり、水路による貨物輸送は4200万トン強[5]と全貨物輸送量の7.8％を占めるに留まっており、その大半は河川及び沿岸輸送であった。改革開放の進展によって、中国経済が発展するとともに、中国の商船隊は増勢し、水路輸送も拡大する。2000年の中国商船隊の勢力は3319隻、1650万トン[6]であり、水路輸送は約12億トン[7]と増大したが、全輸送量に占める割合は依然1割弱にすぎない。このように見ると中国の発展は、マハンが指摘したような生産、海運、植民地の連関によるものでないと見ることも可能である。

しかし、後述するように中国が1993年から石油の純輸入国となり、特に中東石油への依存を深めてからは中東から中国にいたる長大な海上交通路の安全は中国の発展に死活的に重要な要素となってきた。さらに、食料も海外に依存するようになると、その重要性は増加することはあっても減少することはなかった。

一方、農業、工業、交通運輸及び国防の近代化を目指した「4つの現代化」の路線において、海軍は空軍とともに国防の近代化の重点項目と捉えられた。「4つの現代化」はもともと1954年に周恩来によって提起されたものだが、1977年の第11回中国共産党大会以降に改めて重視されるようになった。

しかし、海軍の近代化には準備期間を要し、その形を成し始めるのは2000年以降であり、その後、新世代の艦艇が相次いで投入されることになる。さらに、2008年のソマリア沖海賊対処のための艦艇部隊派遣に代表されるように海軍部隊の遠洋への展開も増加し、これに伴い、日本、特に南西諸島方面での中国海軍艦艇の活動もその頻度を増してきている。この中国海軍の近代

化及び増強と活動の活発化が中国脅威論に繋がってきている。

　中国を見るに当たって、単に海軍力の増強、艦艇の活動の活発化だけに目を奪われてはなるまい。中国は海洋強国を、さらには海洋大国を目指すと発表している。先にも触れたように倪健中らは、中国が海洋国家であると主張し、中国国民の海洋意識を高揚させようとした。また、第11次5カ年計画では海洋開発については単独の節として取り扱われ、第12次5カ年計画では単独の章とされたことからも中国の海洋への取り組み姿勢の変化を見ることができる。

　それでは、中国の発展にシーパワーはどのように貢献してきたのか、今後の中国にとってシーパワーがどのような位置を占めるのか。

　マハンは商船隊が存在しなければ海軍は自然に消滅すると指摘をした。シーパワーの構成要素として地理的位置、自然的構造、領土の広さ、人口、国民性、政府の性格の6つを挙げる。前半の3つは国家にとっていわば先天的要因であり、人口、国民性及び政府の性格は後天的なものと言えよう。マハンがいう人口とは海に関わる人口を指しており、国民性は「小売商人的国民」といわれた英国人やオランダ人のように大胆で、起業家精神に富み、忍耐強い性格が海洋への発展には必要であると指摘する。そして、政府の性格については、国民が海へ発展しようとする時、政府はこれを助長し、そのような機運が存在しないときには開発しなければならないとする。さらに海運の発達とそれに関連した各種の権益を擁護するための海軍を準備しておかなければならないと主張している。

　ある国のシーパワーを分析するにはこれらの要素を分析し、その連関を見る必要がある。本書ではシーパワーの中核を成すと言ってもよい海軍力と、無くなれば海軍も消滅するとまでいわれた商船隊、及びそれらを支える造船工業界について分析を試みる。

　商船隊における船舶の乗組員、造船における艦船および海軍用資材の製造、修理を携わる様々な熟練工などは、海に関わりのある仕事に従事するための基礎的な知識、技術を有しており、戦闘における海軍軍人の消耗など国家が

必要とした際に、それらの人員によって即時に補充することができる。また、造船工業界は、喪失した軍艦、商船を補充する力を有している。マハンが対象とした時代のように直接的な力ではないが、商船あるいは造船工業に携わる人員が間接的に海軍力を支えており、その人口が国家のシーパワーを構成する要素の1つであることには変わりはない。これらが本書において、海軍力だけでなく商船隊、造船工業界を取り上げた理由である。

　現在、尖閣諸島の領有をめぐって、中国は日本に対し強硬な姿勢を取り続けている。これに伴い、しばしば日本の領海を侵犯する中国海警局の公船だけでなく、中国海軍の艦艇も南西諸島方面での活動を活発化させている。それだけに日本国内でも尖閣諸島との関係において中国海軍に対する関心も高い。しかし、本書では尖閣諸島に焦点を当てていない。それは尖閣諸島に目を奪われることによって、中国海軍、引いては中国の海洋に対するもっと大きな狙いを見失うことを恐れたからである。本書の狙いは中国が如何に海洋に立ち向かおうとするのか、海洋をどのような目的のために利用しようとするのか、海洋に相対した時の実力はどのようなものなのかを読み解こうとするものである。

　本書は次の9章からなる。

　序章では中国を見る視点としてなぜ海洋が重要なのかが指摘され、中国の海洋発展を「パワー・トランジション*」の視点から分析する。そして中国海軍の発展をマハンと劉華清を軸に振り返る。

　第1章では、序章を受けてより詳細に中国海軍の軌跡を跡づける。

　第2章では、中国の海運について分析する。ここでは単に中国商船隊の勢力の変化というのではなく、まず、商船隊を外航と内航に分けてその現状を

パワー・トランジション　1つの国の台頭と同時に他の国々のパワーが相対的に弱まり、バランス・オブ・パワーが大きく変容するという状況を指す。A・F・K・オーガンスキー（1923-98。アメリカの政治学者）らは、パワー・トランジションが起こっている局面においてはグローバルな戦争が生じる危険性が高まると論じている。

分析し、さらに外航船についてはその船種別及び積み荷の変化にも注目する。また、中国遠洋運輸（集団）総公司、中国外運長航集団有限公司、中国海運（集団）総公司がトップ3を形成する中国の外航海運会社の状況、港湾整備の状況などについても分析する。

第3章では、中国の造船工業界を観察する。世界の造船工業の趨勢を視野に置きながら、中国造船工業界の発展の軌跡を概観した後、現状を分析する。そして今後の課題として建造コスト、自給率、グローバルサービスといった問題が指摘される。

第4章では、戦略を「course of action」と捉え、中国海軍の戦略の時代の要請に応じた変遷を取り上げる。

第5章では、中国海軍の中核を成す空母及び水陸両用戦部隊を除く水上艦艇部隊について検討する。

第6章は、現在、話題となっている中国の空母「遼寧」について検討する。「遼寧」の就役に至る経緯を概観し、その評価、戦略的価値について検討する。

第7章では、潜水艦部隊の検討を行う。「晋」級弾道ミサイル搭載原子力潜水艦、「商」級原子力潜水艦、「元」級潜水艦と相次いで新世代の潜水艦が就役し、中国脅威論の1つの要因となっている潜水艦部隊ではあるがその実態はどのようなものなのか。潜水艦は各国とも厚いベールの陰にあってなかなかその実態は把握できないが、中国の潜水艦部隊の整備を跡づけながら潜水艦部隊の役割、実力を検討する。

第8章では、水陸両用戦部隊について検討する。中国が台湾を武力解放しようとするとき、不可欠の戦力が水陸両用戦部隊である。また、今日の中国海軍が重視する人道支援、災害救援を含む非戦争軍事行動において中核的役割を果たすことが期待されている。本章では海洋国家を目指す中国において抑止効果を備えた軍事演習、遠隔地への戦力投射、そして、軍事交流を海軍の近年の戦略的特徴として捉え、その文脈から水陸両用戦部隊を検討する。

注

1）倪健中主編『海洋中国―文明中心東移与国家利益空間』上冊、中国国際廣播出版社、1997年、3頁。
2）楊金森等『中国海洋開発戦略』華中理工大学出版、1990年、38～40頁。
3）劉華清「建計一支強大的海軍　発展我国的海軍事業」『人民日報』1984年11月24日付。
4）『数字で見る日本の海運・造船2004』財団法人日本海事広報協会、平成16年、11頁。
5）中華人民共和国国家統計局『中国統計年鑑1996』。
6）『数字で見る日本の海運・造船2004』、11頁。
7）中華人民共和国国家統計局『中国統計年鑑2002』。

アルフレッド・セイヤー・マハン (1840-1914)

　アメリカ海軍の士官（最終階級は海軍少将）であり、海軍戦略家である。多数の論文、著書を記し、1890年に出版された *Influence of Seapower upon a History 1660～1783* は列強の指導者、海軍に強い影響を与えた。米大統領セオドア・ルーズベルトは米国の海外進出の理論的根拠とし、ドイツ皇帝ヴィルヘルム2世はこれを激賞して、ドイツ海軍の全艦艇に備え付けることを命じ、海軍拡張への大きな端緒となった。日本では『海上権力史論』として知られ、金子堅太郎がはじめて紹介し、秋山真之、佐藤鐵太郎などを通じ日本海軍に大きな影響を与えた。

　同書は緒論と14の章から成る。マハンは戦争には原則が存在するとし、その原則を把握するために歴史を分析することが重要であると主張する。かれは海は公道であり、陸上より安全で、安く人と物を輸送することができる通商路であると定義し、海上貿易が国家の富と力に極めて大きな影響を及ぼしたとして、歴史の分析からこれを証明しようとした。また、海軍の存在意義を商船隊の密接な関連において把握した。

　マハンの主著のもう1つの主著は *Naval Strategy Compared and Contrasted with the Principles and Practice of Military Operations on Land* である。日本では『海軍戦略』として知られ、1887-1911において米海軍大学における海軍戦略の講義録が出版されたものである。『海軍戦略』でも海軍戦略には原則が存在すると、マハンは強調する。そして、「集中」がイロハのイにも相当する戦略の基礎であると指摘した。そして、それは単に兵力を集中するというだけでなく、目標あるいは決心を集中させなければならないとして目標系列の堅持を主張している点に注目したい。さらに、1つの目標を追求するとはいえ、そこには相反する複数の要素が存在する。それら複数の要素の中間を取るという折衷ではなく、いずれかの要素を中心として、他をこれに従属させる調整が必要であるというマハンの主張は今日においても重要な指摘である。集中の議論は国際情勢の推移に応じ、海軍戦略は政治と一体化していなければならないとする主張に繋がっていく。マハンを真剣に研究していると思われる中国においてこの主張がどのように理解されているのか興味深いところである。

　また、マハンの『海軍戦略』において、戦略地点の重要性を指摘する。特にその地点が的の海上交通路に対しどのような相対的位置を占めるのかが重要であるとする。さらに、港湾施設の重要性を指摘し、中でも入渠設備が艦隊を支援する上に最も重要であるとする。

　最後にマハンは、『海軍戦略』において予備の重要性を強調していることを指摘しておきたい。（山内敏秀）

序章
なぜ海洋が重要なのか

浅野 亮

はじめに

　海洋は国際関係と密接な関係があり、「中国の台頭」も例外ではない。
　海洋は、21世紀の初頭、「台頭する中国」の動きを見る上でも、必ず触れなければならない、中核的ともいえる重要な分野である。海洋は、人類の歴史とともにといってよいほど、ほとんど常に国際関係の動向と密接な関係があり、中国も例外ではない。
　「台頭する中国」の行く末を考える上で、なぜ海洋を取り上げなければならないのだろうか。それは、「台頭する中国」が持つ特徴が、海洋という分野で特に明確に現れるからである。
　その中には、文明論に基づいた壮大な主張もある。中国の行動原理が、大陸重視型であった中国が、経済発展に伴う諸外国との接触増大によって、海洋重視型に、または大陸重視型と海洋重視型を兼ね備えた存在になってきたという見解である（鞠海竜、2012；倪楽雄、2011など）。そこまで壮大でなくとも、伝統的な地政学に基づいた意見もある[1]。文明論や地政学に基づく議論は、中国の将来がほぼ決まったものであるかのように「答え」を示す。
　しかし、本当に「中国の台頭」の将来は確定しているのであろうか。中国が、国際社会でどのような役割を果たすのか、既存の国際秩序の枠内にとどまるか、徐々に変化させるか、または暴力的に改変しようとするのであろうか。また、中国の経済成長が持続可能なのか、それとも大きな転換点を迎え

13

ていて、長期的な停滞期に突入するのか、という問題もある。つまり、21世紀の初頭、「台頭する中国」の将来がどうなるのか、実際にはよくわかっていないと言えるであろう。わからないから、確固として見える「答え」に目が向き、すがろうとする。

このような、中国の将来が読みにくい、つまり不確実性の問題は、どの国でもどの時期でも見られる普遍的なものだが、中国の場合、政治、経済、軍事、社会それぞれの要因がお互いに絡み、中国周辺だけでなくグローバルに見る必要があり、協力と対立や摩擦という相矛盾する側面が同時に存在し、建前の中に本音が見え隠れし、変化のダイナミックなプロセスではこれらの相矛盾する要素が入り乱れて展開する。

海洋という分野では、この特徴が際立って鮮明に現れる。イギリスの著名な海軍研究家のジェフェリー・ティルが簡潔に論じたように、海洋には、資源（resources）、輸送（transportation）、情報（information）、支配（dominion）という4つの属性（attributes）があるとされている。すなわち、食物（漁業）や鉱物などの資源、輸送と交換の媒体、情報とアイデアの拡散の媒体、他国への優越と支配である。ティルは、これらすべての属性が、協力にも逆に紛争にも転化する性格を備えているとしている（Till, 2009, pp.23-33）。

海洋をめぐる、または海洋における紛争を分析するためには、海軍の役割についてぜひとも触れなければならない。海軍の任務（naval mission）には、伝統的な（traditional）ものと非伝統的な（non-traditional）ものがあると考えられる。端的にいえば、この2つの側面の性格は、それぞれ対立的、協力的という対照的なものとされる。つまり、伝統的な任務には、シーコントロール（＝制海権）、貿易や領土の防衛（またはこれらへの攻撃）として海軍外交（砲艦外交）があり、さらに核抑止と弾道ミサイル防衛も加えることができる。非伝統的な任務は、共同の利益の防衛である（Till, 2012, pp.13-14）[2]。たとえば、海賊対策などがある。海軍は国際的な協力という役割を担うことができるのである。

しかし、協力を進めたとしても、対立への萌芽ともいえる競争という要素

を完全になくすことはできない。なぜなら、伝統的なパワー・プロジェクションと非伝統的な遠洋航海は完全には区別できず、伝統的任務と非伝統的任務の違いはあいまいだからである（Till, 2012, pp.19-20）。そもそも、シー・コントロールは、それが大きければ海洋における行動の自由も大きいため、海洋におけるほぼすべての活動の前提条件とされ、したがって、シー・コントロールは、本質的に競争的（essentially competitive）と考えられる（Till, 2012, p.65）。

　中国の海洋力にもこのような両面性があり、この性格は「中国の台頭」の持つ特質とも密接に関係している（海洋政策研究財団・編、2013）。2001年の「9.11」テロ後、アメリカが対テロ・中東政策に手をとられている間に中国は急速に台頭し、アメリカとの間に強固な経済的な相互依存を確立した。米中間の経済的な相互依存は、冷戦期の米ソ関係ではほとんど見られなかった大きな特徴である。つまり、アメリカが安全保障上、中国を不安定要因ととらえようとも、米中は経済的にお互いを必要とし、大きな痛みなしには切り離すことができない。2010年には中国のGDPが日本のそれを超えただけでなく、中国の製造業の売上額がアメリカのそれを上回り、中国では自国の国力に強い自信を持つ人々が増えた。

　中国の経済成長を背景とする中国の国際的な役割の増大は、軍事力のほぼ一貫した増大を伴い、アメリカだけでなく、地理的に中国に近い国々は懸念を強めてきた。中国の海洋監視船や海軍艦艇は積極的な動きをすすめ、日本、ベトナムやフィリピンなどでは中国はこれらの国々の国家主権と権益を侵していると受け取られている。日中関係についていえば、経済が長く主な柱であったが、「中国の台頭」によって、軍事や安全保障の面が大きな意味を持つようになり、日本の対外政策の転換を促した。アメリカも中国に対して警戒を強め、2011年に「リバランス」政策を発表して中国を牽制した。

　分析の地理的範囲では、日本では「中国の台頭」を東アジア地域における現象ととらえがちだが、これはミスリーディングであろう。中国は東アジアだけでなく、北はロシア、西は中央アジア、南はインドなどとの関係があり、

さらにはアフリカやヨーロッパとの関係も考慮に入れる、グローバルなアクターとしての側面を持っている。

また、海洋をめぐる問題で、海軍だけに注目するのは適当ではない。これは中国についても当然当てはまる。中国でも、日本の海上保安庁にほぼ当たる法律執行機関が活動してきた。法律執行機関とは、国家海洋局の海監、農業部の漁政などの軍隊ではないいくつかの海洋監視組織をまとめた言い方である。これらの組織の数は数え方で5つとも9つとも言われてきた。後に述べるように、2013年3月、4つの海洋監視組織を統合して成立した国家海洋局海警局（海警と略称）が成立した。しかし、交通部の海巡のように、海警に統合されなかった組織もあった。したがって、法律執行機関とは、海警のほか、海警に統合されなかった海巡を含む、さまざまな海洋監視組織の全体のことである。尖閣諸島付近の海域に来るのは主に海警である。

ただ、尖閣諸島や東シナ海に関心が集中し、海軍や法律執行機関の艦艇の動きに目が行きがちなのは当然だが、中国の海洋政策はそれ以上に広い広がりを持ってきたことも忘れてはならない。中国の改革開放政策は、船舶の建造や商船隊の建設を伴ってきた。中国経済が発展するにつれて、外交貿易や直接投資も増大し、中国は自前の海上輸送システムの構築にも力を入れてきたのである。後の章で詳述されるように、中国の海軍力の進展は、このような海洋経済の発展ときわめて密接にかかわっている。

中国は、経済や軍事面で国家の生存を維持するという根本的な目的のためには、海洋を通じなければできないことがきわめて多く、海洋に関する緻密な戦略がなければ他国への優越や支配も実際上不可能である。したがって、中国が迫られる選択では、海洋にこそきわめて高い究極ともいえる優先順位が与えられ、中国の「本音」ベースの対外戦略の構造やパターンが明確に浮かび上がる。

1.「パワー・トランジション」と関係づけて考える

　国際関係理論の観点から見れば、パワー・トランジション、つまり「力の移行」のプロセスでは、国家の意図と能力が交錯するといえる。どちらが欠けても役割の増大はありえない。意図や願望があっても能力が備わっていなければ秩序に変化はほとんど起きない。逆に、能力があっても明確な意図やヴィジョンがなければプレゼンスが大きいだけにとどまり、既存の秩序に大きな変化は起きにくい。

　「パワー・トランジション」としての「中国の台頭」の特徴の1つとして、対立（摩擦を含む）と協力が共に存在することを指摘する意見もある。しかし、それは第1次大戦前、一時期の英独関係についてもいえたことであり、「中国の台頭」の際立った特徴とは言いにくい。英独関係の破綻はわれわれがすでに知っている結果だが、「中国の台頭」は21世紀の初頭に進行中である。その将来は、英独関係のように衝突が決まっているのか、それともまだ不確定で衝突回避の可能性があるか、結論は出ていない[3]。

　しかし、「中国の台頭」を含む21世紀の国際政治の大きな特徴として、対立や協力の混在は指摘できる。米中関係、日中関係、また中国と東南アジア諸国との関係も単に政治や軍事面で対立するだけでなく、主に経済面での利益をそれぞれ共有している。その経済も単に利益を共有しているだけでなく、逆に紛争の原因にもなっている。「中国の台頭」の分析では、対立や摩擦にだけでも、協力や相互利益だけでもなく、両者が密接に絡むということを忘れてはならない。

　「中国の台頭」には、確かにゼロサムゲームのような非常に対立的な側面がある一方、当面は紛争の緊張レベルが相対的に低く、逆にノンゼロサムゲームの面もあり、対立と協調という相矛盾する両面性がある。対立を回避しようとすれば交渉では不利となりかねず、逆に交渉で優位に立とうとすれば緊

張が高まり対立が激化する。これは、平和時ではあるが、徐々に緊張が高まってきた時期に特有のものである。

　平和が白色、戦争が黒色とすれば、21世紀初頭の東アジアは灰色が徐々に濃くなってきたともいえよう。すでに述べたように、海洋は、対立の場とも協力の場ともなり、ウインウインにも収奪的にも機能する。東シナ海問題もまた南シナ海問題も、資源開発や交通路の安全に不可欠な平和が、ナショナリズムや抑止のための軍事力の誇示に振り回される。もちろん、宇宙やサイバー空間など海洋以外の分野の役割は国際政治でもどんどん大きくなってきた。しかし、海洋を完全に無視することはできない。「中国の台頭」の将来、そして21世紀の国際政治の展開を考えるとき、海洋分野に対する分析や洞察は不可欠に違いない。

2. 海洋力をめぐっては、何を見ていくべきか

　海洋力に関する分析では、マハン（→「はじめに」11ページ参照）を待つまでもなく、海軍力とともに造船、海上輸送なども含めて議論しなければならない[4]。中国の海洋へのかかわりを見ようとする場合、海軍の作戦は重要だが、それだけにとどまるわけにはいかない。後述するように、中国におけるマハン批判も取り上げるが、マハンが行った議論は今なお海洋について考察を進めるにあたって重要な手がかりを与えてくれる。

　中国は、多くの部門がお互い十分な調整なしにばらばらに進めがちであった海洋政策を、包括的に見る枠組みをあらためて構築しようとしてきた（たとえば、叶向東ほか、2013）。2012年の第18回党大会の報告に「海洋強国」という表現が盛り込まれたものも、中国の国家戦略の中で海洋が重視され、同時に中国政治の最高レベルで海洋政策を効果的にコントロールしようという姿勢を示したものと考えられる。

　さらに、2013年8月に開かれた中国共産党中央政治局の第8回集団学習会

では、海洋問題が主要なテーマとなった。中央政治局における集団学習会は、習近平の前任者である胡錦濤が始めたもので、習近平もこのやり方を続けてきた。この学習会で、習近平は、海洋をより重視すべきとした上で、経済、国家主権、安全、発展利益に言及した。この会合には、中国海洋石油総公司副総工程師の曾恒一と国家海洋局海洋発展戦略研究所研究員の高之国が出席し、意見の発表を行ったが、海軍軍人によるプレゼンテーションはなく、軍事的な色彩は薄かった。

しかも習近平が言及したのは、第1に経済で、国家主権と安全保障は2番目と3番目であった。中国政治では、この順番に非常に意味がある。つまり、言及の順番は、複数の政策の間での優先順位を表し、この場合は、経済成長が最も優先されるという事を意味する。しかし、それは中国が海洋問題での譲歩を必ずしも意味せず、経済成長のために逆に海洋進出を加速するとも読めるのである。

しかも、主権と安全保障の次に発展利益、つまり経済発展の利益が置かれたのは、主権と安全保障が優先される、ということであり、けっきょく主権や安全保障と、経済成長や発展のどちらの優先順位が高いかどうかは、この言及からははっきりしないのである。つまり、中国の最高レベルにおいても、明確な政策方針が固定されていない、と解釈できる。これは、再編が進む海洋部門の中でも意見がまとまりにくい状態を示唆している。

海洋をめぐるそれぞれの分野では、それぞれで専門化が進み、お互いに情報の共有はできるものの、調整には一定の限界も生じてきた。たとえば、海洋開発企業は、一般に海軍による防衛を必要とするが、海軍の活動によって国際的な緊張が高まると企業利益が損なわれることになる。だからこそ、海洋政策の統一管理が必要とたびたび中国の中でも議論が続いてきた。

2013年3月には、国家海洋委員会が設立され、海洋政策の調整を行うこととなった。また、国家海洋局の中国海監のほか、公安部辺防海警、農業部中国漁政、海関総署海上緝私警察（税関の一部門で、密輸取締に当たる）が統合され、国家海洋局海警局となった。しかし、海洋部門の活動は多岐にわた

り、組織の再編成によっても、実際のコーディネートは非常に難しいと言われている。

このようにしてみると、中国が共産党の一元的な管理や指導でいつもまとまっているとはいえないということがわかる。実は、中国の政治制度は非常に中央集権的だが、実際のプロセスはかなり分権的でまとまりにくいことがわかっている。習近平が一言いえば全中国がすぐに服従するわけではない。言葉で服従しても実際の行動は違う。中国人民解放軍（中国の軍隊の正式名称。以下、解放軍と略称）も例外ではない。

企業もそれぞれに政治に影響を及ぼそうとしてきたようである。地方政府は中央政府と異なる利益があり、海洋をめぐる紛争は避けようとする一方、漁民たちの漁場は確保しなければならない板挟みの立場にある。世論やジャーナリズムも自律性を強めており、特にネット世論は共産党の監督からしばしば逸脱し、過激な排外主義に走るが、ネット世論はその排外主義がもたらす結果に責任は負わない。その激しい表現の前に、多くの穏健な中国人は沈黙してしまい、外から見れば中国は排外主義に傾いているように見えてしまう。

ここで、中国研究について見ておこう。中国の海洋政策に関する研究も、細分化が進んできた。解放軍に関する研究では、かつては1人の研究者が解放軍の陸海空と第2砲兵(戦略ミサイル部隊)をすべて扱うこともあった。しかし、21世紀の初頭では、研究者間の分業が進み、陸や海などそれぞれの分野を分担して扱うようになった。さらに、海軍でもたとえば南シナ海における中国海軍の動向、などがその時々の一時的な話題というよりも、1つの確固とした分野と見なされるようになってきた。細分化は当然のことだが、同時にこれまでの海洋政策の流れを概観し、全体像を把握する必要も大きくなってきたようである。さらにアメリカの戦略研究家エドワード・ルトワック（1942～）のように、海洋政策を、中国の国家戦略のようなもっと大きな枠組みの中で考える研究も現れてきた（Luttwak, 2012）。そうしないと、個々の事例について十分な意味づけができないからである。

しかし、中国の海洋政策についての研究では、中国自身の資料を使うのは当然だが、留意すべき点がある。まず、一次資料の公開が不十分であり、すでに公開されている資料も多くの場合公表に先立って加筆や削除など、手が多く加えられていると思われている。これは海洋だけでなく、中国政治に関する資料全体について言えるようである。もしそうならば、資料の歴史学上の信頼性には留意しなければならない。たとえば、1971年の中国による尖閣諸島に対する主権の主張、1992年の「領海法」の制定プロセスにおける海軍の関与、さらに劉華清が「以劣勝優」（低いレベルの兵器や装備で優秀な兵器や装備を持つ敵に打ち勝つ）の戦法を繰り返し強調したことなど、編纂された資料はほとんど言及していない。

　二次資料は多くなったが、中には中国にとり海洋が持つ重要性や意義を、国内の世論向けにまた海洋関連の組織を再編成し強化するための理由や背景として、ことさら強調するものもある。その中には、検証が非常に困難な主張もある[5]。ただ、これらは21世紀初頭の中国で、海洋政策をめぐる政策決定プロセスを分析する上で貴重な資料である事は間違いない。

　また、欧米、特にアメリカの研究も大いに参考になる。ここでは文献名をあげないが、アンドリュー・エリクソン（Andrew Erickson）ら米海軍大学を拠点とする研究者たち、ロナルド・オルーク（Ronald O'Rourke）ら米議会調査局（CRS）のスタッフ、そのほかシンクタンクのランド・コーポレーション（RAND Corporation）やカーネギー財団などの研究スタッフによるレポートは目を通しておく価値がある。これらの多くはネットで公開され容易に入手できる。また、アメリカの研究者は、大陸の事情に精通している台湾の研究者たちとも協力を進めてきた（Saunders, Yung, Swaine, &Yang（eds）, 2011）。中国の海洋力に関する資料は年々多くなり、使い方の工夫が大きな課題となっている。

3. 中国海軍の建設プロセス

1）中国海軍の建設で劉華清の役割をどう考えるか

　中国の海洋力に関する分析で、どこから始めるか、また何またはだれに注目するか、という問題がある。海軍に焦点を当てて考えれば、清末の洋務運動、「民国期」の中華民国海軍、中華人民共和国建国以後の解放軍海軍、また「改革開放」期以後の海軍などが考えられる[6]。また、旧ソ連海軍についての考察ではしばしばゴルシコフの登場が重視されたように、劉華清の海軍司令員就任の以前と以後で考えることもできる。海洋産業の中で、造船業に焦点を当てればまた別の時期区分ができるであろう。

　海洋に深く関連する法律からいえば、1992年2月25日に制定された「領海法」の前と後も重要である。東シナ海や南シナ海への主権を法的に確認した。1996年5月15日の国連海洋法条約批准時には、中国は200海里のEEZ（排他的経済水域）と大陸棚の主権権利と管轄権を持つと宣言し、「領海法」第2条に列挙されている群島や島嶼に対する主権を重ねて主張している。

　これらは始まりだけでなく、もっと広く言えば、いわゆる時期区分につい

劉 華清

1916～2012。1982年に海軍司令員、1985年に中央顧問委員会委員、1987年中央軍事委員会副秘書長、1989年中央軍事委員会副主席、1992年党政治局常務委員、1997年引退。「中国のマハン」と呼ばれ、中国海軍の建設に大きな役割を果たした。

てのことで、扱うテーマやトピックで考えるかによって時期区分を決めればよい。この章では、中国海軍の建設に対して劉華清の果たした役割を特に重視する。

なぜなら、改革開放期に鄧小平(とうしょうへい)の強力なリーダーシップ下に進められた軍事改革のもとで、劉華清のリーダーシップ、特に海軍司令員就任や中央軍事委員会*副主席就任が、中国の海洋政策の展開に非常に重要な意味を持っていたからである。劉華清は、造船業の再編、海軍戦略の策定、国際海洋法への対応、南シナ海戦略など中国海軍の主要な問題の多くに直接関わっていた。アメリカの主要な海軍研究者たちは、劉華清を「中国のマハン」と呼んだように、劉華清が中国の海軍建設の基礎を作ったと考えている[7]。劉華清の役割は海軍だけでなく、戦闘機・爆撃機などの空軍の兵器や装備、核ミサイル開発、有人宇宙船や月探査などの宇宙事業の推進、造船業部門や航空工業部門の改革に至るまで、広範囲に関わってきた。

しかし、これらの分野における劉華清の役割を公平に論じようとするならば、国防科学技術工業分野の場合、聶栄臻(じょうえいしん)、張愛萍(ちょうあいへい)や丁衡高(ていえいこう)、造船業なら柴樹藩(さいじゅはん)の役割、軍事戦略ならば粟裕(ぞくゆう)らの果たした役割を考えなければならない。たとえば、張愛萍は、中国海軍が正式に成立する前、1948年末に海軍部隊を編成する任務を与えられ、華東海軍司令員に就任したことがあり、さらに1955年には浙江省沿岸の島嶼に対して統合着上陸作戦を指揮したことがある。中央軍事委員会副主席としての楊尚昆(ようしょうこん)に至っては、これらを含む包括的な軍事改革の全体に非常に深く関わっていたらしい。最も重要な指導者である鄧小平は、1970年代後半、国防産業の再編を強力に進め、造船業の指導者の柴樹藩から状況を聴取した時には、かなり具体的な指示を出していた。

中央軍事委員会　中国軍事の最高意思決定機関。共産党のラインに属し、国務院（内閣）など主要国家機関と同等。党中央軍事委員会と国家中央軍事委員会の2つがあるが、ほぼ同じメンバーである。ふつう委員会の主席（議長）は党総記・国家主席が兼任する。陸海空と第2砲兵および7つの大軍区の司令員が委員となる。ほぼ毎年末、全国から集まる数百人の司令員なども参加する拡大会議が開かれる。

しかし、それでも劉華清が海軍建設に果たした役割は無視できない。1979年、海軍の主要な指導者だったが、鄧小平との距離が広がり始めていた蘇振華（海軍政治委員）の急死後、海軍改革には外部の人材が必要として、鄧小平は1975年に交通部長となっていた葉飛（1914～99）を第1政治委員に、後に蕭継光にかえて海軍司令員に任命した。葉飛は国共内戦で1949年10月にアモイ戦役で、また1953年には東山島戦役で同じように上陸作戦をそれぞれ成功させたことがある（ただし、金門戦役では失敗）。しかし、葉飛が疲れ果てて海軍司令員を辞任した後、新たな海軍司令員として、海軍党委員会の主要メンバーがこのころ海軍を離れていた劉華清を推薦したことから、文革後の海軍指導部が強力な指導者を望んでいたともいえる。

　海軍建設をめぐり、文革中までは劉華清は李作鵬のような林彪系の幹部だけでなく、文革以後も蘇振華のような非林彪系の幹部ともしばしば衝突し、果ては政治審査にかけられたように、海軍ではいわば異端児であった。

　劉華清が根回しに長けていたのか、積極的に望まれたのか、それとも他の適当な人がおらず、しょうがなく劉華清に白羽の矢が当たったのか、さまざまに考えることができる。ネット上には、劉華清を司令員に推薦した政治委員自身が実は当初消極的であったという情報も存在する。もしそうだとしても、実際に劉華清が就任した背景には、劉華清が副総参謀長として鄧小平にきわめて近かっただけでなく、激しい政治闘争を生き残った専門的な傾向を持つ軍人たちが、海軍建設に関する明確なヴィジョンを持ち、兵器や装備に詳しく、規律にも厳しい軍事的合理主義者として知られていた劉華清を支持したからと推測できる。

　劉華清登場の重要な背景として、当時の解放軍のガバナンスがある。20世紀後半の解放軍は、多くの人々の先入観とは異なり、人事面で「現場」がいわば拒否権を持っていたように、かなり分権的であったようである。劉華清をめぐる人事はその一例で、1964年に羅瑞卿と聶栄臻が、劉華清を海軍副司令員とする人事案が海軍の李作鵬や張秀川に拒否され、1969年に聶栄臻による再度の提案に海軍指導部が承認しても、劉華清に仕事はまわってこなかっ

た。聶栄臻の問い合わせにも、海軍政治委員の蘇振華は答えなかったという（『劉華清回憶録』、p.413）。これは解放軍の最上層部が示した人事案に対して海軍が抵抗した事例である。

　また、最高指導者の方針そのものに対しても「現場」が抵抗することもあったようである。すでに述べたように、蘇振華の死後に葉飛が海軍改革を鄧小平から任されたが、1978年以後の4年間、鄧小平の指示をもとにした海軍工作はほとんど進められていなかった（『劉華清回憶録』、p.413）。

　さらに、ミサイル駆逐艦のような艦艇の開発や建造も、明確なヴィジョンなしにばらばらに進められていた。艦艇の建造に当たる国防工業さえも、ばらばらに総参謀部総後勤部、海軍、空軍などに管理され、非効率であった（『劉華清回憶録』、pp.331-333）。劉華清はこのような状態に危機感を抱き、命令に服し、一貫した方針のもと、効率的に動く厳格な軍隊組織の構築を目指していた。

　軍事的なヴィジョン、規律、専門知識と合理主義こそ、前任者たちと劉華清を峻別する大きな違いであった。この意味で、劉華清の海軍司令員就任後、中国海軍は軍事的合理主義への指向が相対的に強くなっていったといえよう。以下では主に劉華清の具体的な役割につき言及する。

　必要な場合には劉華清の海軍司令員就任以前の中華人民共和国建国直後や、それ以前の時期にも言及する。もちろん、この進め方は、清末からの中国の海洋政策の展開を軽視するものではない。

4. 海軍建設でマハンはどのように受容された（また批判された）か

　ここで気をつけなければならないのは、アルフレッド・マハンの扱いである。アメリカの海軍研究家のマハンのテキストは、戦争研究でクラウゼヴィッツが占めてきたように、海軍や海洋政策に関する輝かしい古典として知られている。多少詳しい論文や書籍ならば、マハンを引用していないものはな

いといっていいくらいである。

　確かに、中国の海洋力を分析する上でも、軍事と経済を1つの枠組みで見るマハンは参考になる。また中国海軍を分析する上で、平和時における海軍力の役割という重要な観点からの考察でもマハンは参照する意味があるという（Yoshihara & Holmes, 2010, pp.8-9,pp.16-18）。海軍力の対抗的な面を強調するにしても、全く逆に協力的な面を強調するにしても、マハンを引用して論じることができる（Till, 2012, pp.12-18）。

　中国では、マハンはよく知られるようになり、一般の知識人や大衆向けにも著作や広く紹介されるようになった[8]。日本の文科省に当たる教育部でも、読本が編まれている[9]。

　しかし、2010年代初頭の日本では、海軍に関する研究は、国際関係研究者の間で広く共有されているとはいえない。マハンを読んだことがある人も多くはない。イギリスの海軍研究家であるコーベットに至っては、名前さえ知られていない。コーベットは、しばしばマハンと対比される重要な海軍研究家である。逆に、マハンの研究をよく知っている人は、マハンに言及しない海軍や海洋力に関する研究を高く評価しない傾向にあると言われている。まして、マハンの理論にも限界があるという見解が表明されれば、主だった海軍研究者たちは激怒するかもしれない[10]。

　しかし、中国では、海上防衛と陸上防衛のバランスをめぐる論争や利益対立があるだけでなく、マハンの主張の内容が21世紀の中国に必ずしも適していない面があるというきわめて率直な批判が行われた。マハンに対する批判は、とりもなおさず、マハンに基づいた主張に対する批判である。後述するように、この指摘は激しい論争を引き起こした。この論争は純粋に学術的なものにとどまらず、実際の政策方向をめぐる性格が強かった。したがって、マハンをめぐるこの論争を軽視するなら、中国の海洋政策が、より包括的な国家戦略の中でどのように位置づけられているのか、またどのようなプロセスの中で策定されているのかについての理解を大きく損なうことになる。

　ここで、中国でどのようにマハンが受け入れられたかについて、ごく簡単

に触れておく。中国では、中華人民共和国が成立した1949年から、米中関係が好転した1970年代初期に至るまで、アメリカの軍事理論にたった研究どころか、アメリカの軍事理論そのものの研究は解放軍の中で共有されなかった。そのため、改革開放政策が導入され、鄧小平が進める軍事改革のもとで西側の軍事理論研究の見直しには、戦前に欧米諸国に留学したことがある、中華民国海軍の旧軍人も参加したようである。改革開放政策を進める上で、鄧小平や他の共産党の主要な指導者たちが、栄毅仁(えいきじん)のような建国以後も本土にと

ジュリアン・コーベット（Julian Corbett, 1854〜1922）

　英国の歴史家、海軍戦略家。ケンブリッジ大学で法学を学び、1879年法廷弁護士としてスタートとしたが、やがて歴史小説を主とする作家に転向。1893年海軍記録協会に勤務するようになる。さらに世紀が変わる頃に、海軍史の研究に集中することを決心する。1902年第二海軍卿フィッシャー提督の招きにより英海軍大学校に勤務し、戦略、戦術の講義を行った。コーベットの名を不朽にしたのは1911年に出版された『海洋戦略の諸原則』(Some Principles of Maritime Strategy)である。
　コーベットは海軍の役割として自国の「制海権」の獲得、行使と、対戦国の「制海権」の阻止を挙げるが、「制海権」の行使には対戦国の通商の破壊や遠征部隊への攻撃だけではなく、自国の通商の保護あるいは遠征部隊への支援も含まれると主張した。つまり、「制海権」とは通商および軍事上の海上交通を管制することに他ならないとして、この点が領域の争奪を行う陸上戦闘と決定的に異なると指摘する。

　また、コーベットは、しばしばマハンと比較される。同時代人でもありコーベット自身がマハンを意識していたこともその理由の1つである。今日、コーベットがマハン以上に評価される理由は、海軍における海上作戦を、陸軍の作戦との協調に視野においている点にある。対戦国が島国なのか大陸国なのかによって戦争の様相は異なり、大陸国との戦いにおいては「制海権」の獲得だけでは不十分である。コーベットはナポレオン戦争において最大の海戦トラファルガーの戦いで英国が勝利したにもかかわらず、大陸では戦いが続いたことに注目し、陸軍戦略と海軍戦略を協調させる一般戦略としての海洋戦略を主張した。（山内敏秀）

どまった経営者や資本家たちの意見を聴取し参考としたことが、軍事の分野でも起こったといえるであろう。

　たとえば、『中国軍事百科全書1　軍事思想』でマハンに関する項目は、盧東閣（1913〜97）という中華民国海軍出身の人物が執筆している。『中国軍事百科全書』は1986年に編集が正式に始まり、2007年に刊行された。編集主任は軍事理論研究の長老として知られた宋時輪と蕭克で、題字は鄧小平が揮毫するという、解放軍肝いりの編纂事業であった。その解説内容は執筆者個人の意見というよりも、解放軍の立場をかなり反映していたと考えてよいであろう。また、鄧小平の権威によって、全書の内容に対する思想上の異議を防ぐ意味もあったと考えてもおかしくない。

　盧東閣は、青島（チンタオ）海軍学校を卒業後、イギリスに留学し、1946年に帰国後は中華民国海軍の第一艦隊総部参謀主任、「逸仙」号艦長、海軍総司令部作戦処処長という要職を歴任した。1949年の「重慶」号事件（→第1章62ページ）に関わり、解放軍海軍に加わって、安東（現在の丹東）海軍学校研究室副主任（後の解放軍海軍学校）、大連海軍学校航海系主任、南京軍事学院海軍系技術教授学会副主任、海軍学院軍事学術研究部副部長などとなったという。なお、1983年に共産党入党、第6期政治協商会議委員でもあった[11]。

　1952年に劉華清は大連海軍学校の副政治委員となっていたので、中華民国海軍出身の教官らを通してマハンを知ったかもしれない。ただ、回想録には、中華民国海軍出身の教官（中国語では「原海軍人員」）がソ連から招聘した専門家を尊重しなかったという記述があるが、彼らに対する政治工作と待遇の改善により、彼らは海軍学校の発展に大きく寄与したとしている。「工農幹部」といわれる農民や労働者出身の解放軍幹部は海軍の専門性になじまず、軍事学校は高度に専門的な「甲種」と、理論よりも技術の運用を教える「乙種」の2つのレベルの課程を設立し、「工農幹部」は「乙種」課程を学んだという（『劉華清回憶録』、pp.256-261）。設立当初から、海軍は「人民戦争」論となじみにくかったといえるであろう。

　『中国軍事百科全書』のために盧東閣が執筆した「マハンの軍事思想」の骨

子は、海上作戦の最も重要な任務は制海権の掌握で、アメリカ海軍はまずカリブ海と中央アメリカの地峡を押さえつつ、太平洋に拡張していき、大西洋では海上強国のイギリスと協調すべきであるとした。マハンの原則的な立場として、盧東閣が注目したのは、海軍の存在は進攻のためで、防御は進攻の準備にすぎないとしたことと、海軍戦略の鍵は平和な時期と戦時に国家の海上戦力を建設し発展させることであった。その具体策として、機動性が重要で、基地や要塞は艦隊の根拠地だというのであった。

このようなマハンの思想は、劉華清による海軍建設に取り入れられた。『劉華清回憶録』では、1985年に海軍戦略を策定した記述の中に、マハンが「国家の繁栄と富強は海洋に依存し、海権は国家の歴史のプロセスに巨大な影響を及ぼし、海権の遂行は平時も戦時も含まれ、前者は国家が海洋の発展をコントロールすることによって、対外貿易と商業海運を発展させ、後者は武力の行使によって海上交通線をコントロールする事をさす」としたと劉華清自身の主張の正しさを裏づけるために記されている（『劉華清回憶録』、pp.432-433）。劉華清が「中国のマハン」と呼ばれるのも不思議ではない。

中国側の資料の1つによれば、1984年8月、訪中したアメリカ海軍長官のジョン・レーマン（John Lehman）を通じて、劉華清はマハンを知ったという。レーマンによる米海軍拡大構想の背景には、マハンの理論があると劉華清は考えた（施昌学、pp.93-96）。

しかし、劉華清の海軍建設ヴィジョンにマハンが影響したといえても、それ以外の複数の要因も影響したと考えられる。

第1の要因としては、国連海洋法条約に基づく、海洋をめぐる新たな国際的な体制の成立であった。国連海洋法条約は、1982年4月、国連海洋法第3回会議で採択された。国際的な海洋秩序の再編成に直面して、劉華清は、中国の「海洋国土」の面積は300万km²に及び、陸地国土面積の約3分の1にも相当する広さで、中国がどのように海上防衛戦争を戦うかは大きな挑戦であると述べ、強い危機感を示した[11]。中国では、内海と領海が国家主権の範囲、海洋法では領海以外の接続水域、排他的経済水域、大陸棚にまで管轄権が及

ぶと解釈した（施昌学、p.88）。

　第2の要因は、1982年4月に勃発したフォークランド紛争である。劉華清にとって、フォークランド紛争は、「現代的な海上局部戦争」や「現代的条件下の空海一体戦」に他ならなかった（施昌学、p.92）。後年の資料は、湾岸戦争の衝撃が大きかったとするように力点が変わり、フォークランド紛争への本格的な言及が少なくなったものの、1980年代初期と中期、解放軍海軍にとって最も代表的な現代の海戦はまちがいなくフォークランド紛争であった（姜為民（主編）、2011など）。

　第3に、劉華清が当時、ソ連海軍司令官であったゴルシコフへの尊敬の念を持っていたことはほぼ明らかである。ただ、劉華清の回想録や文選など、編纂された資料にゴルシコフへの本格的な言及はきわめて少ない。中国海軍の現代化を進める上で、劉華清は基本コンセプトをソ連とロシアではなくアメリカに求めるよう発想を大きく転換したことも、ゴルシコフへの言及の少ない背景要因なのかもしれない。

　これらの要因以上に決定的に重要であったのは、劉華清が持った海軍の地位向上に向けての強い意欲と願望であったとの仮説を立てることができる。劉華清は海軍そのものの軍隊や社会における地位を向上させようとした。海軍司令員就任後、「海軍戦略」の策定には、名目的には軍種の1つであったが、陸軍の補助的地位に甘んじてきた海軍の地位を引き上げようという意図があった。周囲からは、すでに中央軍事委員会が「積極防御」という戦略を決定しているのに、海軍が独自の戦略を持てるのかという疑問が呈されたが、劉華清は海軍の特殊性を強調して押し切ったのである。

　劉華清が積極的に進めた、海軍記念日・海軍旗の制定、海軍軍楽隊の設立、海軍歌の制定、海軍の制服の改訂などは、海軍の地位の向上のためであった。中国の歴史も、鄭和、アヘン戦争、日清戦争など海洋に関する事例が探し出され、海洋に関する宣伝キャンペーンに使われた。部下の中には、これらのような海軍の戦力強化と直接関係がない事柄を積極的に進める理由がわからず、劉華清に質問したところ、劉華清は海軍の地位の向上はすぐには実現で

きず、長期的な取り組みが必要なので、このような措置を通して海軍の味方を増やすためであると答えたのである。現代戦争の最終的な勝利には海軍力が欠かせないという発言や海軍は核抑止の保持にも重要という主張も、海軍の軍事的な意味を広く知らしめるためであった（「海軍的地位和作用問題（1984年5月20日）」『劉華清軍事文選』（上）、pp.303-308.）。海軍記念日の制定など、海軍の地位向上の試みが、鄧小平からの指示というより、劉華清のイニシアチブであったことはほぼ間違いない。

極端な言い方をすれば、海軍司令員となった時期の劉華清は、解放軍の中での海軍の地位向上そのものが最優先事項であり、そのためにマハンを含む上記のような国際的な人物、事件や傾向を持ち出し、はなはだしくは、ナショナリズムさえもその目的のために動員したともいえよう。ただ、劉華清のナショナリズムが常に手段にすぎなかったといっているわけではない。ただ、政治の実際のプロセスではしばしば起こることで、目的と手段が渾然一体となった事例の1つであるかもしれないということを言っているにすぎない。

さらに、劉華清が軍事的合理性の立場から発言し行動したという仮説を考えることもできる。ここでの軍事的合理性とは、純粋に軍事力では中国がベトナムに勝てるという、十分に成算があると広く考えられる計算をいう。これは彼がナショナリズムに基づいて行動しなかったといっているのではない。1974年1月に劉華清が行った南シナ海全域の「回復」という主張は、兵器や装備に詳しい海軍の中堅幹部としての劉華清にとって、十分に合理性を備えたものであったであろう。1974年1月に、パラセル諸島海域で起こった「西沙海戦」、中国側の表現では「西沙永楽群島」海域において中越間で武力衝突が起こったとき、情勢は南ベトナムに不利とみて、南沙諸島全体の回復を海軍に進言したのである。この進言は受け入れられなかったものの、海軍司令員就任後は、西沙海域に各種施設を建設した（李来柱、2011、p.308）。周辺諸国から見れば、チャンスを利用する対外拡張と見えるこのような中国の政策の遂行に、劉華清は大きな役割を果たしたといえよう[12]。

ただ、彼にとって、1回の軍事的勝利がその後にもたらしかねない政治的

に大きな困難は視野の外にあり、計算しなかったのではないだろうか。軍事的勝利を一時的に得たとしても、敵が増えるか敵は力を増すよう努め、逆に戦争以前より状況が政治的にも軍事的にもはるかに不利になることがある。したがって、局所的な軍事的勝利が逆に政治的に大きな損害をもたらすとすれば、それは合理的とは必ずしもいえない。

このような仮説が正しいとすれば、南シナ海等に関する劉華清の主張は、軍事的に合理的であったとしても、それはかなり狭い範囲やタイムスパンに限られたもの、つまり限定的軍事合理性に基づいたものであったと考えることができる。1980年代の中頃、海軍司令員の劉華清は第1島嶼線や第2島嶼線（図1）を越えた中国海軍の活動や、南シナ海への（あいまいな）領有の主張が中国にもたらす政治的な問題には強い興味がなかったかもしれない。

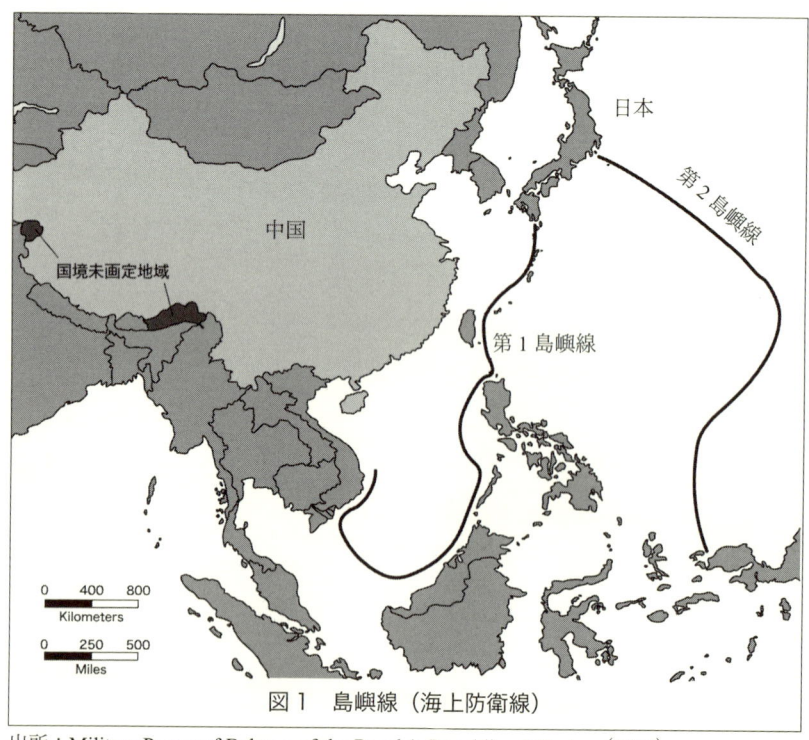

図1　島嶼線（海上防衛線）

出所：Military Power of Balance of the People's Republic of Chaina（2008）

このスタンスは中央軍事委員会副主席として制服組のトップになった後も基本的に変わらなかったとも考えられる。政治的に基盤が弱い江沢民(こうたくみん)は、政治的な後見人である劉華清の主張を拒絶できなかったであろう。

もちろん、これは、劉華清に遠大な政治的野心がないことの十分な根拠にはならない。劉華清の行動原理について、ナショナリズムや軍事的合理性などの観点からの議論はこれからも続くであろう。それは、中国海軍の限定的軍事合理性に関する議論が意味を持つ限り続く。

5. 海軍戦略はどのように策定され、作戦海域が決定されたか

中国の海軍建設をめぐる分析で、やっかいな問題の1つは、鄧小平と劉華清の関係であろう。鄧小平は、改革開放期の政治、経済、軍事などを含む広範な改革を強力なリーダーシップのもとに進めたと見なされてきた。問題は、劉華清が鄧小平の枠内で活動したか、である。

鄧小平がこれらの改革の基本枠組みを作ったという意味で基本的に間違いはないが、彼が細部に至るまで海軍建設を完璧に理解し決定したとはいえない。また、海軍に限らず、軍事面で彼の発言や指示がすべて守られたわけでもない。たとえば、鄧小平も強調した持久戦は、21世紀初頭の時期には重視されておらず、速決戦が重視されていた。現在、鄧小平を持ち出して持久戦を主張することはほとんどない。つまり、鄧小平の指示は選択され、必要なときに持ち出されて強調され、さらに改変されている。

確かに劉華清は第2野戦軍に属し、第2野戦軍の政治委員は鄧小平で、劉華清は鄧小平の忠実な部下と考えられてきた。しかし、それは劉華清から鄧小平への働きかけがなかったことを意味しない。

特に、中国海軍の作戦海域の決定では、鄧小平の考えを超えて劉華清がイニシアチブを発揮し、概念や構想を具体化していくプロセスにおいて、ある

程度の修正が加えられた可能性が否定できない。もう1つの見方は、劉華清以前の海軍は必ずしも作戦範囲を明確に定義してこなかったというものである。そして、海軍は鄧小平による「近海」の範囲を必ずしも採用しなかったという次の推論も否定できない。

　この2つの仮説についてみていこう。「近海」というある海洋の範囲を示す概念が重要なのは、中国海軍の作戦範囲がそれで決まり、そこから採用される作戦形態が決まるからである。中国海軍の作戦範囲と作戦形態は、中国海軍のあり方を決定づけ、海洋をめぐり諸外国との関係にきわめて大きな影響を長期的に与える。「近海」の活動だけを想定する艦艇は遠洋作戦には向かない。

　鄧小平が「近海」について明確に言及したのは1978年のこととされている。鄧小平は、1978年6月28日と29日、海軍と機械工業部門の主要指導者の状況報告を聴取し、海軍建設の規模や段取りについて具体的な言及を行った。彼は、戦略は始終防御的で、将来現代化してもやはり戦略的防御であり、海軍はグローバルに手を伸ばしてはならず、われわれは永遠に覇を唱えないとした（楊懐慶、1998。なお、『鄧小平年譜』上、pp.334-335）。

　葉飛が海軍第1政治委員に任命された時、鄧小平は対越戦争の準備をしており、海軍も参加していた。中越戦争の事実上の終了後、1979年4月3日、葉飛と杜義徳（海軍第2政治委員）に対して、鄧小平は「海軍の問題は、一所懸命ではないことだ。仕事はいいかげんで、何としてでもやり遂げるという気概がない。この方面で君たちがよい成績をおさめれば、南シナ海西沙【原文のママ】に対する戦闘準備はきちんとできるだろう」と述べた。このとき、鄧小平は「われわれの海軍は、近海作戦で、防御的でなければならない。われわれは覇を称えず、政治的考慮からいっても覇を称えることはできない。海軍建設はすべてこの方針に服さなければならない。防御といえども戦闘能力が必要であり、海軍の装備計画はこの点から出発しなければならない」と言ったという（葉飛、1998、pp.146-147）。

　この言い方から、鄧小平が、海軍に強い不満を持っていたこと、海軍建設

は遠い将来ではなく南シナ海における当面の作戦構想の枠内で考えていたこと、南シナ海西沙は近海でそれをめぐる戦争が防衛的だと考えていたことがそれぞれわかる。間違ってほしくないのは、この戦争が防衛的であったというのではなく、あくまで鄧小平は防衛的なつもりでこの戦争を戦ったということである。

1979年7月、鄧小平が党海軍委員会常務委員会拡大会議のメンバー全員と会見したときにも、中越戦争で海軍艦艇の質がよくなく、稼働率も低く、海軍の規律も乱れていることを指摘した。そして、われわれの戦略は近海作戦である。われわれは覇権主義のようなところに手を伸ばさない。われわれの建設する海軍は基本的に防御である。覇権主義の強大な海軍に直面して、適切な力がないのはよくない、という主旨の発言を行い、海軍建設のおおまかなヴィジョンを示した（「海軍建設要講真正的戦闘力（1979年7月29日）」『鄧小平軍事文集』第3巻、pp.160-161）。

以上のことから、鄧小平は海軍を国家の威信のための遠洋海軍というよりも、当面のベトナムとの軍事作戦という限られた範囲の問題解決のために海軍やその作戦範囲を論じたと言う事ができる。加えて、鄧小平が「近海」について述べた時に南シナ海の「西沙」における戦闘の準備にも言及していることから、鄧小平が、「西沙」を中国の「近海」と考えていたことがわかる。

鄧小平が中越戦争終了後に、海軍建設の重要性を繰り返し強調したことから、中越戦争が海軍の近代化を後押ししたといえるだろう。後に、西沙作戦の準備を進める中で、海軍陸戦隊の創設やかつて廃止された海軍航空兵の復活が実現することになる。

海軍司令員に就任した劉華清が直面した問題の1つは、海軍内部では、中央軍事委員会が策定した「積極防御」が作戦方針として海軍にもそのまま適用されるのか、それとも海軍は別の作戦方針がなければならないのか、という意見がまとまらないことであった（『劉華清回憶録』、p.434）。

海軍司令員就任から2年たった1984年になっても、まだ劉華清は慎重であった。劉華清は、中国軍事科学院が発行する『軍事学術』誌への寄稿論文

で、海軍の報告に対する 1979 年 4 月 3 日の鄧小平の発言に基づき、中国海軍は「近海防御」を採用するとし「われわれの海軍は近海作戦で、防御的でなければならない」と説明した（p.346「建設一支具有中国特色的現代化海軍（1984 年 9 月）」『劉華清軍事文選』(上)、pp.344-353.）。しかし、作戦範囲は必ずしも明示せず「かつては主に領海線付近の作戦だったが、今後は比較的広い海域での作戦も可能」と述べるにとどまった（「建設一支具有中国特色的現代化海軍（1984 年 9 月）」、p.352）。ここでは、劉華清がいう領海線付近とは大陸の海岸からの領海線のことで、「比較的広い海域」とは、まず南シナ海西沙のことを念頭においていたと思われる。まずは鄧小平の考えにのっとり、海軍内部の意見をまとめようとしたといえるであろう。

　劉華清は徐々に積極的になり、1985 年には、海軍幹部に対する講話で、「近海防御は消極防御ではなく、積極防御」と述べた（『劉華清回憶録』、p.434）。「積極防御」は 1936 年に毛沢東が執筆した「中国革命戦争の戦略問題」に出てくる用語で、その後、朝鮮戦争以後に彭徳懐が国境付近の防衛を進める上で、戦場が国内にとどまらないことを間接的に示すために使ったことがある。

　劉華清がやや積極的になった背景には、鄧小平が尖閣諸島（中国は釣魚島と称する）や南沙諸島に対する主権を主張したことがある（「在中央顧問委員会第 3 次全体会議上的講話（1984 年 10 月 22 日）」『鄧小平軍事文集』第 3 巻、pp.249-259。また『鄧小平文選』第 3 巻にも所収）。

　このころ、劉華清は、鄧小平の指示によって「近海の概念」の認識の統一を進めると強調した（『劉華清回憶録』、p.434）。劉華清は、それまで海軍は海岸から 200 海里以内の海域を「近海」としていたのを、「我が国の黄海、東シナ海、南シナ海、南沙群島および台湾、沖縄に至る島嶼線内外の海域、および太平洋北部の海域」と新たに定義した。劉華清の回想録は鄧小平の指示によってとあるが、期日は明示されておらず、劉華清はそれまでの海軍指導部が鄧小平の発言を研究していないと批判していたことから、指示が行われた期日が特定できないとすれば、あちこちで鄧小平が海軍について言った内容をもとにして指示とした可能性は否定できない。劉華清が根拠とした鄧

序章　なぜ海洋が重要なのか

小平の発言をすべては確認できないので、劉華清による「近海」の範囲の実質的な修正がどの程度のものなのかは、ここではっきりさせることはできない。

　1985年末になると劉華清はさらに積極的になり、図上演習の総括において「近海の範囲で実行するだけでなく、有利な条件下では適当な兵力を遠海に派遣して敵を攻撃することも排除しない。有利な条件下では、敵の海上交通ラインを破壊し、敵の国力を弱め、戦略上は陸上戦場の作戦と組み合わせる。この種の行動は必要であり可能である」(p.412、「応加強海軍戦略問題的研究（1985年12月20日）」『劉華清軍事文選』（上）、pp.409-412.)と述べた。この講話では、海軍内部に限られるが、遠洋へのパワー・プロジェクションを構想していたことが大きな意味を持つ。「遠海」の定義は明確ではないが、鄧小平のいう「近海」に縛られたくない劉華清の遠大な計画をのぞくことができる。

　1986年1月、海軍党委員会拡大会議が開かれ、劉華清はかなりまとまった内容の講話を行った。この講話の内容は、その後の中国海軍の作戦海域の定義づけの基本となった重要なものである。第1島嶼線と島嶼線に沿った外側の海域、島嶼線以内の黄海、東シナ海、南シナ海を「近海」とした。彼は、この「近海」の概念が「近岸防御」に比べて拡大していることを認めた。

　つまり、経済力と科学技術の発展によって海軍力が増大すれば、海軍の作戦範囲は太平洋北部と第2島嶼線にまで拡大していき、敵が中国に進攻してきたならば、中国は敵の後方に進攻すると想定していた（『劉華清回憶録』、pp.436-438)[13]。この敵の後方をたたく構想は、後の海軍戦略に実際に受け継がれていく。ただ、現在公表されている主な資料からは、海軍党委員会拡大会議における劉華清の主張が鄧小平や楊尚昆など解放軍のトップレベルの指導者に事前に承認されていたかどうかはよくわからない。

　1986年4月、国防大学における講演で、劉華清はより体系的な主張を行った[14]。この演説の聴衆は身内ともいえる海軍ではなく、一歩進めた、解放軍全体に対する公然たる主張であり、またそれによっていまだ海軍に存在する

懸念に対する劉華清の不退転の決意を示したものであった。劉華清は、鄧小平による戦略方針が持つ概括的な性格を指摘し、海軍がより具体的な内容を決めていかなければならないとした。それは、「海軍戦略」という言い方に象徴される。

「中央軍事委員会の戦略方針の指導下に海軍戦略を制定しなければならない。海軍戦略は中央軍事委員会の戦略方針が海軍建設と海洋方向の作戦を指導する上で、具体化であり、必要な補充である。懸念する同志もいるが、中央軍事委員会の戦略方針の指導的地位に影響し動揺させることにはならない」(p.459、「海軍戦略与未来海上作戦（1986年4月29日）」『劉華清軍事文選』（上）、pp.456-488.)。

この講演の中で、劉華清は「近海」は地理的概念ではなく、戦略上の概念であると述べ、鄧小平の本来の「近海」から大きく抜け出る解釈を公にした。

「1.8万キロの海岸線と12海里の領海で領海主権と海洋権益の保全と考えるのは間違い」であり「わが海軍の主要作戦海域は第1島嶼線以内の黄海、東シナ海と南シナ海の海域である。我が海軍の兵力は比較的長い時期のうちは主にこの海域の作戦を行う。指摘に値することは、ここでいう『近海』とは200海里の概念ではなく、戦略上の概念という点である。この範囲は日本列島、琉球群島、フィリピン群島とその西の広い海域を含む。このように近海の範囲を規定することは国際海洋法条約が確定する我が国の管轄に帰するすべての海域を含み、またこれらの海域に分布する我が国固有の領土である東沙、西沙、中沙および南沙群島を含む。これは国家統一と領土保全と海洋権益が求めるところである」「我が国の現代化建設の進展に伴い、経済力と科学技術レベルは間断なく増大、向上し、海軍力もさらに壮大になり、われわれの作戦海域も徐々に伸びていき、最終的には我が国の海上戦略防御が求めるすべての範囲に達することができる」。

さらに、劉華清は「渤海、黄海、東シナ海、南シナ海と近隣の海域を含む広大な海域があり、それはお互いに関連しあって1つ」になっていて、これらの海域は「作戦海域」（「海軍戦略与未来海上作戦（1986年45月29日）」、

pp.467-468.）と明確に言ったのである。

　しかし、これで海軍戦略が公式に定着したのではなかった。1986年11月に海軍のシンクタンクである海軍軍事学術研究所で行われた「海軍発展戦略検討会」は、国防大学における講話に続き、解放軍の中で劉華清の考えをさらに広めた。当時の解放軍の長老や指導者たち、たとえばもと副総参謀長の伍修権、副総参謀長の何其宗、国防科学工業委員会科学技術委員会主任の朱光亜のほか、国務院、軍事科学院、国防大学、空軍、第2砲兵など46機関から85人が参加した。多くの軍事指導者たちが列席する中、国防大学校長兼政治委員の張震は劉華清による独立した軍種として海軍が独自の戦略を持つべきという主張を支持する発言を行った。劉華清は張震の発言要旨を中央書記処、国務院、中央軍事委員会と三総部（総参謀部、総政治部、総後勤部）に送った。このようにして、劉華清は共産党や解放軍の上層部に対して、劉華清の構想が解放軍の中でも幅広く支持されていることをアピールした（『劉華清回憶録』、p.439; 施昌学、pp.130-133；「加強海軍発展戦略的研究（1986年11月18日）、『張震軍事文選』（下）（北京：解放軍出版社、2005）、pp.386-391）[15]。

　1987年2月に海軍党委員会に対してそれまでの進展を報告し、さらに同年3月には総参謀部に対して報告し、4月には総参謀部作戦部が二部、三部、軍訓部、装備部のほか、国防科学工業委員会、軍事科学院、国防大学、軍委規劃弁（中央軍事委員会計画弁公室か）と海軍を招集して、海軍党委員会が中央軍事委員会に対して「海軍戦略を明確にする問題について」の報告を行った（『劉華清回憶録』、p.439; 施昌学、pp.130-133）。

　劉華清が講演や会議を何度も行って、まず海軍の意見をまとめ、その後海軍以外の解放軍の幹部たちの間で支持者を徐々に増やしていくという慎重なやり方は、1960年代まで行ったような、意見書をいきなり上級者に送りつけるという直情径行の方法が実を結ばなかったことへの反省から採られたのであろう。

　しかし、より重要なことは、たとえ鄧小平がおおまかなガイドラインを示

したとしても、劉華清は作戦形態や作戦範囲に関する具体的な原案を作成し、ボトムアップのプロセスを経て、中央軍事委員会の承認を得なければならなかったということである。このような大まかな方針のもとに軍事官僚機構の中で情報のフィードバックが繰り返される方式は、中国だけでなく、他国でも広く見られる。

このように、劉華清の強いイニシアチブにより、「近海」の範囲が定まり、「近海防御」という作戦形態も具体的に決まった。国防大学における講話が公表されていることから、講話の内容がほぼ中央軍事委員会でも承認されたと見てよいであろう。中央軍事委員会が、劉華清が海軍戦略に忍び込ませたかもしれない「遠海」構想に気づいたかどうかはわからない。

劉華清の伝記作者である施昌学は、劉華清が海軍司令員在任中の5年間の活動に対して「機械的にではなく創造的に、鄧小平の一連の国防と軍隊建設思想という改革の傑作を貫徹し具体化した」と評価を与えた（施昌学、p.127）。「機械的にではなく創造的に」とは、鄧小平の発言や指示に基づくというよりも、劉華清の立場からの解釈を織り込んだ、つまりよくいえば鄧小平の構想を発展させた、悪く言えば逸脱した、ということを意味している。つまり、中国でも、劉華清による海軍建設が鄧小平の元々の考えとは異なるとの意見がある、もしかすると少なくないと推測できる。

また、劉華清の伝記をまとめた施昌学（せしょうがく）は、劉華清が西側の軍事理論よりも毛沢東や鄧小平の軍事理論や思想に基づいて中国海軍戦略を組み立てたとし、これは1980年代という激しい政治闘争が続いていた時期には非常によい方法であったとした。施昌学によれば、これは毛沢東や鄧小平の思想の精髄の基礎の上に、批判的に外国のシー・パワー理論や歴史的事例の合理的な部分を取り入れたものであった（施昌学、p.127）。このやや意味の取りにくい説明は、劉華清が毛沢東や鄧小平を引用しつつも、実際にはマハンなど西側の理論にかなり依拠したことを言っていると考えてよいであろう。

鄧小平に大戦略ともいえる総合的な戦略があったとして、劉華清の海軍戦略や建設構想がその大戦略におさまらなかった可能性がある。劉華清の「近

海」の定義は、1989年の天安門事件や1991年のソ連崩壊以後、鄧小平が強調した「韜光養晦」(才能を隠し、実力を蓄える)という対外政策の方針に沿ったものとはいいにくい。「韜光養晦」は、強大な他国を挑発しないということで、劉華清の「近海」は近隣諸国との紛争を誘発しかねない性格のものである。

悩ましいのは、鄧小平の承認または黙認があったかどうかが明確でないことである。現段階で鄧小平の承認や黙認を明確に示す資料は見当たらないので、それらの欠如や不存在を推測することはできる。しかし、資料に残さなかっただけという可能性が理屈の上では残り、最終的な結論とはいえない。承認や黙認があったとしても、言い出したのは劉華清であり、劉華清が主導的な役割を果たしたことは否定しにくいであろう。ただ、この時点で、鄧小平が海洋をめぐり他国と摩擦や紛争が激化することを予見したか、また予見するとすればどこまで想定したかはよくわからない。

ただ、鄧小平の「韜光養晦」の方針下、劉華清のヴィジョンはかなり遠い将来のことでしかなく、その当時、当面は劉華清が何を考えようとも鄧小平の対外政策を大きく揺るがすものではなかったことは言えるであろう。鄧小平にとっては遠い将来のことで当面は手をつけない問題を、劉華清が海軍建設の重要部分と位置づける、という政策の優先順位の違いにすぎなかったかもしれない。鄧小平が承認または黙認しなかったとすれば、鄧小平の海洋政策の基本的な枠組みを、劉華清が改変したことになる。最も考えられるのは、鄧小平にとって経済建設が最も重要であり、南沙諸島は周辺的な課題であったのを、劉華清は経済建設に資する海洋経済権益とともに、海軍の中心的な課題とし、海軍建設を進めたという仮説である。

確かに、鄧小平が、まず経済建設を優先し、海軍を含めた軍事力の構築はその後とするという方針を示したというのがほぼ定説となっている。いわゆる経済建設という「大局に服せ」論である(「軍隊要服従整個国家建設大局(1984年11月1日)」『鄧小平軍事文集』第3巻、pp.260-262)。鄧小平は、まずは軍隊も経済建設を支援するよう言ってから、「発展すればうまくでき

る。大局がよくなり、国力が大きく強大になれば、また原爆、ミサイルもやり、装備も更新できる。空もよし、海もよし、陸もよし、そのときになれば容易であろう」と述べた。実際には、1989年の天安門事件発生前から、中国の国防費の圧縮は終わり、GDPの約3％のレベルでほぼ固定されたが、高度成長に結果、GDP比はほぼ固定されても国防費は急速に増大することとなった。

海軍やその他の海洋部門は、この部門の最高指導者である劉華清の指示に基づいて政策を進めるので、この意味で彼らにとって政策は一貫性と整合性がある。しかし、鄧小平のレベルの「大戦略」では、外交との整合性がとりにくいまま海洋政策が進みかねないメカニズムがここに胚胎したといえるであろう。

中国の海洋戦略が外交など他の分野と十分に調整できない問題は中国に限らず他の国々でも広く見られる。しかし、海洋戦略だけを切り離して見れば、かなりの程度、一貫性があり整合的と考えることができる。そして、海洋の分野でも制度化が進んできたことを考え合わせると、海洋以外の分野との調整が常にできてきたわけではないが、海洋戦略という枠組みだけから見れば、担当者は前任者の業務を引き継ぎ、制度となったものはほぼそのまま踏襲するということになる。海洋分野で制度化が進めば、1992年の「領海法」で法律に明記された内容を、関連官庁や軍隊のような官僚機構が守ろうとするのは当然であろう。

ただ、鄧小平個人ではなく、鄧小平にきわめて近いシンクタンクやアドヴァイザーたちによる計画や戦略と劉華清の海軍戦略のリンクを考えるとやや異なる議論ができる。国務院国際問題研究センターが発表した論文は、中国は大陸を重視するだけでなく、海洋についてもしっかりした見方をしなければならず、海軍は「戦略軍種」でなければならないと主張したという（『劉華清回憶録』、p.435）。この「戦略軍種」という言い方は、海軍が陸軍の補助部隊ではなく、平等な地位にあるもので、しかもその重要性は戦略的に高いレベルにあるという主張を含んでいる。国務院国際問題研究センターは、鄧

小平にきわめて近く、対外政策分野の重要なシンクタンクで、対外政策の専門家の宦郷(かんきょう)（元国務院国際問題研究センター総幹事）が総幹事を務めていた。つまり、解放軍の外部でも、特に鄧小平に近い助言者に強力な味方がおり、劉華清の主張が通りやすくなった可能性がある。

さらに、1985 年に党中央と国務院が長期建設計画と発展戦略の制定を研究、臨戦態勢から平和な時期における建設に転換しつつあり、劉華清は、このラインに沿った議論を進めて海軍戦略の策定を上層部に認めさせようとしたともいえる。

以上、海軍建設における劉華清の役割についてみてきた。ここで言いたかったのは、海軍建設では劉華清の役割が大きく、それは鄧小平の考えを越えていたのではないか、ということである。より一般的な言葉を使えば、中国の海軍建設は、必ずしも政治や経済を統合した「大戦略」の中に常に整合的に進められたとはいえない、ということである。つまり、「台頭する中国」は整合的で合理的な行為体とはいえないという仮説を意味する。ただ、鄧小平と劉華清のヴィジョンがどこまで整合的か、逆に食い違いがあるかは十分に解明されたとはいえない。そもそも、指導者たちがすべてを事前に予測することはできず、当初は小さなことが時間の経過とともに大問題になっていくことは少なくない。海軍建設のプロセスについては、さらに研究を進めなければならない。

なお、1970 年代からすでに劉華清は空母保有を考えていたことがわかっている。しかし、主に財政上の大きな制約のため、空母よりも潜水艦の開発を進めてきた。空母や潜水艦については、それぞれ関連する章を参照されたい。

6. 海洋関連産業（国防部門）の再編

安全保障政策にしぼっても、海洋政策は、海軍だけでなく、商船隊や造船業とも非常に密接に関連している。そして、これらは国防産業を含む広い裾

野の産業によるサポートが常に必要である。つまり、海洋政策の分析で多少とも深く掘り下げていこうとすれば、国防産業を視野に入れなければならない。ところが、日本では、中国の国防産業に関する研究は非常に少なく、国防産業の全容解明は将来の大きな研究課題の1つとなっている。つまり、国防産業をあまり考えずに海洋や安全保障を論じてきたということであろう。ここでは短いながら、劉華清の動きを通して、ごく一部を論じておきたい。

ただ、国防産業の再編、とりわけ海洋関連部門産業の再編についても、必ずしも関連学界の共有知識となってはいない。したがって、劉華清が国防産業の再編に果たした役割の評価をここで下す事は時期尚早であることはことわっておかなければならない。

劉華清は、海軍だけでなく、科学技術の研究や開発の分野でも兵器や装備の近代化にかかわってきた。しかし、臨戦態勢の解除による軍事生産の縮小とともに行政指令システムから契約による運営への変化を軸とする国防産業の再編が、鄧小平のリーダーシップがなければさらに難航したことは間違いない。しかし、国防産業再編に焦点をあてた本格的な研究はきわめて少なく、劉華清の役割評価も難しい。

1979年2月、劉華清は国防科学委員会（委員会の政治委員は後に海軍政治委員となる李耀文）副主任から総参謀部長助理、つまり総参謀部長の補佐官に任命された。当時、鄧小平は、中央軍事委員会副主席兼総参謀長で、文革終了後の鄧小平と劉華清の接点は、国防科学委員会であったということができる。1980年初めに鄧小平にかわり楊得志が総参謀長となると、劉華清は副総参謀長に昇格した。

鄧小平のもとで、劉華清は、国防科学技術工業の再編にかかわり、特にそれまでの分散的な管理体制を統一的なものへの改革を進めた。国防科学委員会、国防工業弁公室、中央軍事委員会科学装備弁公室を合併させ、1982年5月の国防科学技術工業委員会の成立に大きく関わった。彼の本来のヴィジョンはもっと遠大で、総参謀部装備部と国防科学委員会と国防工業弁公室を合併させた「総科技装備部」の設立を考えていた。これは、後の総装備部の成

立につながっていたといえよう。ちなみに、総装備部の設立に従い、国防科学技術工業委員会は大幅に改組されてシビリアンが管轄するものとなり、その機能は分散され、2008年には廃止された。

　鄧小平による人員削減では、1985年に発表された「百万人の削減」がよく知られている。実際には、人員削減は兵器開発や管理体制と密接に関係しており、この両方の実務を中央軍事委員会常務副主席としての楊尚昆が統合的に管理し、劉華清は鄧小平や楊尚昆の指導のともに兵器開発や管理体制の改革を進めた（『劉華清回憶録』、p.402）。

　劉華清の国防産業への関わりは、文革以前にさかのぼる。この時期、劉華清の役割で無視できないのは、「718 工程」というプロジェクトであろう。このプロジェクトの原案は、1967年9月18日の中央軍事委員会常務会議で提案された。劉華清によれば、海軍力を含む海洋力の充実は造船業の充実と、造船業は国防産業と、そして国防産業は裾野の広い製造工業全体のレベルアップとそれぞれ密接に結びついていた。このプロジェクトは、大陸間弾道弾の発射実験、遠距離航行の実施、そのための科学調査船・護衛艦・補給艦の建造、これらのための冶金、機械、電子、化学、軽工業、航空等多くの領域の最先端技術の開発やマクロ・エンジニアリングなど、多方面にわたるものであった（『劉華清回憶録』、pp.159-160）。しかし、このプロジェクトはけっきょく実施にいたらなかった。時は文革のさなかで、軍事近代化の推進は政治的に大きなリスクを伴っていたからである。しかし、改革開放期、海洋関連産業の再編のプロセスで見直され、主要な参照基準となったとされる。つまり、1980年代以後、劉華清はかつてお蔵入りになった「718 工程」を復活させたと言えるであろう。

　1960年代当時、国防工業は、総参謀部総後勤部、海軍、空軍などが、ばらばらに管理していた。皮肉な事に、国防工業の再編は、文革の影響下に進んだ。劉華清にとり、船舶工業、つまり造船業が国防科学技術工業部門の改革の突破口であった（『劉華清回憶録』、p.190）。文革期、混乱していた造船業は海軍の管理下に置かれ、1969年夏、造船業科研領導小組が成立した。劉

華清は、船舶工業と海軍との統合的な管理体制を提案し、このやり方でミサイル駆逐艦の建造を試みた（『劉華清回憶録』、pp.331-333）。

　劉華清にとって船舶工業の改革を進める追い風になったのは、鄧小平は1977 年から 1982 年まで公開の場で 12 回にわたり船舶工業について話すなど、この分野を重視したことであった。鄧小平による国防費の大幅な削減によって、造船業全体も大改革が進められた。第 6 工業部部長として造船業を管轄していた柴樹藩（さいじゅはん）の責任は大きく、自分で市場を開拓しなければならなくなった。「製図ではコピー機も使われない」造船技術レベルだったが、鄧小平は、造船業で世界第 1 であった日本を追い抜くヴィジョンを示した。1978 年当時の世界的造船不況という逆風下、柴樹藩は、交通部と大型契約を締結し、さらに大陸と近く国際貿易が盛んな香港を市場としてねらった（『劉華清回憶録』、pp.206-207）。1982 年になると、第 6 機械工業部と交通部の企業をいくつか合併して、船舶工業総公司が設立された。公司の成立と同時に廃止された第 6 機械工業部の部長の柴樹藩が董事長（取締役会会長）兼党組書記に就任した。船舶工業総公司に見られるように、このころ、主要な企業は、行政機関や軍事組織を再編して設立された。新型駆逐艦などの開発や建造を通して、劉華清は柴樹藩とも密接な関係にあったが、造船業に対して指導的な立場になるのはもっと後になってからのようである（「船舶工業肩負国防建設的重任（1990 年 1 月 18 日）」『劉華清軍事文選』pp.84-88）。

　ここで注意しなければならないのは、長らく解放軍の伝統として知られてきた農副業生産や経営は主に総後勤部が担当してきたのであり、国防科学技術工業委員会の担当ではないことである。また、総参謀部などがそれぞれ傘下に企業を保有してきた。国防科学技術工業委員会が担当してきたのは、軍とハイテク国防産業・国務院との調整や、先端軍事技術の開発であった。委員会の主任には、元帥の 1 人で原爆やミサイルの開発を進めた聶栄臻（じょうえいしん）が就任した。なお、聶栄臻の後任の主任となった丁衡高（ていこう）は聶栄臻の娘婿である。劉華清は上司としての聶栄臻を高く評価している。劉華清による海軍艦艇や関連する兵器や装備の開発は、西側のレベルに追いつくことを長期的な目標と

し、そのための科学技術や生産技術の蓄積に重点が置かれていた。そのため、新型の駆逐艦や潜水艦の建造では、艦隊の建造よりも技術の取得に重点が置かれていた（『劉華清回憶録』、pp.331-333）。

7. 国防産業の再編と造船業

　国防産業全体の再編における劉華清の役割ははっきりとしないが、中国の海洋力を論議する上で国防産業はきわめて重要なテーマなので、ここで触れることにする。なお、国防産業とは、中国でいう「国防科技工業」（国防科学技術工業）や「軍工」（軍事工業）を柱とする軍事関連企業の集まりのこととする。「軍工」と「国防科技工業」の違いは、一般に前者が国防工業全体を指すが、後者はハイテク技術を主要な特色とする違いがある。また、ソフト開発企業など、工業以外の企業もある。

　21世紀初頭の中国では、国防産業は「6大業種」に分けられる。その内訳は、核、宇宙（航天）、航空、船舶、兵器、軍工電子である。軍工電子とは民間ではない軍事向けの電子産業のことである。

　6つの業種は「10大軍工集団」と呼ばれる10個の「特大型国有企業」により構成されている。すなわち、宇宙（中国航天科技集団、中国航天科工集団）、航空（中国航空工業集団）、船舶（中国船舶工業集団、中国船舶重工集団）、兵器（中国兵器工業集団、中国兵器装備集団）、核（中国核工業集団、中国核工業建設集団）、電子（中国電子科技集団）である。行政部門と企業の二枚看板であった5業種が1980年代に民営化されて企業集団となり、さらに1990年代末にそれぞれ2つに分割された。軍工電子の業種には2002年の設立当初から1つの企業集団しかなく、2008年には航空の2つの集団公司が合併して中国航空工業集団公司となった。なお、集団公司とは企業集団のことである。

　中国船舶工業集団公司、中国船舶重工集団公司という、海洋分野の主要な

2 の企業集団について簡単に触れておこう。

《中国船舶工業集団公司（CSSC）》の前身は、1950年10月に設立された中央人民政府重工業部船舶工業局で、その後の変遷をへて第6機械工業部となった。第6機械工業部は、1982年に中国船舶工業総公司となり、さらに1999年7月に同部は廃止され、新たに中央直接管理下の特大型企業集団として組織された。資本は63.7430億元である。海軍の主要艦艇（ミサイル駆逐艦、総合補給艦など）の研究開発と生産を行う。広州中船黄埔造船有限公司、江南造船（集団）有限責任公司など、造船所など傘下の企業は広東や上海が多い。2009年アデン湾派遣の「舟山」など3隻の艦艇はこの集団の造船所で建造された。いわゆる「531計画」の担い手である。「531計画」とは、2005、2010、2015年にそれぞれ世界の5強、3強、1強を目指し、造船能力を400万トンから1400万トンへ増強するという計画のことである。

《中国船舶重工集団公司（CSIC）》は、1999年7月、中国船舶工業総公司をもとに設立された特大型国有企業で、中央の管理下にある。大連造船所、渤海造船所など46企業、28カ所の研究機関などから構成される。傘下の企業は、大連、渤海、武昌、青島などに多い。14万人、2008年の売上収入は1034億元、総資産1900億元。海軍関連では、潜水艦、ミサイル駆逐艦、ミサイル護衛艦、ミサイル快速艇、水陸両用艦艇で艦載兵器や艦艇用電子設備等も扱っている。

8. 社会変化の中の海洋力：再びマハンを通して

中国の海洋産業や海軍の急速な増大や展開を目にして、中国が海洋力の増大を整然と進めてきたような印象を受けるであろう。しかし、海洋政策の指導者たちが重要性を強調するからといって、そのまま中国が海洋を重視しているということにはならない。実際には、長い間軽視されてきたと感じる海洋部門の指導者たちが、海洋の重要性をことあるごとに強調し、ついには、

2012年の党大会報告の中に「海洋強国」という表現を盛り込む事に成功したというほうがより現実に近いであろう。

　現代の中国の政治は、共産党支配のもとで急速に多元化が進んできたことを忘れてはならない。中国では、強力なカリスマ的指導者によるトップダウンの政治の時代は去り、さまざまな組織や個人が競争し交渉しなければならない時代にすでに入っている。したがって、組織と個人はしばしば社会に向かってその存在や政策の正当性を強く主張しなければならなくなっている。海洋部門も決して例外ではない。

　そうなると、2010年に馮芳（海軍指揮学院教授）が述べた「中華民族の復興は海洋立国の道」という表現は、中国が一丸となって海洋強国となろうとしているというよりも、海洋部門が中国社会からの広い支持を求めており、海洋力の増強は海洋部門だけのためなのではなく、みんなのため、というレトリックなのだという解釈ができるのである（馮芳、2010、p.294）。

　さらに、「海洋強国の思想で全党、全国の中国の海洋力（海上力量）に対する認識を統一」という表現は、中国がいまだ海洋が重要という考えでまとまっていないから、主張されると考えられる（馮芳、2010、p.294）。

　また、「海洋を舞台とする経済と科学技術、商船隊、法律執行機関【海上警察力のこと】と海軍がそろい、政府が強い意志で政策を遂行する」というヴィジョンは、単なる海軍力の増強にとどまらず、海洋力全体の増大をイメージするという点において、おなじみのマハンの議論の枠組みと基本的に同じといってよいであろう。

　すなわち、21世紀の初頭において、馮芳のような海洋部門の人々にとり、中国ではまだまだ海洋は軽視されていたようである。中国が着々と合理的に海洋政策を進めていたわけではなく、海洋部門の強い主張のもとに政策が進んだということではないだろうか。マハンはその主張の権威づけに使われたと考えることができる。

　つまり、中国社会の多元化が進んだ改革開放期、1980年代以後に海洋や海軍をめぐるオピニオン・リーダーの役割が増大したとすれば、海洋をめぐる

宣伝キャンペーン、教育のほか、軍事戦略の中で海洋が重視され軍事予算の策定でも重点的に配分されていくプロセスがあったかもしれない。中国では、すでに海軍や海洋に関する多くの教科書や参考書が発行された。さらに、マハンの著作も多くの出版社から翻訳が出版されてきた。

このように、マハンの著作や解説本が次々に出版されると、中国がマハン思想で固まっているようにも見える。たとえば、北京航空宇宙大学の教授である張文木(ちょうぶんぼく)による『中国海権』という書籍は中国でもベストセラーとなり、アメリカの学者も取り上げたことがあるが、まさにマハンの枠組みを規範としているといってよい（張文木、2009）。

政治指導者たちのヴィジョンにもマハンに通じるところがあったといえる。1994年7月22日、国家海洋局成立30周年記念日に、江沢民、李鵬、劉華清がそれぞれ「海洋産業を振興し、経済を繁栄させよう」、「海洋をきちんと管理して利用し、海洋経済を振興しよう」、「海洋の奥深い神秘を探求し、海洋産業を発展させよう」という揮毫をした[16]。ここから、1990年代初期からすでに海洋政策が軍事的観点からだけではなく、経済と深く結びつき、まとまった1つの枠組みで考えられてきた、少なくとも最高指導層ではそのような方向が意識されていたといえる（干焱平・劉暁瑋（編）、2011、pp.152-153）。

しかし、実際にはマハン流の海洋強国論には反論が存在している。「現在、シー・パワーやランド・パワーという角度からだけで問題を考えるのは間違いである。今日の科学技術の発展はシー・パワーやランド・パワーという概念を大きく超えている。かつて海洋力でなければできなかった事柄は、現在ではその他別のやり方によってできるようになったか、また別のやり方によってでなければできなくなった」。その結果「マハンのシー・パワー理論は、すでに今日の世界の構造変化を分析できなくなった」（叶自成・慕新海、2005）。

このような批判は孤立したものではない。

「シー・パワーが大国の台頭の中で占める地位が低下し、台頭のモデルもま

すます複雑で多元的なものになっている。かつてスペインは海軍力と海洋に関する法律が組み合わされたシー・パワーに植民地の拡張とがセットのかたちで台頭した。しかし、21世紀のアメリカの場合は、シー・パワーは海軍、海洋に関する法律のほかに海洋秩序の維持をも意味するようになり、さらに植民地の拡張だけでなく、商業貿易、工業革命・技術革命、加えてソフト・パワーも台頭に大きく寄与するようになった」（王琪・王剛・王印紅・呂建華（編）、2013、pp192-193）。

逆に、海だけではなく陸も重視すべきという議論に対しては、陸海両方を重視して成功した歴史的な事例はないという反論もある（鄭魏煒・張建宏、2013）。

なお、中国におけるマハン評価に対する批判は中国国内だけではない。海外からは、中国が対決的でない海軍の運用を図るとすれば、中国の理論家たちがコーベットをもっと重視し、引用してもおかしくないはずである、という批判がある。中国でコーベットよりマハンが重視される理由の1つは、マハンの方が有名だからというもので、2つ目は、マハンの方が、ナショナリズム色が強く、海軍と商船隊などを包括的に議論する傾向もマハンのほうがかなり強いとするものである。コーベットはマハンへのアンチテーゼとして二義的に位置づけられているにすぎない（Kane, 2002, p.44）。

このように、マハンの思想の限界は、中国でも遅くとも2000年代からすでに意識されていたといえる。マハンに対するこれらの批判は、マハンそのものというよりも、マハンの権威を強調して自分の意見を通そうとする方法に対する批判であったと考えることができる。それでも、マハンが注目され続けてきたとすれば、海洋学、すなわち海洋を主題とする学問が軍事学の一分野として確立していくプロセスが進んできたからとも考えられる。

たとえば、軍事学の重要な概念の1つである統合作戦（中国語で「聯合作戦」）の基本的な概念として、制海権と制空権が挙げられ、そしてそれぞれの説明の中で、マハンとジョゼフ・ジョッフル（1852～1931。フランスの軍人）が紹介されている（馬平、2012、pp.72-73）。「海権」はシー・パワーと

いうよりも制海権の意味で使われている。ちなみに、最近では、アルフレート・フォン・シュリーフェン（1833〜1913。ドイツの軍人。陸軍元帥）、エーリヒ・ルーデンドルフ（1865〜1937。ドイツの軍人）、ミハイル・トハチェフスキー（1893〜1937。ソ連の軍人）などが「大縦深戦役」の理論や事例の解説で、さらには、遼陽戦役も統合作戦の事例として堂々と述べられている。遼陽戦役は、国共内戦の重要な戦いの1つとされるだけでなく、中国共産党がゲリラ戦術から本格的な近代戦に転換した事例と位置づけられている。

第2次大戦後は、1982年に発表されたエアランド・バトル*から2010年のエア・シーバトル*まで統合作戦の概念はさらに拡張されて、7次元（陸、海、空、核、宇宙、電磁、サイバー、心理）のフルスペクトラム・オペレーション（中国語で「全頻譜作戦」）で、作戦領域も物理、情報、認識、社会という4領域に拡大し、作戦領域はますますお互いに密接不可分な性格を強めている（馬平、2012、p.18）。マハンはこのような解説をするための定番となっている。

しかし、海洋だけが重視されるというのではなく、海洋以外の要素に対する目配りは、統合作戦に関する研究で見られる。それは、政治色の薄いと思われる専門家による、海洋における統合作戦（中国語で「海上聯合作戦」）に関するフルスペクトラムな議論に顕著に見られる。その中でも最も代表的な研究の1つとして、胡志強『優勢は聯合から：海上聯合作戦とそのシステム実現に関する思考』を挙げることができる（胡志強、2012）。筆者の胡志強は、海軍のシステム・エンジニアリングの観点に立ち、与えられた条件に

エアランド・バトル（**AirLand Battle**）　アメリカ陸軍が編み出した欧州での戦略。積極的機動防衛を担う地上戦力と、敵軍の前線へ補給を行う後方部隊への攻撃を担う航空戦力とを緊密に連携させることに重点を置く。

エア・シーバトル（**AirSea Battle**）　米国防総省が中国の軍拡に対応して構築している戦略。中国の国際戦略展開の中心をなす西太平洋海域において、米国が最高位の軍事行動として描く統合作戦モデル。空・海戦闘とも訳される。

現有と将来持ちうる手段によってどのように対応するかを技術的に議論している。

　他の分野とのバランスを考えれば必ずしも非常に突出しているとはいいにくいが、時系列に考えれば、海洋重視の流れは否定できるものではない。軍事海洋学（military oceanology）という学問分野も確立した。中国のネット「百度百科」が紹介する「全国科学技術名詞審定委員会」では、軍事海洋学は「海洋の自然環境の軍隊建設、軍事行動に対する影響と海洋学の軍事的応用」に関するものであり、流体力学、海洋学、海洋物理学、軍事海洋学、海洋気象学などのほか、リモートセンシング、オペレーションズ・リサーチにも及ぶ主に理系の内容が含まれ、さらに軍事思想も柱の1つとなっている。軍事海洋学を教える軍事海洋学科は、中国海洋大学、解放軍理工大学、海軍工程大学、海軍大連艦艇学院にすでに設立されている。中国海洋学会にも、「軍事海洋専門委員会」（事務局：海軍大連艦艇学院）がある。

　軍事海洋学という新しい分野の組織化には、若い戦闘的な研究者の力が大きかったようである。大連艦艇学院の新学科「軍事海洋学」の設立には、ポスドクの張永剛（ちょうえいごう）（後に海軍大連艦艇学院教授）の役割が大きかったと伝えられている。ちなみに、大連艦艇学院の軍事海洋学科は、全軍「2110工程重点建設学科」にも認定されたように、解放軍の教育研究でも重視された。日本の中国海軍研究者の間でも比較的広く知られている、梁　芳（りょうほう）（主編）『海戦史と未来海戦の研究』というテキストは、この「軍事海洋学」重点建設学科のために編纂された（梁芳、2007）。このテキストは、将来、解放軍海軍が直面する海戦の形態を、敵の海上兵力集団による進攻、海上封鎖、珊瑚礁海域、海軍基地の防御、核反撃などに分類し、考察している（梁芳、2007、pp.292-304）。張永剛はこのテキストの副主編のひとりである。

　もちろん、軍事海洋学は張永剛1人の力でできたわけではなく、他の専門家の役割も大きかった。たとえば、このテキストの主編の梁芳は国防大学戦略教研部の教授で、海洋学専門委員会副秘書長、かつ全軍最初の女性「常備外宣専門家」（対外的な意見表明を公式に認められている専門家）である。梁

芳は、ブルーウオーターネイビーがなければ、そもそも国家海洋権益を護るという問題を語ることができない[17]、と中国青年報のインタビューで述べたことがある。指導的な人物のこの発言から、軍事海洋学分野では、海軍の展開に積極的な意見が多いのではないかと推測することができる。

さらに、海洋ではなく、軍事法学という視点に立った研究でも、「基礎理論」として、ＲＯＥや国際人道法などの伝統的な戦争国際法のテーマに加えて、宇宙、北極、核兵器、そして海洋も取り上げられてきた（薛剛凌、2013）[18]。もちろん、IT化や「軍民融合」と軍事法との関係も研究されている。

以上のことから言えるのは、中国の海洋力をめぐり、少数の指導者による専断ではなく、多くの専門家や専門機構が果たす役割が大きくなってきたのではないかということである。すでに述べたように、そこでは、習近平のような最高指導者によってさえ、容易には変えられないことが多くなってきたし、これからはさらにそうなっていくのではないか、と考えることができる。

中国経済の発展によって、中国の人々の自信が増大し、海洋部門の人々も積極的に発言するようになり、中国も海洋に目を向けるようになってきた。海洋力の発展は、また多くの人々の自信を増大させ、中国人の意識を変えてきたと考えられる。このように、中国の海洋力の発展は、中国経済の発展とだけでなく、中国人の意識変化とほぼ並行して起こってきた。意識変化は、社会変化の結果でもある。つまり、海洋力を取り巻く広い政治的、社会的なコンテクストが変化してきたということであり、逆に海洋力がこのコンテクストに影響を及ぼすということでもある。

中国の海洋力の発展には、非常に多くの人々と組織が参加し、協力し合い、またぶつかり合ってきている。同時に、海洋をめぐる様々な分野ではそれぞれに専門化と細分化も進んできた。つまり、関係アクターの増大と、専門化と細分化という一見両立しにくい対照的な現象が同時に起こっている。中国の海洋力を考えていくには、総合的なアプローチ、多面的な思考、そして柔軟な分析を不可欠とする所以である。

以上、中国の海洋力につき、「パワー・トラジッション」等の国際関係理論

にたって重要性や研究上の意味を述べた上で、鄧小平が実権を握った改革開放政策の枠組みの中で、劉華清によって進められたとされる海軍建設のプロセスを概観した。そこでは、マハンやコーベットなど欧米の海洋力に関する思想の受容や批判にも触れ、国防産業の再編にも触れつつ論じてみた。

中国の海軍や海洋関連作業の発展は、改革開放政策の一環として進められた面があると同時に、中国の海洋力が、1980年代当時の改革開放政策や対外政策の枠組みの中にとどまらないものであり、逆に与えられた枠組みを変化させることになった。この枠組みの変化は、中国政治の多元化も伴っており、経済と安全保障の両面を含む海洋力の進展は、中国政治の変化を抜きにしてはできなくなっている。

◇参考文献リスト
（中国語）
馮芳（等著）『中国的和平発展与海上安全環境』（北京：世界知識出版社、2010）。
干焱平・劉暁瑋（編）『海洋権益与中国』（北京：海洋出版社、2011）。
高新生『中国共産党領導集体海防思想研究 （1949-2009）』北京：時事出版社、2010。
胡波『中国海権策：外交、海洋経済及海上力量』（北京：新華出版社、2012）。
胡志強『優勢来自聯合：関於海上聯合作戦及其系統実現的思考』（北京：海洋出版社、2012）。
姜為民（主編）『功殊勲栄　徳高品重：紀念劉華清同志逝世1周年』（北京：解放軍出版社、2011）。
鞠海竜『中国海権戦略参照体系』（北京：中国社会科学出版社、2012）。
倪楽雄『文明転型与中国海権』（上海：文匯出版社、2011）。
李来柱「功勲載史冊　風範励後人」姜為民（主編）『功殊勲栄　徳高品重：紀念劉華清同志逝世1周年』（北京：解放軍出版社、2011）、pp.299-316.
梁芳（主編）『海戦史与未来海戦研究』北京：海洋出版社、2007）。
劉宝銀・陳紅霞『環中国西太平洋島鏈：航天遥感　融合信息　軍事区位』北京：海洋出版社、2013。
劉宝銀・楊暁梅『環中国島鏈：海洋地理、軍事区位、信息系統』海洋出版社、2003。
劉華清『劉華清回憶録』（北京：解放軍出版社、2007）。
『劉華清軍事文選』上下、（北京：解放軍出版社、2008）。

劉中民「毛沢東、鄧小平、江沢民海洋戦略思想探説」『中国軍事科学』2012年第2期、pp.52-59。

馬平（主編）『聯合作戦研究』（北京：国防大学出版社、2013）。

施昌学『海軍司令劉華清』（北京：長征出版社、2013）。

王琪・王剛・王印紅・呂建華（編）『変革中的海洋管理』（北京：社会科学文献出版社、2013）。

徐錫康「憶劉華清司令的海軍戦略」『中国社会科学網』2011年6月30日（？）http://www.cssn.cn/news/373053.htm。

薛剛凌（主編）『海空安全、信息化建設和軍民融合式発展』中国軍事法学論叢第6巻（北京：人民出版社、2013）。

楊懐慶「鄧小平同志与海軍現代化建設」、『回憶鄧小平』（中）、中央文献出版社、1998、pp.441-454。

葉飛「鄧小平同志指明了新時期海軍建設的方向」、『回憶鄧小平』（上）、中央文献出版社、1998、pp.146-151。

叶向東・葉冬娜・陳思増（主編）『現代海洋戦略規劃与実践』（北京：電子工業出版社、2013）

叶自成・慕新海「対中国海権発展戦略的幾点思考」『国際政治研究』2005年第3期。

張文木『論中国海権』（北京：海洋出版社、2009）。

鄭魏煒・張建宏「論陸海複合型国家発展海権利的両難困境：欧州経験対中国海権利発展的啓示」『太平洋学報』21:3（2013年3月）。

「北京大学国際戦略研究中心挙弁『英国海権学派与東亜海上安全』研討会」2011年25日。2011年3月18日ネットに発表。

（英語）

Goldman, Jeffrey, "China's Mahan," Proceedings, 122:3 （March 1996）, pp.44-47.

Horta, Loro. "China Turns to the Sea: Changes in the People's Liberation Army Navy Doctrine and Force Structure," *Comparative Strategy*, 31 （2012）, pp.393-402.

Kane, Thomas M. *Chinese Grand Strategy* and Maritime Power, London: Frank CASS, 2002.

Mahnken, Thomas G., *Competitive Strategies for the 21st Century: Theory, History, and Practice*, Stanford: Stanford University Press, 2012.

Luttwak, Edward. N, *The Rise of China vs. the Logic of Strategy,* Massachusetts: The Belknap Press of Harvard University Press, 2012.

Ronis, Sheila R. （ed）, *Economic Security: Neglected Dimension of National Security?* （Washington,D,C,: Institute for National Strategic Studies, National Defense University, 2011）.

Saunders, Phillip C., Christopher Yung, Michael Swaine, & Andrew Nie-Dzu Yang（eds）*The Chinese Navy: Expanding Capabilities, Evolving Roles*,（Washington, D.C.: National Defense University, 2011）

Till, Geoffrey, *Asia's naval expansion: Arms race in the making?*,（London: IISS, 2012）．

Till, Geoffrey, *Seapower: A Guide for the Twenty-First Century*,（London: Routdge, 2009, second edition）．

Yoshihara, Toshi & James Holmes, *Red Star over the Pacific*,（Annapolis, MD: Naval Institute Press, 2010）．

Holmes, James & Toshi Yoshihara, *China's Naval Strategy in the 21th Century: The Turn to Mahan*,（London: Routledge, 2008）．

Zhang Wenmu（張文木）"Sea Power and China's Strategic Choices," China Security, Summer 2006,pp.17-31.

（日本語）

江口博保・吉田暁路・浅野亮（編著）『肥大化する中国軍　増大する軍事費から見た戦力整備』（晃洋書房、2012）。

飯田将史『海洋へ膨張する中国：強硬化する共産党と人民解放軍』（角川、2013）。

海洋政策研究財団（編）『混迷の東アジア海洋圏：新たな海洋秩序構築に向けて』（海洋政策研究財団、2013）。

（付記：毛利亜樹「現代中国の海軍建設：軍事現代化をめぐる政治」（同志社大学博士論文、2012年4月提出）の内容と重複・類似する場合、特に断りがなければ、「先取権」は毛利論文にある。本章の執筆では参照していないが、指導教授としてすでに目を通しているので、博士論文の内容に影響された可能性が大きいのでここに記す。）

注

1）飯田将史（2013）の解説を参照。
2）冷戦終了後、核抑止の役割は低下したとの議論が日本では多いが、中国海軍は核抑止を主要な任務の1つとしている。Yoshihara & Holmes, 2010, pp.125-148.
3）「中国の台頭」による米中衝突をほぼ不可避とする見解例としては、よく知られているジョン・ミアシャイマー（John Miearshaimer）がいる。これに対して、「中国の台頭」による衝突を回避する可能性を担保する主張として、田中明彦「パワー・ト

ランジッションと国際政治の変容」『国際問題』2011 年 9 月号、pp.5-13；納家政嗣、「新興国の台頭と国際システムの変容」『国際問題』2013 年 1-2 月合併号、pp.5-16. これら 2 本の論文は、日中関係の急激な悪化を背景に書かれたことに注意されたい。

4) たとえば、中国の海洋国家としての発展が「歴史の必然」であるとする議論がそうであろう。倪楽雄『文明転型与中国海権』(上海：文匯出版社、2011) など。また、中国でいう「紀実文学」として、歴史的事実に近いが、その中の会話の多くは歴史学の立場からの検証に十分耐えられるかどうか疑問があるものもある。施昌学『海軍司令劉華清』(北京：長征出版社、2013) など。

5) 「民国期」とは、おおむね辛亥革命（清朝が倒れて中華民国が成立）から中華人民共和国の成立年まで、つまり 1911 ～ 1949 年を指す歴史学の用語である。1911 年から 1931 年までを指す事も多く、この場合は 1931 ～ 1945 年を日中戦争期と別の時期に区分する。

6) Goldman, Jeffrey, 1996; Holmes, James & Toshi Yoshihara, 2008 など。

7) Naval Strategy『海軍戦略』蔡鴻幹（ほか訳）、漢訳世界学術名著叢書（北京：商務印書館、1994）。『海権論：影響世界歴史進程十大巨著之一』一兵（訳）（北京：同心出版社、2012）。熊顕華（編訳）『大国海権：誰擁有了海洋、誰就擁有了世界』（江西：江西人民出版社、2011）。範利鴻（訳）『海権論：大国崛起的必由之路』（西安：陝西師範大学出版社、2007）。安常容・成忠勤（訳）『海権対歴史的影響 1660 ～ 1783』（北京：解放軍出版社、1988）など。

8) たとえば、干焱平・劉暁瑋（編）『海洋権益与中国』（北京：海洋出版社、2011）で、「普通高校通識教育系列読本」の 1 つ。執筆者たちは国家海洋局や中国海洋大学の関係者である。

9) マハンに限らず、マッキンダーなどの古典的地政学に関してもこのような事が言える。しかし、当然ながら、古典的地政学が発展した当時の歴史的な状況や条件を考えに入れた上で、応用を試みる研究は存在している。奥山真司「古典地政学の理論と東アジアの安全保障構造」、海洋政策研究財団（編）『混迷の東アジア海洋圏：新たな海洋秩序構築に向けて』pp.189-203 を参照のこと。

10) 中華民国海軍の軍人が解放軍海軍の建設に果たした役割は小さくない。郭成森（1920-2004）は 1943 年にイギリスに留学した軍人の 1 人で、1949 年 9 月に張愛萍に降伏後に中国共産党に入党し、解放軍海軍の第 6 艦隊旗艦「南昌」（中華民国海軍の「長治」号を改称）艦長となり、その後は海軍司令部で勤務ののち、大連艦艇学院の教員となった。

11) 劉華清がどのようにして海洋法に関する知識を得たのかはよくわからない。『劉華清軍事文選』等の公開資料に詳細な記述はほとんどない。

12) 劉華清の回想録や文選の編纂では、海軍党委員会などのチェックがなかったはずがない。このような事実が削除されずに掲載されたこと自体、公表当時の中国の雰囲気を示唆するといえよう。

13) 1980 年代当時はわからないが、中国にとっての日本列島の戦略的意味はどのようなものかを示す資料もある。そのうちの 1 つの劉宝銀・楊暁梅（2003, p.17）によれば、日本列島は、「アジア大陸の東にあり、大陸と太平洋を隔てるという意味で、第 1 島嶼線上にある。大陸と大洋を隔てるところにある列島はごくまれ」で、「台湾を中央にあるノッティング・ポイントとすれば、日本列島は第 1 島嶼線の北半分」、「第 2 島嶼線の主体は硫黄列島と小笠原諸島で、日本列島は 2 つの島嶼線にまたがり、戦略上きわめて重要な意味がある」という。2013 年に劉宝銀・陳紅霞によって改訂版が出版されたが、日本列島の戦略的意味に関する記述はほとんど変わっていない。なお、21 世紀初頭、中国海軍の主要構想は、「第 1 島嶼線内の海域で海上戦役を遂行できる総合的な作戦能力を備える」こととされている（劉中民、2012、p.59）。

14) この講演で示された海軍戦略は、その後の中国海軍の海軍建設の基礎となったといえるであろう。講演内容の主要部分は「海軍戦略与未来海上作戦（1986 年 4 月 29 日）」『劉華清軍事文選』（上）、pp.456-488。

15) 海軍指揮学院の徐錫康が編んだ回想によれば、1986 年に開かれた全軍最初の戦役理論研究会では、遠洋で航行する空母を建設するという海軍（おそらく劉華清）の提案は、空母の役割は宇宙兵器などの開発で代替できるなどの理由で否定されたという。
http://mil.news.sina.com.cn/2011-08-01/1106659532.html

16) 中国語原語は「振興海業、繁栄経済」、「管好用好海洋、振興海洋経済」、「探索海洋奥秘、発展藍色産業」。

17) http://bbs1.sina.cn/dpool/bbs/viewthread.php?pm=mil--584177&vt=4

18) この書籍に掲載されているのは、海洋における武力衝突の法的議論で、商船に対する臨検等も含まれている。解徳海「海戦次於攻撃措施運用問題初探」、同書、pp.63-70。

1章
中国海軍発展の軌跡

山内 敏秀

　2009年4月23日、中国海軍は建軍60周年を記念する国際観艦式を挙行した。すなわち、中国海軍は1949年4月23日に建軍されたとして、4月23日は公に中国海軍の建軍記念日と定められている。建軍された当時の兵力は183隻、4万3268トンとされている[1]。その中には武装蜂起した国民党海軍の艦艇や人民解放軍が接収したものを中心に商船、漁船も含まれていると思われる。

　『ジェーン海軍年鑑』に中国海軍が取り上げられるのは1954～55年版からで、その表題にはCHINA（COMMUNIST）として、国民党海軍と区別されている。ちなみに国民党海軍はCHINA（NATIONLIST）とされている。この時の中国海軍の兵力は軽巡洋艦1隻、フリゲート10隻、魚雷艇1隻、揚陸艦等42隻、その他49隻であり、人員18万人強のうち60％強が陸軍から引き抜かれたものである。海軍の経験があるのは国民党海軍出身の4000人強、全体の約2％に過ぎない状況である。

　63年後、空母1隻、弾道ミサイル搭載原子力潜水艦4隻、攻撃型原子力潜水艦5隻、通常型潜水艦52隻、駆逐艦26隻、フリゲート53隻、ドック型揚陸艦1隻[2]を含む世界有数の海軍に成長した。

　人を理解するための1つの方法として、その人の成長の過程を見ることが挙げられる。同様に中国海軍を理解するための方法としてその成長の軌跡を跡づけておきたい。その際、建軍から現在までを4つの時期に区分した。

　第1期は建軍から朝鮮戦争によって兵力整備の計画が大きく後退するまで

であり、この時期を揺籃(ようらん)期と名付けた。

　第2期は朝鮮戦争によって海軍建設の予算が大幅に削減された1952年から文化大革命の後期、米中国交回復の前年1971年までとし、海軍建設にとって雌伏の時期であったとの理解から伏流期と名付けた。

　第3期は米中国交回復によって海軍を取り巻く安全保障環境が大きく変わった1972年から改革開放、4つの現代化の政策によって海軍近代化と建設を模索しつつ、飛躍への土台が築かれた1999年までとし、発展期とした。

　第4期は発展期での模索の結果を受け、海軍建設の方向を見定めて動き始てから現在までの時期として飛躍期とした。この時期に建軍60周年を祝う国際観艦式を成功裡に実施できる力を蓄積し、新しい世代の各種艦艇を相次いで就役させてきた。

1．揺籃期（～1952年）

　前述のように中国海軍は1949年4月23日に建軍されたとされているが、中国海軍誕生の胎動はそれ以前から起こっていた。1949年1月に中共中央は沿海部と沿江部の防衛のための海軍の任務に関する提言を行った。
　一方、国民党海軍の艦艇における武装蜂起が中国海軍の誕生に貢献してきた。2月12日、青島(チンタオ)にいた国民党海軍の「黄安(ファンアン)」号が武装蜂起し、ほぼ2週間後の25日には呉淞口(ウースン)において「重慶(チョンチン)」号（写真1）が武装蜂起している。中共中央が武装蜂起した「重慶」号へ送った電報で「中国人民は自らの強大な国防力を建設しなければならない。……自らの空軍と海軍を建設しなければならない……」と指示している[3]。ただ、「重慶」は武装蜂起直後に国民党の爆撃機による爆撃によって撃沈された[4]。国民党海軍の艦艇での武装蜂起は続き、日本海軍海防艦「宇治」だった駆逐艦「長治(チャンツー)」の将兵40人による蜂起など、2月から12月の間に武装蜂起した艦艇は73隻に上った[5]。一方、1950年1月には国民党軍の攻撃を受け、中国海軍は1日で貴重な26隻の艦

1章　中国海軍発展の軌跡

写真1　重慶号

写真2　反乱に成功した黄安号の将兵達の記念撮影

船を喪失するという被害を受けている[6]。

　南京解放を目指す第3野戦軍は、4月中旬に長江（揚子江）の渡江作戦準備に入った。そして、第3野戦軍の作戦担任地区においては旧国民党海軍の将兵や青年知識分子を吸収して、4月23日、華東軍区海軍が発足し、同海軍の指揮機構、水上部隊及び陸上部隊が編成された。後に、第3野戦軍第7兵団所属の第35軍及び第9兵団所属の第30軍などが華東軍区海軍へ引き抜かれ、同海軍の拡充が図られた。

　1950年9月21日、北平（ペーピン）（現北京）において中国人民政治協商会議第1回全体会議が開催され、中国人民政治協商会議共同綱領が採択され、毛沢東が中央人民政府主席に選出された。この全体会議の開幕の演説で毛沢東は海軍建設を中国の独立自強の象徴と捉え、「……どのような帝国主義者にも再び我々の国土を侵略させてはならない……我々は強大な空軍と海軍を保有しなければならない（…不允許任何帝国主義者再来我們的国土、…而且有一個強大的空軍和一個強大的海軍）」[7]と主張した。

63

1949年末、毛沢東は第4野戦軍第12縦隊司令員であった蕭勁光(しょうけいこう)を北京に呼び、海軍領導機構（以下、現組織である海軍司令部という）を設立するよう命じた。この時、蕭勁光は自らを「旱鴨子(ハンヤーツ)」と評し、海軍のことを理解していないし、船酔いがひどく、このような重任には適当ではないと辞退した。「旱鴨子」とは泳げない人、すなわち金槌を意味する言葉である。しかし、毛沢東は笑って、「あなたは組織を指揮するのであって、毎日海に出るわけではない。あなたは中国軍の伝統を理解しており、ソ連への留学経験もある。海軍建設ではソ連から学ばなければならない。また、ソ連の援助に依らなければならない。あなたはロシア語を話せるし、ソ連軍を比較的理解している」として蕭勁光の辞退を退けた[8]。そして、1950年1月、蕭勁光は海軍司令員に就任した。

　海軍司令部を設立するに当たり、蕭勁光は2つの大きな問題に直面していた。それは、海軍司令部が総参謀部の1部門なのか戦略を決定できる単独の機関なのかのという、その地位に関する問題と設立場所であった。蕭勁光から指示を仰がれた聶栄臻(じょうえいしん)（1899～1992年。当時、総参謀長代理）が訪ソ中の毛沢東に請訓の電話を入れたのに対し、毛沢東は海軍司令部は戦略を決定する単独の司令部であり、海軍は単独の軍種であるとし、海軍司令部は北京に設置するよう回答した[9]。

　中国海軍の草創期における装備は国民党海軍から接収した装備が主体であった。しかし、これらの装備はまちまちであり、艦艇の大部分は第2次世界大戦前あるいは大戦中に米国、英国、日本、フランスなどで建造されたもので、その艦型は煩雑であった。搭載する火砲もソ連製、米国製、日本製など30種以上に上っていた。航空機に至っては355機種という多さである。また、沿海部の各省市が解放されるに伴い、商船、漁船169隻、6万4865トンが接収された[10]。

　1950年2月14日に中国と旧ソ連の間で締結された貸款協定及び貿易協定では1億5000万ドルが海軍建設用に確保され、各種艦艇、航空機、火砲、その他の設備機材を購入することが計画された[11]。

1章　中国海軍発展の軌跡

　1950年6月の朝鮮戦争勃発以前は、台湾解放が海軍に対する唯一の要求であったと言えよう。台湾海峡への渡洋侵攻に対応するため、一定の護衛能力と輸送能力という海上作戦能力を海軍建設の目標とし、随時陸軍と協同して台湾解放の任務に当たることを求められていた[12]。朝鮮戦争が勃発すると、米国は香港を出港し、フィリピンのスービックに向け航行中の空母「バレー・フォージ」を反転・北上させ、日本に向かわせた。その際、台湾海峡の北で「バレー・フォージ」は艦載機を発艦させ、台北市上空を航過させただけでなく、台湾海峡に艦艇を派遣し、大陸中国及び台湾に圧力をかけ続けた。この状況に直面した党中央は台湾解放の任務の延期を決定した。

　1950年8月10日から30日の間、主要な幹部が北京に招集され、海軍建設の問題が検討された。会議では華東軍区海軍及び関係する単位のこの1年の活動状況が報告され、旧ソ連の専門家が提出した旧ソ連の経験を参照し、情勢と任務が研究された。そして、長期にわたる建設に着目しつつ、当面の状況を出発点として近代的で、攻撃と防御能力を有する近海用の軽型海上戦闘力を建設することとされた[13]。確定された路線は党の絶対的指導の下、工農を骨幹とし、人民解放軍を基礎となし、多くの革命青年知識分子を吸収し、国民党海軍軍人を獲得し、これを団結させ、改造することであった[14]。

　さらに、建設の方針として、長期にわたる海軍建設を念頭に置き、当面の情勢を出発点として近代化された攻撃・防御両方の能力を有し、近海において作戦する海上戦闘力を建設することとされ、既存の組織を活用し、現有能力を発揮し、現有能力を基礎に魚雷艇、潜水艦及び航空部隊を新たに加え、堅強な国家の海軍を逐次建設し、建設する海軍には水上艦部隊、潜水艦部隊、海軍航空部隊、沿岸防備部隊（中文：岸防兵）及び海軍陸戦隊の5兵種を設けることとなった。初期段階では海軍航空部隊、魚雷艇部隊及び潜水艦部隊の整備を主とし、その他の兵種は発展に応じて整備することとされた[15]。

　そして、海軍の任務として陸軍との協同による上陸作戦及び対上陸作戦が考慮され、また、海軍単独の任務として対海上封鎖、海上交通の安全の確保、漁業の保護、反革命勢力の海上における騒擾活動の撃破、敵の海上交通の破

壊、掃海と機雷敷設が決定された[16]。

　毛沢東による中華人民共和国建国宣言後も中国各地の解放闘争は続き、海軍部隊も各地における作戦に参加してきた。1950年5月、広東軍区江防部隊（後の中南軍区海軍）は131師団の2個旅団と協同し、南南西、珠江河口にある万山群島を解放した。この万山群島戦役は、中国における初めての統合上陸作戦あった。6月から10月にかけて華東軍区海軍の掃海部隊が長江の掃海を実施した。また、7月には華東軍区海軍部隊は広州湾の東に位置する嵊泗列島（現浙江省舟山市嵊泗県）を解放し、さらに陸軍部隊と協同して浙江省の披山島を占拠する国民党軍に対し上陸作戦を実施して、これを解放した。

　海軍の要員養成も建軍間もない時期から整備が始められた。海軍の領導機構が整備されていない1949年夏、毛沢東は遼寧省政府主席兼遼寧軍区司令員であった張学思（1916～70）に、安東海校を基礎として正式な海軍の学校を設立するよう命じた。張学思は旧ソ連に出張し、旧ソ連海軍の学校を視察、技術専門家の派遣を要請した。そして、11月に大連に中国人民解放軍海軍学校が新設され、課程として航海指揮系と機械工程系が設置された。同校は1950年2月1日、正式に開校した。8月には青島に海軍航空学校が設立され、11月に開校。そして、1952年8月、拡充のため第1及び第2航空学校となり、搭乗員と地上員を分けて教育することとなった。また、1952年5月には海軍の高級指揮幹部を教育するため、人民解放軍軍事学院海軍系が設立され、7月には海軍政治幹部学校が、11月には海軍潜艇学校が設立された[17]。

2．伏流期（1952～71年）

　この期間、中国の海軍建設は2度の大きな国内外の事件によって減速することとなる。海軍建設を大きく減速させた第1の事件は朝鮮戦争である。

　1950年6月に勃発した朝鮮戦争において、中国は抗米援朝に踏み切ったが、

米国の圧倒的な空軍力の前に朝鮮戦域へ1機でも多くの空軍機を投入する必要に迫られ、毛沢東は1952年2月、空軍機整備を最優先事項とし、海軍建設の予算を一挙に2000万ドルに削減することを決定した。このため、決定されていた海軍建設3カ年計画は大きく減速せざるを得なかった。

しかし、毛沢東の海軍建設への関心が低下したわけではなかった。1953年に「わが国の海岸線は長大であり、帝国主義は中国に海軍がないことを侮り、100年以上にわたり帝国主義はわが国を侵略してきた。その多くは海上からきたものである」との歴史認識を示し、海軍建設の重要性を指摘し、中共中央政治局拡大会議において、毛沢東は海上の反革命の部隊が引き起こす騒擾の粛正、海上輸送の安全の保証、適当な時期に台湾を回収し、最終的には全国土を統一するための力量の準備、帝国主義の海からの侵略に抵抗するための力量の準備などの海軍建設に関する総任務と総方針を示した[18]。

さらに、モスクワに派遣された羅舜初らが粘り強い交渉を旧ソ連海軍と続け、1953年6月4日、護衛艦、潜水艦等の図面、資材、設備の提供等を定めた、いわゆる6・4協定が締結され、停滞の中にあっても、旧ソ連による海軍援助を梃子に「海の長城」建設への努力を続けられた。1950年代前半には、P-4級魚雷艇50隻をはじめとして、M級潜水艦、C級潜水艦、「ゴルディ」級駆逐艦、T-43級掃海艇等が供与される一方、造船そのものへの支援により哨戒艇の建造が1953年に開始され、さらに「リガ」級フリゲート、「クロンシュタット」級魚雷艇、T-43掃海艇といった旧ソ連で設計された艦艇群が中国において建造されていった。

海軍の組織整備も進められ、1955年には華東軍区海軍が人民解放軍海軍東海艦隊に、中南軍区海軍が人民解放軍海軍南海艦隊に改称された。また、1960年には人民解放軍海軍北海艦隊が編成され、今日の3個艦隊制が完成した。

1960年5月の開催された中央軍事委員会拡大会議において「二四一三」と呼ばれる海軍の大幅な拡大方針が承認され、今後8年間の間に210隻の潜水艦、400隻のミサイル艇、100隻の主要水上艦艇、300隻の小型戦闘艦艇の建

造が目指された[19]。

しかし、旧ソ連の援助も 1960 年 8 月に中国において指導に当たっていた専門家が突然に引き揚げられることによって終了した。以後、中国は独立自主・自力更生の方針に基づき装備品の研究開発、建造・製造を進めることとなった。1960 年末、党中央は航空機、艦艇、電子技術に係わる研究院の設立を決定し、翌年 6 月には劉華清（りゅうかせい）を院長とする艦艇研究院である国防部第 7 研究院が正式に設立された[20]。

予算の大幅な削減という厳しい環境に中でも着実に整備が進められてきた中国海軍は、第 2 の大きな壁にぶつかることとなる。1966 年 5 月に始まった文化大革命である。文化大革命は中国に甚大な挫折と損害を与えたが、最も深刻な損害を受けた 1 つが海軍であった。

1958 年からの反教条主義が海軍幹部の積極性を喪失させ、1959 年の反彭黄（ほうこう）闘争*によって軍隊の正規化、近代化を取り消す口火が切られた。そして、林彪（りんぴょう）（1907～71）が国防部長に就任し、中央軍事委員会の日常業務を総覧し始めたことが海軍に対する文化大革命の前奏曲となった。

1966 年、海軍党委員会において蕭勁光、初代海軍政治委員蘇振華（そしんか）（1912～79）が資産階級代表人物、羅瑞卿（らずいけい）（1906～78。解放軍総参謀長）派の分子と批判され、蘇振華は更迭された。

さらに、東海艦隊司令員陶勇（とうゆう）（1913～67）、海軍参謀長張学思（ちょうがくし）、海軍政治部副部長、北海及び南海艦隊政治委員らが追放された。中国海軍だけでなく中国の工業界に大きな影響を及ぼしたのが海軍の造修*・研究・開発の責任者であり、中国に必要な西側の技術導入を引き続き図ろうとした方強（ほうきょう）（1912

反彭黄闘争　彭徳懐、黄克試のいわゆる「右傾機会主義」と「資産階級の軍事路線」を批判する運動。朝鮮戦争で中国義勇軍を指揮し、米軍と戦った彭徳懐はその経験から軍の近代化を提起していた。

造修　艦船、武器を建造／製造、あるいは修理すること。

〜 2012）の追放である。

方強は湖南省出身。1926 年に中国共産党青年団に入団し、第 44 軍軍長、中南軍区海軍の初代司令員兼政治委員、海軍副司令員を歴任し、1955 年に旧ソ連に留学する。帰国後、海軍副司令員兼海軍軍事学院院長と政治委員に就いた後、1959 年から 1979 年、中華人民共和国第 1 機械工業部副部長、国防工業委員会副主任兼秘書長を歴任し、海軍の装備武器の製造及び中国の造船、国防工業の発展に参画し、これを指導してきた。

表 1　文化大革命前後の中国海軍主要水上艦艇の兵力組成の変化

艦　　種	1965-66	1975-76
駆逐艦	4	3（4）
護衛駆逐艦	4？	
フリゲート	12	14
コルベット		32
ミサイル艇		100（15）
高速砲艇	70	440（20？）
魚雷艇	150	215

注 1：（）内は建造中のものの隻数を示す。
注 2：*Jane's Fighting Ships*1965-1966 の兵力組成には護衛駆逐艦 4 隻が示されているが、艦級紹介の項には駆逐艦 4 隻のみしか示されていない。
出所：*Jane's Fighting Ships*1965-1966 及び *Jane's Fighting Ships*1975-1976 から作成。

以後、中国の造船所において大型艦船はほとんど建造されることはなかった。海軍では、SLBM（潜水艇発射弾道ミサイル）を搭載予定であった G 級潜水艦は就役したものの武装されることはなく、W 級潜水艦に装備予定の対艦ミサイルの開発は中止された[21]。さらに、水上艦艇では「江南（ジアンナン）」級フリゲート 5 隻のみが就役したのに対し、旧ソ連の「オサ」及び「コマ」型ミサイル艇を模したミサイル艇が多数建造されてきた。表 1 は文化大革命の開始年と終了年の中国海軍の兵力組成を比較したものであり、文化大革命の海軍への影響を容易に理解できる。

しかし、海軍の装備品研究開発は文化大革命の影響によって中断されることはなかった。文化大革命が始まる前年の 1965 年、中国海軍は先進レベルにある中型の水上戦闘艦艇、中型の潜水艦及び原子力潜水艦の建造を重点とする海軍装備科学研究第 3 次 5 カ年計画を策定する[22]が、1967 年 4 月、中央軍事委員会はこの計画が今後の装備の発展に有効な根拠となると承認し、さらに毛沢東、周恩来（しゅうおんらい）（1896 〜 1976）、葉剣英（ようけんえい）（1896 〜 76）、聶栄臻ら指導者が戦略的必要性から海軍の装備の建設を重視したこと[23]が海軍の装備品開

発が中断されなかった大きな要因であった。

　これらの困難の中で続けられた努力の結果、1968 年中型駆逐艦の建造が開始され、1971 年に NATO コードで「旅大(ルダ)」級と呼ばれる Type051 駆逐艦の 1 番艦が就役することになる。

　建軍以来続けられてきた要員養成の態勢も文化大革命によって大きな被害を受けた。前述のように、1952 年には中国人民解放軍軍事学院海軍系、海軍政治幹部学校が設立された。中国人民解放軍軍事学院海軍系は 1957 年に同課程を基礎に海軍軍事学院が設立され、海軍政治幹部学校は 1958 年にいったん閉鎖されたが、1963 年に海軍の高級学校の改編に伴い海軍政治学校が設立された。また、海軍航空学校が海軍第 1 航空学校及び海軍第 2 航空学校に分離された。翌 1953 年には青島に第 4 海軍学校が新設され、1957 年に海軍潜水艇学校と改称された。さらに、1960 年には海軍軍事学院が海軍学院と改称されることとなった。しかし、中国海軍における教育体系の整備の進展もここまでであった。

　文化大革命では資産階級の知識分子に支配されている学校は徹底的に改造しなければならないとされ、多くの優秀な教官、教員が資産階級の反動学術権威として批判と闘争の対象とされた。また、林彪の「焼書」の指示のため貴重な教材や軍事学術著作が失われた[24]。

　さらに、1966 年になって中央軍事委員会の命令により航空学校を除くすべての院校で革命に邁進するため授業が停止され、1969 年 2 月には海軍学院、海軍政治学校、潜艇学校等 9 院校が閉鎖された。例えば、潜艇学校は第 57 労働学校として幹部の労働改造の責任を負わされた[25]。

　中国海軍の教育体制の回復は、林彪のグループが打倒され、葉剣英が中央軍事委員会の事務を主管する時まで待たなければならなかった。

3．発展期（1972〜99）

　中国海軍が伏流期を脱する契機となったのは 1972 年のニクソン大統領の電撃訪中による米中和解と改革解放を決定した 11 期 3 中全会である。米中和解によって、これまで最大の脅威としてきた米国、特に米海軍の圧力が軽減されることとなった。しかし、それは中国の安全保障感環境が改善されることを意味しなかった。

　トンキン湾事件を機に米国が本格的にベトナム戦争に介入してくると、戦争は拡大の一途をたどり、中国南部の辺境の安全が脅かされているとの認識から、中国は戦争準備の強化を進める一方[26]、ホーチミンからの要請に基づき兄弟国北ベトナムを支援するため各種部隊を北ベトナムに派遣する。中国海軍も北ベトナム東北群島における国防建設等の支援を行うとともに高射砲部隊等を派遣し、防空作戦の一部を担任した。また、1972 年 8 月から 1973 年 8 月の間、援越掃海部隊が派遣され、ベトナム沿海の掃海に従事した。掃海部隊は 48 個の機雷を処理し、ハイフォン港の啓開に成功した[27]。

　このような中国とベトナムの友好関係に亀裂を生じさせたのが米中和解である。これを機に北ベトナムは旧ソ連との関係を強化する一方、中国と北ベトナムの関係は悪化し、1979 年の中越戦争へとつながる。中越関係悪化の今 1 つの要因が西沙諸島を巡る中国と南ベトナムの間の領有権争いである。西沙諸島は第 1 次ベトナム戦争が終結するとその西半分を南ベトナムが、東半分を中国が占領し、それぞれに全体の領有権を主張していた。1974 年 1 月、西沙諸島広金島付近の海域において中国海軍と南ベトナム海軍の艦艇部隊の間で戦闘が行われた。中国側は西沙自衛反撃戦争と呼ぶように、交戦の原因については互いに相手方の非を主張している。この交戦において南ベトナムの艦艇部隊は撃退され、中国が西沙諸島を支配するようになった。

　1973 年 1 月、米国、北ベトナム、南ベトナム及び南ベトナム革命臨時政府

の4者の間でパリ協定が締結され、1975年サイゴンが陥落し、翌1976年7月南北ベトナムは統一され、ベトナム社会主義共和国(以下、ベトナムという)が誕生した。

　ベトナムは1978年、旧ソ連とソ越友好協力条約を結び、翌年に締結されたカムラン湾の使用に関する両国の協定に基づき、1968年からインド洋方面に太平洋艦隊の艦艇を展開していた旧ソ連は戦略拠点を確保してインド洋だけでなく南シナ海におけるプレゼンスを強化していく。さらに旧ソ連は1970年及び1975年に米空母戦闘群への対抗を念頭に置いたオケアン演習を実施し、特に1975年実施のオケアン演習では空母戦闘群に対する飽和攻撃*能力を誇示した。

　このような安全保障環境及び中国海軍の現状から、鄧小平(とうしょうへい)(1904〜97)は1979年の党海軍委員会常務委員会拡大会議において、海軍は近海作戦に当って防御を主眼とする方針を提示する一方、現代戦闘力を備えた海軍の建設を目指した。そして、1982年にソ連海軍の脅威への対抗を念頭に近海防御戦略を策定した。

　一方、改革開放政策は国防戦略の転換を求め、中国海軍に変革をもたらすこととなった。これまでの中国の国防戦略の基本は誘敵深入・積極防御であった。この戦略は、劣勢な軍事態勢と広大な国土及び大きな人口をもって米国に代表される先進国の軍隊に勝利しようとするものであり、海からの侵攻に対しては海岸線での防御に重点は置かれていなかった。中国にとって重要な守るべき対象である産業を内陸奥深くに移動させた三線建設は誘敵深入・積極防御と対をなすものである。

飽和攻撃　防空、特に対艦ミサイル防御においては、「今」という瞬間に同時にいくつの目標に対処できるかが極めて重要な要素となる。したがって、攻撃する側から見れば防御側の同時に対処できる目標数を上回るミサイルを、ほぼ同時に弾着するように発射すれば防御側に打ち落とされずに目標に到達し、命中することが期待できる。旧ソ連はオケアン演習において検証を行い、その威力を西側に誇示した。

しかし、改革開放政策の採用により、守るべき対象が沿海部に進出し、海そのものが富を生み出す経済発展の場と認識されるようになると、誘敵深入・積極防御という戦略は中国の現状にそぐわないものとなってきた。鄧小平は毛沢東否定につながらないよう慎重な手順を踏みながら誘敵深入・積極防御の否定へと進んでいく[28]。

 1982年8月海軍司令員に就任した劉華清は、11期3中全会で定められた改革開放の方針から「……海洋事業は国民経済の重要な構成部分であり、海洋事業の発展には強大な海軍による支援がなければならない。……」[29]として、海軍の建設を海洋事業の発展と関連づけ、海軍の包括的任務を次のように規定した。

◆侵略の抑止防衛
◆領海主権の保護護衛
◆海洋権益の維持
◆海上資源の開発利用[30]

 さらに1985年5月に開催された中央軍事委員会拡大会議において、鄧小平は米国とソ連の核の手詰まりなど世界的安全保障環境を分析した結果、世界戦争は回避できるとの論を展開したうえで積極防御戦略を転換し、「現代条件下における積極防御」戦略を採用した。いわゆる85戦略転換である。

 これを受けて海軍も従来の戦略を見直し、おおむね渤海から南シナ海にいたる300万km²の海洋におけるシーコントロール[31]の確保を目的する近海防御戦略を策定した。この戦略では、これまで中国の沿岸部とされていた「国門」*を日本、南西諸島、台湾、フィリピンとつなぐ第1島嶼線にまで拡大した。この海域は石油埋蔵量50～330億トン、海底鉱物資源60種以上15億トン、約200種の経済活動の対象となる魚類、海洋利用発電による4.3億kcalのエネルギー[32]などの資源に恵まれている。さらに第1島嶼線とマリアナ諸島、カロリン諸島等を列ねる第2島嶼線の間ではシーディナイアル[33]を企

国門　中国の軍人がしばしば使う用語で古くは"国境"のこと

図³⁴⁾した。

　この中国海軍の転換を理論的の後押ししたのが徐光裕（元人民解放軍防化学院副院長）の戦略国境論である。徐は国家には地理的な国境とは別にその総合国力に応じた戦略国境があるとした上で、「従来の『積極防御』の国門の概念を伝統的な地理的国境から戦略国境に拡大すべきであり、新しい情勢に基づき国門を300万k㎡海洋管轄区の遠端に拡大」³⁶⁾すべきであると主張した。

　さらに、中国海軍は新しい時代の要請に応えることが求められることとなった。局部戦争への対応である。劉華清は、将来生起の可能性があるのは海上における局部戦争であると指摘した³⁶⁾。徐錫康（元南京海軍指揮学院教授、海軍戦略理論家）も将来、海軍が直面する主要な戦争の類型は局部戦争である³⁷⁾とし、「海軍は本国から遠く離れた場所における軍事行動にもっとも適合」しており、各種の特定の目標を達成することができ、柔軟性のある戦争手段であるとして、海軍は局部戦争において特別に重要な地位を有する³⁸⁾と主張した。そして、局部戦争において投送兵力、海上封鎖、対地攻撃、陸上作戦支援、水上艦艇攻撃、海上輸送、武力誇示・軍事恫喝のために海軍を運用しようと考えたのである³⁹⁾。

　一方で、近世中国における屈辱の歴史に基づく毛沢東の海の長城という考えが放棄されたわけではなく、劉華清の跡を継いで海軍司令員に就任した張連忠（1931〜）、石雲生（1940〜）もこの考えを継承している⁴⁰⁾。鄧小平が求めた現代戦闘力を備えた海軍の建設に向かって、海軍創設50周年に当たる1999年に海軍司令員石雲生は海軍建設の目標として「近海防御戦略」の堅持、先進武器装備の開発、高いレベルの人材育成を挙げている。その狙うところは科学技術による軍の精強化方針の堅持し、海軍の質的建設を推進し、数的規模に依拠する海軍から質的規模に依拠する海軍への転換を図って、世界との軍事力格差を是正し、総合作戦能力を向上させ、ハイテク条件下の海上における局部戦争に勝利することであった⁴¹⁾。石雲生が掲げた方針は堅持され、2010年には「質量密集」として主張されることになる⁴²⁾。質の追求に当たって跳躍台の役割を果たしたのがこの時期と言えよう。

1章 中国海軍発展の軌跡

　文化大革命の嵐の中、途絶えることなく続けられた開発・研究の結果、1974年8月「漢(ハン)」級原子力潜水艦の1番艦「長征(チャンツェン)1号」が部隊に配備された。さらに、1978年には「夏(シア)」級弾道弾搭載原子力潜水艦起工が起工され、1987年に就役した。その翌年、同艦は弾道ミサイル発射に成功し、核戦略の一翼を担うこととなった。

　主要水上艦艇では「旅大(ルダ)」級駆逐艦の後継として1994年1月に「旅滬(ルフ)」級ミサイル駆逐艦の1番艦が就役し、さらに1999年1月には「旅海(ルハイ)」級ミサイル駆逐艦の1番艦「深圳(シンチェン)」が就役した。ただ、「旅滬」級ミサイル駆逐艦および「旅海」級ミサイル駆逐艦はその建造隻数から次世代駆逐艦建造への実験艦的性格のものと考えられる。

　また、潜水艦は旧式化した「明(ミン)」級潜水艦の後継とし「宋(ソン)」級潜水艦が建造され、1番艦が1996年6月に就役した。

　さらに、外国からの技術導入と戦力強化のためロシアからキロ級潜水艦とソブレメンヌイ級ミサイル駆逐艦を導入し、1998年にKILO級潜水艦の1番艦をロシアから受領し、東海艦隊に配備した。また、ソブレメンヌイ級ミサ

表2　中国海軍の海外訪問

1996.7	ミサイル駆逐艦哈爾浜(ハルピン)」、ロシア海軍創設300周年記念行事参加のため、ウラジオストック訪問
1996.7	「旅大」級駆逐艦2隻、中朝相互援助条約35周年記念行事のため、南寧訪問
1997.3～4	ミサイル駆逐艦「青島」ほか1隻、タイ、マレーシア、フィリピン訪問
1997.4	ミサイル駆逐艦「哈爾浜」他2隻、ハワイ、アメリカ（サンディエゴ）、メキシコ、ペルー、チリ訪問
1998.3～4	ミサイル駆逐艦「青島」ほか2隻、ニュージーランド、オーストラリア、フィリピン訪問
2000.7	ミサイル駆逐艦「深圳」及び補給艦、マレーシア、タンザニア、南アフリカ訪問
2000.9	ミサイル駆逐艦「青島」等、ハワイ、シアトル、ヴィクトリア（カナダ）訪問

イル駆逐艦は2000年に1番艦を受領している。

　文化大革命において痛手を受けた要員養成も紆余曲折を経て整備され、1977年に再開された海軍学院は海軍指揮学院となり、修士課程の教育をも行うようになった。艦艇要員の教育については1977年に新設された第2水面艦艇学校は広州艦艇学院として艦艇長の養成に当たることになり、大連海軍学校は大連艦艇学院として海上自衛隊の砲術長、航海長等にあたる各科長クラスの幹部を養成することとなった。潜水艦要員の教育には海軍潜艇学院が整備され、同学院では1987年に修士課程が開講されている。航空関係の要員養成には海軍飛行学院、海軍航空技術学院が、また、政治将校養成のため海軍政治学院が整備された。

　1985年に「旅大」級ミサイル駆逐艦が初めてパキスタン等3カ国を親善訪問したのを皮切りに、中国海軍の海外訪問は活発となっていく。そのいくつかを編年的にまとめてみる（表2）。

　さらに、1994年に九州西方110海里の黄海においてキティ・ホーク空母戦闘群と「漢」級原子力潜水艦との間で事件があったものの、1998年には米国から環太平洋合同訓練（RIMPAC）への招きに応じオブザーバーを派遣するなど単なる親善訪問から共同訓練の実施へと他国との連携を強化していった。

4．飛躍期（2000年〜）

　2001年4月、海南島東南110km南シナ海上空で中国海軍の殲8戦闘機と米海軍偵察機EP-3が空中衝突する事故が発生、また2003年4月「明」級型潜水艦の訓練中の事故より乗組員70人総員の殉職と海軍司令員の更迭といった事件はあったが、2000年を画期として中国海軍は飛躍していくこととなる。2009年4月23日、建軍60周年を記念する国際観艦式を青島沖において挙行し、「強大な海軍」の建設の成果を世界に誇示した。

　艦艇の建造に目を向ければ、ロシアからの「ソブレメンヌイ」級ミサイル

駆逐艦、KILO級潜水艦の導入、「旅滬(ルフ)」級ミサイル駆逐艦及び「旅海(ルハイ)」級ミサイル駆逐艦の建造を経て、今後の中国海軍の主力となることを期待された艦艇が2000年以降就役してくることとなる。

第1に取り上げなければならないのがウクライナから購入した未完の空母「ワリヤーグ」の再就役工事が2002年に開始されたことである。「ワリヤーグ」は翌2011年8月に第1回の海上公試を実施し、2012年9月25日に「遼寧(リャオニン)」と命名され、就役した。

「遼寧」の就役は、1985年に受注した豪空母「メルボルン」の解体から空母関連技術の習得を始めた中国が船殻や一部の構造物を除き、新造に等しい「遼寧」の再就役工事を行うだけの技術力を獲得したことを意味し、さらに国産空母建造が現実のものとなってきたことを示している。

中国が悲願とする空母保有が現実味を帯びてきたこの時期に、空母戦闘群を構成するために必要な主要水上艦艇が相次いで建造されてきた。

「旅洋Ⅰ(ルヤン)」級ミサイル駆逐艦1、2番艦が2001年に起工され、翌2002年には「旅州(ルジョウ)」級ミサイル駆逐艦の1番艦及び中国版イージス艦と呼ばれる「旅洋Ⅱ」級ミサイル駆逐艦の1、2番艦が起工された。

「旅洋Ⅰ」型ミサイル駆逐艦の1、2番艦及び「旅洋Ⅱ」級ミサイル駆逐艦の1番艦は2004年7月に就役し、「旅州」級ミサイル駆逐艦1番艦は2006年10月に就役した。

さらに、海上交通路の保護や海域防護の主力と期待されるTyoe054ミサイル・フリゲート（NATOコードで「江凱(ジャンカイ)Ⅰ」級と呼ばれる）の1番艦「馬鞍山(マアンシャン)」が2003年9月に進水し、2005年1月に1番艦よりも先に2番艦が就役した。また、海域防護や封鎖作戦の尖兵としてType022高速攻撃艇が2004年4月に進水した。同艇はウェーブ・ピアサー型の双胴船で主機としてウォータージェットを装備し、C-803対艦ミサイル8発を搭載する。81隻が建造されると見積もられている[43]。

また、基地防衛の主兵力としてType056軽護衛艦（コルベット）の1番艦「蚌埠(ボンブー)」、2番艦「大同(ダートン)」が2013年に相次いで就役しており、老齢化した

「江滬」級(ミサイル)フリゲートの後継と見積もられる。

ただ、「旅州」級ミサイル駆逐艦は対空ミサイルのVLS(垂直発射システム)をヘリコプター格納庫の区画に装備したため、ヘリコプターを搭載することができず作戦能力に不足があるとの指摘があり、空母戦闘群の部隊防空の中核と期待された「旅洋Ⅱ」級ミサイル駆逐艦も能力不足との評価を受けている[44]。このため、後継となるType052Dミサイル駆逐艦が建造中であり、1番艦は2012年8月に進水している。また、3番艦以降の建造が確認されていなかった「旅洋Ⅱ」級ミサイル駆逐艦は3番艦「長春」が2012年に就役し、4、5、6番艦が建造中である。

潜水艦も次世代の潜水艦が出現してきた。2002年12月にTyoe093と呼ばれる「漢」級原子力潜水艦の後継原子力潜水艦の1番艦が進水した。同級はNATOコードでは「商」級と呼ばれ、、2006年には1番艦が就役した。

1988年に弾道ミサイル発射に成功した「夏」級弾道ミサイル搭載原子力潜水艦は核戦略の一翼を担うとされてきたが、その後の状況は不透明のままであった。さらに、1隻だけでは常続的な戦略展開を維持することができないこと、及び搭載するJL-1弾道ミサイルの射程が短いことから、後継の弾道弾搭載原子力潜水艦及び搭載する弾道ミサイルの開発が進められ、「晋」級弾道ミサイル搭載原子力潜水艦の1番艦は2001年に起工され、2007年に就役した。

一方、搭載する弾道ミサイルはMIRV(マーブ)*化された地上型の東風31を潜水艦搭載用に改良したJL-2弾道ミサイルを開発しているとされるが、「晋」級弾道ミサイル搭載潜水艦からの発射実験に成功したとの報道はなされていない。

また、通常型潜水艦はロシアから導入したKILO級潜水艦をベースに開発した「元」級潜水艦の1番艦が2006年には就役している。

MIRV(マーブ)　多目標弾頭 Multiple Independently-targetable Reentry Vehicleの略号。1つの弾道ミサイルに複数の弾頭を装備し、それぞれが違う目標に攻撃ができる弾道ミサイル。

1章　中国海軍発展の軌跡

　さらに水陸両用戦の分野では米海軍の「サン・アントニオ」級ドック型揚陸艦に匹敵する「玉昭(ユージャオ)」級ドック型揚陸艦の1番艦「崑崙山(クンルンシャン)」が2007年に就役し、2011年に2番艦、2012年には3番艦が就役した。1番艦の「崑崙山」は第6次のソマリア沖海賊対処に派遣されている。

　海軍艦艇ではないが、2012年8月に就役した3万6000トンのフェリー「渤海翠珠(ボーハイツイジュ)」に注目しておきたい。同船の就航式には国家交通戦略弁公室主任、総後勤部軍交運輸部長、済南軍区国防動員委員会常務副主任、済南軍区副司令員等軍関係者が数多くが出席しており、就航前には軍による部隊、装備の搭載試験を実施している。同船は装甲車両、火砲等数十両が搭載可能と報じられている[48]。第2船である「渤海晶珠(ボーハイジンツー)」は同年10月に就航している。また、瀋陽軍区で2万3000トンのフェリー「青島山(チンタオシャン)」が2012年1月から就航している。これらフェリーは、平時は民間用フェリーとして運航されるが、軍が必要とする場合には徴用されることとなっており、人民解放軍の戦略的パワー・プロジェクション能力を向上させるものとして期待されている。

　中国海軍の外国訪問は常態化したと言ってよい状況になってきた。ミサイル駆逐艦「深圳」等がドイツ、イギリス、フランス、イタリアの4カ国を訪問し（2001.8.23～11.16）、ミサイル駆逐艦「青島」他が10カ国10港を訪問した初の世界一周航海（2002.5.15～9.23）を実施するなど数多くの親善訪問を実施している。2007年11月にはミサイル駆逐艦「深圳」が清国の北洋出師（北洋艦隊）以来となる訪日を果たしている。さらに、2009年には練習艦「鄭和(ジョンハー)」が広島県呉及び江田島に入港している。「鄭和」は大連艦艇学院をはじめとする中国海軍院校の学生の練習公開の途次、寄港したもので、旅順から江田島までの航海には海上自衛隊幹部候補生学校から2人の候補生が乗艦し、中国海軍の学生との交流を深めている。

　外国との共同訓練も2国間、多国間の枠組みでより積極的に行われている（表3参照）。

　2010年8月22日から27日の間にウラジオストック沖で実施された北太平洋海上保安フォーラム多目的訓練に中国は「海監83号」を参加させている。

表 3　中国海軍おける外国との共同訓練

2003.10	パキスタンと共同 SAREX（救難・支援訓練）実施、初の 2 国間共同訓練
2003.11	インド海軍と協同捜索救難訓練実施
2004.12	ミサイル駆逐艦「深圳」等、インドとの「友誼 2005」に参加
2006.9	初の米中共同 SAREX 実施
2009.3.5	ミサイル駆逐艦「広州(コワンチョウ)」、「和平－09」多国籍海軍演習参加
2009.9.18	ソマリア沖海賊対処に派遣した部隊がロシアの派遣部隊との間で中ロ共同訓練「和平藍盾－2009」実施

同訓練は人命救助、薬物捜索、追跡などを訓練項目とした多国枠組みの共同訓練であり、日本からは海上保安庁の巡視船「えちご」が参加している。2010年 9 月には中台の共同捜索救難訓練を実施している。

　注目しなければならない動きとして 2001 年のパキスタンのグワダル港湾建設計画に対する約 2 億ドルの無償供与・借款と、2008 年 12 月 26 日に海南島・三亜軍港を出港した第 1 次派遣部隊に始まるソマリア沖海賊対処のための艦艇部隊の派遣である。

　1993 年に石油純輸入国となった中国にとって、中東からの石油輸送路は戦略的に重要な海上交通路であり、約 6000 海里に及ぶこの海上交通路の安全を確保することは、中国海軍に課せられた重要な任務であった。そのためには、作戦を展開する拠点の確保が重要であるが、自国の近海である南シナ海とは異なり、インド洋における拠点の確保は、中国海軍にとって大きな課題となっていた。マハンが植民地の重要性を指摘したのは、本国から遠く離れた海域においても艦隊を維持できるための根拠地としてであった。現代では植民地の獲得が実行性のある選択肢でない以上、それに変わる方策として友好国から根拠地の使用について支援を得る必要がある。このことは洋上補給技術が進歩した今日においても妥当する。

　2000 年に開かれた環インド洋地域協力連合（Indian Ocean Rim-Association for Regional Cooperation IOR-ARC）の特別会議において、中国は対話国（ダ

イアローグ・パートナー）として同機構に参加することを受諾した[46]。このことはインド洋における海上交通路の安全に対する中国の強い関心の表れと言えよう。

　環インド洋地域において中国が拠点獲得のため重視したのが、アンダンマン海周辺地域とパキスタンのグワダルである。アンダンマン海周辺はマラッカ・シンガポール海峡の西の出口を扼する重要な地域であり、グワダル沖はインド洋とペルシャ湾を連接する重要海域である。アンダマン海周辺については1990年以降、ミャンマーへの軍事援助を通じアキャブなどの港湾の共同使用を獲得し、軍事施設の建設、拡張に努めている[47]。グワダルの港湾建設計画に対す無償供与・借款は、これまでのパキスタン国内のインフラ整備支援とともに、インド洋における中国艦隊の維持に必要な有力な拠点を提供することになろう。

　2007年頃から頻発するようになったソマリア沖及びアデン湾における海賊事案は中国にも影響を及ぼし、2008年11月1日〜21日の間に中国遠洋集団所属船舶20隻が海賊の襲撃を受けるなど、中国船舶に海賊被害が発生していた。これは第3次派遣部隊指揮官の王志国（おうしこく）が指摘した、中国の対外貿易と資源輸送にとって重要なアデン湾での安全が脅かされていることを意味した。さらに、国連は2008年6月、ソマリア沖の海賊行為の防止に向け、人道支援物資の輸送と通商航路の安全確保のため、6カ月間、国連憲章第7章に基づく武力行使を含む「必要なあらゆる措置」によって、海賊行為を阻止する権限を加盟国の艦船に認めた国連安保理決議1816を全会一致で採択した。その後も同年10月決議1838、12月決議1846、決議1851、2009年1月決議1863と、決議1816の内容を強化する決議を次々と採択していった。こうした国際社会の動きの中で、中国はソマリア沖に艦艇部隊を派遣することを決定したのである。

　この派遣は中国が戦略的利益を守るために軍事力を海外において行使する初めてのケースであり、人道主義に基づく任務のために人民解放軍が海軍部隊を編成して海外に派遣する最初であった。同時に中国海軍は、この派遣を

写真4　洋上補給を行う中国艦隊（「旅州」級ミサイル駆逐艦、
「江凱Ⅱ」級ミサイル・フリゲート及び「福清」級補給艦）
注　：左「瀋陽」中「洪澤湖」右「塩城」
出所：統合幕僚監部提供

2000年以降に就役した新鋭艦の能力評価と多様化する海軍の任務を遂行する海軍そのものの能力を鍛錬し、検証する絶好の機会と捉えていた[48]。第1次派遣部隊は、「旅洋」級ミサイル駆逐艦「武漢」と中国版イージス艦と呼ばれる「旅洋Ⅱ」級ミサイル駆逐艦「海口」及び「福池」級総合補給艦で編成されていた。ソマリア沖海賊対処は継続して実施されており、第14次隊（2013年8月現在）までが派遣されている。

　これら新鋭艦艇を投入することにより、それぞれの艦艇の長期滞洋能力、荒天航行能力などを検証する一方、様々な気象海象おける多種の運用作業を経験し、多種の補給要領を習得するとともに、外国港における商業化補給の実績を積み重ねることによって策源地から遠く離れた海域における後方支援を維持し、海上総合補給効率を向上させていった。中国自身、ソマリア沖海賊対処は非戦争軍事行動における遠洋後方支援に対する有益な検証作業となったと評価している[49]。

　また、有事の際には中東から中国に至る戦略的重要性を持つ石油輸送路の安全確保のためには欠かすことのできない商船の護衛要領についても、第3次派遣部隊における初の単艦護衛、リレー方式による商船11隻の護衛、護衛する船舶の速力によってグループ分けを行い、護衛する分離護衛方式の初めての採用など、経験を重ね作戦能力を向上させている。

訓練においても実際の作戦環境を想定した訓練が行われており、2005年8月の「和平使命2005」では水陸両用作戦を演練する一方、海上封鎖についても訓練を実施している。2010年には東海および南海艦隊が大規模な実働実弾演習を行ったが、南海艦隊の演習でその主眼とされたのは、複雑な電子線環境下における制海と制空および対艦ミサイル防御を含む防空であった。また、北海艦隊は公海において非戦争軍事行動の訓練を実施した。

訓練において注目したいのは遠海訓練の頻度が増加してきたことである。2013年4月に公表された「中国武装力的多様化運用」の海軍の訓練・演習に関する記述の最初が「遠海訓練を進める」であり、2007年以降、20回近くの遠海訓練を西太平洋で実施し、延べ90隻以上の艦艇が参加したとしている。2013年、北海、東海、南海の各艦隊は相次いで遠海訓練を実施している。3月19日から4月3日にかけて、南海艦隊は、ミサイル駆逐艦「蘭州（ランジョウ）」、ミサイル・フリゲート「玉林（ユーリン）」、「衡水（ホンシュイ）」及びドック型揚陸艦「井崗山（チンカンシャン）」と1個陸戦隊中隊等が参加して連合機動部隊遠海訓練を実施している。「江衛Ⅱ（ジャンウェイ）」級ミサイルフルゲート「懐化（ファイファ）」、「江滬Ⅰ」級ミサイル・フリゲート「仏山（フォーシャン）」、総合補給艦「千島湖（チェンタオフー）」で編成された東海艦隊の遠海訓練部隊は、正確化、精細化をキーワードに5月に訓練を実施している。両部隊とも訓練期間中にバシー海峡を通峡していることが注目される。また、ミサイル駆逐艦「青島」、ミサイル・フリゲート「臨沂（リンイー）」と総合補給艦「洪沢湖（ホンズーフー）」で編成された北海艦隊の遠海訓練部隊は、5月に訓練を実施し、5月27日にはいわゆる宮古水道を通峡しており、中国海軍網はこの通峡を大々的に報じている[41]。

注目される訓練として、2013年7月5日から12日の間にピョートル大帝湾沖で実施された中ロ共同訓練である「海上連合―2013」がある。北海艦隊からは「旅州」級ミサイル駆逐艦「瀋陽（シェンヤン）」、「江凱Ⅱ」級ミサイル・フリゲート「塩城（イェンチェン）」、「煙台（イェンタイ）」を、また南海艦隊からは「旅洋Ⅱ」級ミサイル駆逐艦「武漢」、「蘭州」が参加しており、この規模の部隊を海外に派遣して共同訓練を実施するのは、中国は初めての経験であった。

日本周辺海域における中国海軍の活動が活発になってきたのもこの時期か

83

らである。2003年11月には「明」級型潜水艦が大隅海峡を浮上航行し、2004年11月には「漢」級原子力潜水艦が石垣島と多良間島の間の領海を侵犯し、我が国では海上における警備行動が下令された。防衛省の組織改編により統合幕僚監部が編成され、中国海軍の動態情報の公表を統合幕僚監部が受け持つようになってからホームページ上で公表された件数は2008年(9月から12月)3件、2009年と2010年はそれぞれ4件、2011年は倍増して8件、この年には中国艦艇搭載のヘリコプターによる護衛艦への異常接近事案も発生した。2012年には15件の動態情報が公表されている。2013年は6月14日までに9件が報じられている。

その多くは沖縄本島と台湾の間の海域での事象であるが、注目されるのは2008年10月19日に「ソブレメンヌイ」級ミサイル駆逐艦など4隻が戦闘艦艇としてははじめて津軽海峡を通峡し、我が国を周回する行動を行っている。また、2012年の4月と6月に「江凱Ⅱ」級ミサイル・フリゲートなどが大隅海峡を通峡し、太平洋に進出している。

注
1) 中国人民解放軍軍兵種歴史叢書―海軍史編委編『中国人民解放軍軍兵種歴史叢書 海軍史』解放軍出版社、1989年、25頁。
2) *Jane's Fighting Ships 2012-13*
3) 倪健中主編『海洋中国―文明中心東移与国家利益空間 中冊』中国国際廣播出版社、1997年、839頁。
4) 海軍史編委編『中海軍史』、25頁。
5) 海軍史編委編『海軍史』、22頁。
6) 同上、25頁。
7) 倪健中主編『海洋中国』、839頁。
8) 蕭勁光の海軍司令員就任については蕭勁光『蕭勁光『回憶録(続集)』解放軍出版社、1988年、1-2頁。
9) 蕭勁光『蕭勁光回憶録(続編)』10-11頁。
10) 海軍史編委編『海軍史』、25頁。
11) 同上、37頁。

12) 同上、30 頁。
13) 同上、31 頁。
14) 同上、32 頁。
15) 同上、31 頁。
16) 同上、32 頁。
17) 鄧力群、馬洪、武衝主編『当代中国海軍』中国社会科学出版会、1987 年、107-108 頁。
18) 海軍史編委編『海軍史』31 頁。
19) 同上、55 頁。
20) 劉華清『劉華清回憶録』解放軍出版社、2004 年、283-284 頁。
21) Swanson, Bruce, *Eight Voyage of the Dragon: A History of China's Quest for Seapower* (Annapolis: Naval Institue Press), 1982, p.251.
22) 『当代中国』叢書編集委員会編『当代中国海軍』中国社会科学出版社、1987 年、241 頁。
23) 同上、82 頁。
24) 同上、80 頁。
25) 同上。
26) 同上、173 頁。
27) 同上、178-183 頁。
28) 鄧小平の軍事改革については茅原郁生『中国軍事大国の原点―鄧小平軍事改革の研究』(蒼々社、2012 年) に詳しい。
29) 劉華清「建設強大的現代化海軍關鍵人材」『紅旗』1986 年第二期。
30) 同上。
31) シーコントロールとは「特定の場所において、特定の期間、自己の目的を達成するために自由に海洋を利用し、必要な場所において敵が海洋を使用することを拒否するという環境」を意味する。(Command of the Defense Council, *The Fundamentals of British Maritime Doctrine*, London: Stationary Office, 1995, p.66.)
32) 秦天、霍小勇主編『中華海権史論』国防大学出版社、2000 年、321-323 頁。
33) シーディナイアルはシーコントロールにおいて敵の海洋利用を拒否することとは異なり、「我が方がある海域を利用する意志または能力を有しないが敵が当該海域をコントロールすることを拒否する」ことを指す (Command of the Defence Council, *The Fundamentals of British Maritime Doctrine*, p.69.)。
34) Cole, Bernard D., *The Great Wall at Sea: China's Navy Enters the the Twenty-First Century*, Annapolice: Naval Institute Press, 2001, p.167.
35) 徐光裕「追求合理的三維戦略辺境―国防発展戦略思考之九」『解放軍報』1987 年 4

月 3 日付。

36）中央軍事委員会副主席劉華清上将「在記念甲午海戦 100 周年学術検討会上的講話」海軍軍事学術研究所、中国軍事科学学会弁公室編『甲午海戦与中国海防―記念甲午海戦 100 周年学術討論会論文集』（解放軍出版社、1995 年）、4 頁。

37）徐錫康「論海上局部戦争」徐錫康編『局部戦争与海軍』（海軍出版社、1988 年）59 頁。

38）同上、57-58 頁。

39）同上、64-68 頁。

40）張連忠は、「我々は中国が海を通じて帝国主義の列強から 7 回も侵略された事実を、決して忘れないだろう。中国が海洋防衛に脆弱であったため苦しい日にあったという事実は、我々の心にしっかりと刻まれている。歴史は繰り返されてはならない」
（Tai Ming Cheng, "Growth of Chinese Naval Power : Priorities, Goals, Missions, and Regional Implications" Pacific Strategic Papers （No.1. 1990）, Singapore Institute of Southeast Asian Studies, p.3）と発言しており、石雲生は海軍司令員就任直後のインタビューに答えて毛沢東の「有海無防」を引用（黄彩虹、曹国強、陳万軍「肩負起跨世紀航程的重任―訪新任海軍司令員石雲生中将」『艦船知識』No.210、1997 年 3 月、3 頁）している。

41）『遼望』1999 年 4 月 16 日付。

42）「中国海軍向"質量密集"転変艦艇数超美無意義」『環球時報』2010.9.2。

43）http://mil.huanqiu.com/Observation/2009-08/537009.html（at 22 July 2012）

44）「052C 不足以担負我航母群独立作戦的防空任務」環球網 2009 年 7 月 15 日。
http://mil.huanqiu.com/china/2009-07/515317.html

45）http://news.ifeng.com/mil/chinapic/detail_2012_08/09/16677378_0.shtml（at 27 June 2012）

46）Cole, Bernard D., *The Great Wall at Sea: China's Navy Enters the the Twenty-First Century*, op.35.

47）Cole, *The Great Wall at Sea*, p.171.

48）「人民海軍的庄厳使命―訪海軍赴亜丁湾索馬里海域護航編隊指揮員杜景臣少将」『解放軍報』2008 年 12 月 26 日付。

49）「我海軍遠洋総合保障能力実現新跨越」『解放軍報』2009 年 9 月 12 日付。

50）http://navy.81.cn/content/2013-05/27/content_5355925.htm（at 27 May 2013）

2章
拡充する中国商船隊

森本 清二郎
松田 琢磨

はじめに

　1978年の改革開放以降の市場メカニズム導入によって高度成長を遂げた中国経済は、2001年の世界貿易機関（WTO）加盟以降、積極的な外資導入と貿易拡大により更なる成長を遂げ、2010年には名目GDPが39兆7983億元（当時の為替レートで5兆8895億米ドル）に達し、日本を抜いて世界第2位の経済大国に躍り出た。この間、貿易の大部分を占める海上輸送量も大幅に増加するとともに、海上輸送貨物を取り扱う港湾インフラの整備が急ピッチで進められ、中国海運企業も成長を遂げてきた。

　本章では、世界経済の大きな一角を占めるようになった中国において、特に21世紀以降、外航海運及び内航水運がどのような形で発展してきたかを概観するとともに、海運の発展要因としてインフラの整備や各種施策の概要について触れる。

1．海運の発展状況

1）中国海運の概況

中国ではWTO加盟以降の貿易拡大と経済発展に伴う輸送需要の増大により、外航海運と内航水運の重要性が一段と高まってきている。2011年の外航海運の貨物輸送量は6億3542万トンと10年前と比べて2.3倍、内航水運は36億2426万トンと同3.4倍に増加しており、これら2つの貨物輸送量が全輸送モードに占める割合も10年前は合わせて9.5％であったものの、2011年には11.5％に拡大している(図1参照)。トンキロベースでは、2011年の外航海運の輸送量は4兆9355億トンキロ、内航水運は2兆6069

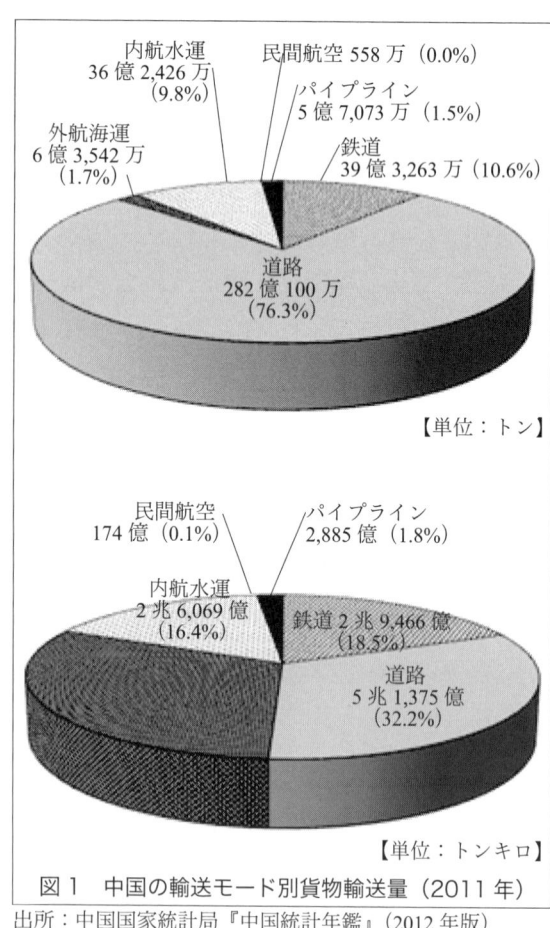

【単位：トン】

民間航空 558万（0.0%）
パイプライン 5億7,073万（1.5%）
鉄道 39億3,263万（10.6%）
道路 282億100万（76.3%）
外航海運 6億3,542万（1.7%）
内航水運 36億2,426万（9.8%）

【単位：トンキロ】

民間航空 174億（0.1%）
パイプライン 2,885億（1.8%）
鉄道 2兆9,466億（18.5%）
道路 5兆1,375億（32.2%）
内航水運 2兆6,069億（16.4%）

図1　中国の輸送モード別貨物輸送量（2011年）
出所：中国国家統計局『中国統計年鑑』(2012年版)

億トンキロであり、それぞれ 10 年前と比べて 2.4 倍と 5.1 倍に増加している。外航海運と内航水運が全輸送モードに占める割合は、2001 年の 54.5％から 2007 年の 63.4％まで増加したものの、2008 年には国際金融危機に伴う急激な荷動き減で 45.6％にまで減少し、2011 年は 47.3％となっている。

中国では環渤海地域、揚子江（長江）デルタ地域、珠江*デルタ地域など華北・華東・華南の 3 大経済圏に大型港湾が集中するとともに、長江水系、珠江水系、京杭運河など総延長 12 万 km 以上にも及ぶ河川航路が存在する（図

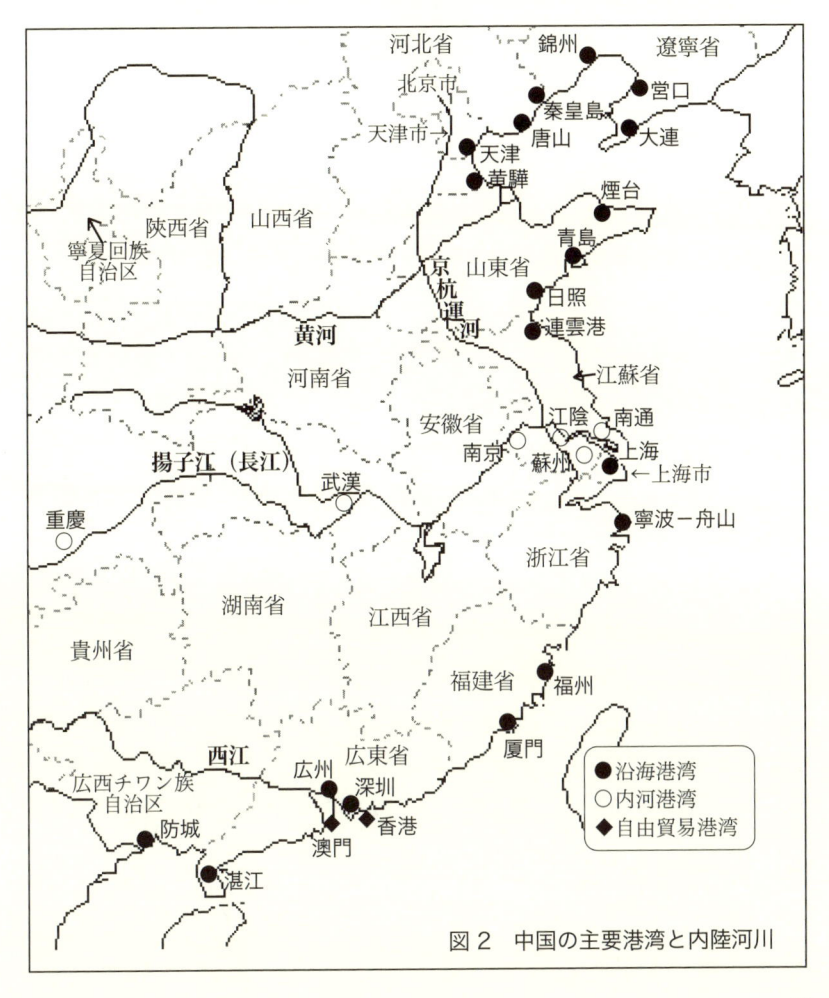

図 2 中国の主要港湾と内陸河川

図3 中国保有商船船腹量の推移

注：中国保有商船とは中国企業または中国国民が所有する船舶（含む外国籍船）で、水運行政機関で登録を行い、貨物輸送の事業許可を取得した船舶を指す。
出所：中国国家統計局『中国統計年鑑』（各年版）

2参照）。外航海運はこれら沿海港湾を拠点にエネルギー資源の輸入や後背地で製造した製品の輸出などを担う一方、内航水運は沿海港湾間を結ぶ沿海輸送、沿海港湾と内陸部の内河港湾を結ぶ河川輸送、さらには沿海港湾を経由する貿易貨物の国内フィーダー輸送*を担っており、いずれも中国経済の大動脈として重要な役割を果たしている。

2011年末現在、中国が保有する商船は17万9242隻、載貨重量トン（DWT）*は2億1264万トンであり、過去20年間の船腹量の推移を見ると、隻数は減少傾向にあるものの、DWT数は特に2000年代に入って大幅に増加している（図3参照）。

輸送水域別では遠洋船（外航船）が2494隻6704万DWT（DWTベースで

珠江　西江、北江、東江という広州の前後で合流する3つの大河と、珠江デルタを形成する複数の分流の総称。うち西江が一番長く全流域面積80％を占めている。
フィーダー輸送　基幹航路で母船が寄港する主要港と寄港しない各港を結ぶ国内2次輸送のこと。
載貨重量トン（DWT, dead weight tonnage）　貨物（自己の燃料等も含む）の最大積載重量。タンカーやばら積み船などのように重い貨物を運搬する船の尺度としても使われる。

シェア 31.5%)、沿海船が 1 万 902 隻 5781 万 DWT (同 27.2%)、河川船が 16 万 5846 隻 8780 万 DWT (41.3%) となっており、沿海船と河川船を合わせた内航船は隻数ベースで全商船の 98.6%、DWT ベースで 68.5%を占める。

2) 外航海運の発展状況

IHS Fairplay のデータを基に国連貿易開発会議 (UNCTAD) 事務局が集計した各国商船隊規模によれば、2012 年初現在、中国商船隊船腹量は 3629 隻 (自国籍船 2060 隻、外国籍船 1569 隻) 1 億 2400 万 DWT (自国籍船 5172 万 DWT、外国籍船 7229 万 DWT) であり、DWT ベースの世界シェアは 8.9%とギリシャ、日本及びドイツに次ぐ世界 4 位の規模である (表 1 参照)。1991 年末の中国商船隊船腹量の世界シェアは 4.1%、2002 年初は 5.6%であったことから、国際海運における中国のプレゼンスは着実に大きくなっていることが分かる。

中国商船隊船腹量の過去 20 年間の推移を見ると、隻数及び DWT 数は共に

表 1　各国商船隊船腹量 (2012 年初)

	自国籍船		外国籍船		商船隊合計		世界シェア	外国籍船比率
	隻数	万 DWT	隻数	万 DWT	隻数	万 DWT		
ギリシャ	738	6,492	2,583	15,913	3,321	22,405	16.1%	71.0%
日本	717	2,045	3,243	19,721	3,960	21,766	15.6%	90.6%
ドイツ	422	1,730	3,567	10,833	3,989	12,563	9.0%	86.2%
中国	2,060	5,172	1,569	7,229	3,629	12,400	8.9%	58.3%
韓国	740	1,710	496	3,908	1,236	5,619	4.0%	69.6%
米国	741	716	1,314	4,746	2,055	5,462	3.9%	86.9%
香港	470	2,888	383	1,660	853	4,549	3.3%	36.5%
ノルウェー	851	1,577	1,141	2,733	1,992	4,310	3.1%	63.4%
デンマーク	394	1,346	649	2,653	1,043	3,999	2.9%	66.3%
台湾	102	408	601	3,497	703	3,905	2.8%	89.6%
その他	9,878	15,567	7,063	26,635	16,941	42,202	30.3%	63.1%
合計	17,113	39,652	22,609	99,527	39,722	139,179	100.0%	71.5%

注 ： IHS Fairplay のデータを基に 1,000 総トン以上の商船を対象に船舶のコントロールに伴う利益が最終的に帰属する国・地域別に UNCTAD が集計したもの。

出所：UNCTAD, Review of Maritime Transport 2012, p.41.

増加傾向にあり、特に 2002 年初から 2012 年初までの 10 年間で隻数は 1.6 倍（2236 隻→ 3629 隻）、DWT 数は 3.0 倍（4192 万 DWT → 1 億 2400 万 DWT）と急増していることが分かる（図 4 参照）。中でも外国籍船は 10 年間で隻数が 2.4 倍（652 隻→ 1569 隻）、DWT 数が 3.6 倍（2025 万 DWT → 7229 万 DWT）と増加が著しく、DWT ベースの外国籍船比率は 1990 年代前半は 3 割前後で推移していたのが 2005 年初には 5 割を超え、2012 年初は 58.3％と増加傾向にある。

IHS Fairplay の"World Fleet Statistics"を基に、中国商船隊の船種別船腹量を見てみると、ばら積み船*、タンカー、コンテナ船及び一般貨物船の 4 船種が大部分を占めていることが分かる（表 2 参照）。さらに、2001 年末から 2011 年末までの 10 年間の変化の特徴として以下の点が挙げられる。

① DWT 数でばら積み船は 3.2 倍（2329 万 DWT → 7509 万 DWT）、タンカーは 3.8 倍（655 万 DWT → 2491 万 DWT）、コンテナ船は 2.8 倍（400 万 DWT → 1112 万 DWT）といずれも大幅に増え、これら 3 船種が全体に占めるシェアも 8 割強から 9 割強へと拡大している。

②これらの船種の世界シェアは、ばら積み船が 4.3 ポイント（7.8％→ 12.1％）、タンカーが 2.6 ポイント（2.0％→ 4.6％）、コンテナ船が 0.4 ポイント（5.2％→ 5.6％）上昇しており、特にばら積み船のシェア拡大が目立つ。

③ 1 隻当たりの平均 DWT 数は、ばら積み船が 1.5 倍（4 万 1443DWT → 6 万 3529DWT）、タンカーが 2.4 倍（2 万 1763DWT → 5 万 1254DWT）、コンテナ船が 1.7 倍（2 万 605DWT → 3 万 4335DWT）といずれも大型化が進んでいる。

④一般貨物船は、隻数及び DWT 数が共に増加しているものの、DWT ベースで中国商船隊に占めるシェアは大幅に低下（17.1％→ 6.8％）している。

ばら積み船　穀物・鉱石・セメントなど梱包されていない乾性のばら積み貨物を船倉に入れて輸送するために設計された貨物船。

図4 中国商船隊船腹量の推移

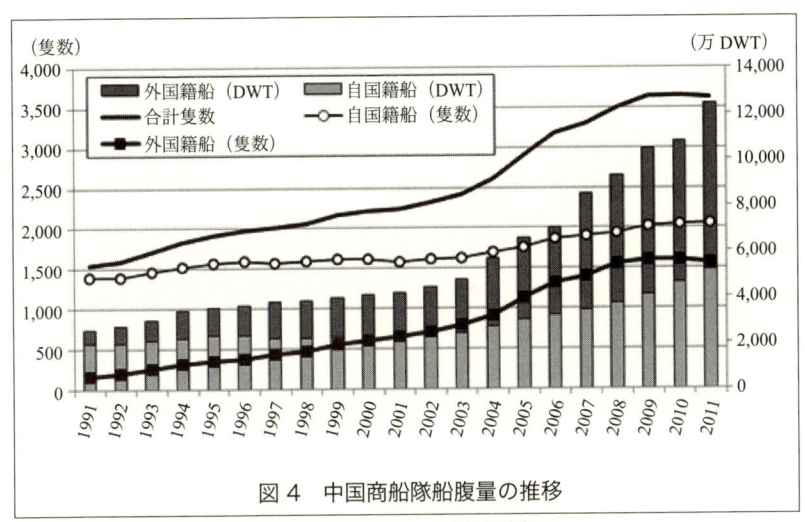

出所：UNCTAD, Review of Maritaime Transport（各年版）

表2　中国商船隊の船種別船腹量

船種	2001年末			2011年末		
	隻数	DWT	構成比	隻数	DWT	構成比
ばら積み船	562	23,291,175	56.3%	1,182	75,091,224	61.9%
タンカー	301	6,550,805	15.8%	486	24,909,325	20.5%
コンテナ船	194	3,997,303	9.7%	324	11,124,550	9.2%
一般貨物船	819	7,057,377	17.1%	979	8,257,495	6.8%
冷凍運搬船	38	103,697	0.3%	66	239,629	0.2%
RORO船*	14	93,543	0.2%	32	173,392	0.1%
旅客船	6	10,017	0.0%	5	6,108	0.0%
その他	83	277,723	0.7%	106	1,465,136	1.2%
合計	2,017	41,381,640	100.0%	3,180	121,266,859	100.0%

注：1,000総トン以上の船舶を対象に実質船主国・地域別に集計。
出所：IHS Fairplay, World Fleet Statistics（各年版）

不定期船部門であるばら積み船とタンカーの船腹量が大幅に増えた背景と

RORO船　roll-on/roll-off shipの略。フェリーのようにランプを備え、貨物を積んだトラックが、そのまま船内外へ自走できる貨物専用フェリー。

表3 中国の主要バルク貨物輸入量
(2001年・2011年)

品目	2001年	2011年	2011年/2001年
鉄鉱石	9,231	68,608	7.4倍
原油	6,026	25,378	4.2倍
石炭	249	18,240	73.3倍
大豆	1,394	5,264	3.8倍
石油精製品	922	4,060	4.4倍
鋼材	474	1,558	3.3倍

【単位:万トン】
出所:中国国家統計局『中国統計年鑑』(各年版)

しては、以下で述べるように主要バルク貨物の輸入量が増え、これへの対応が進んだことが主因と考えられる(表3参照)。

2011年における中国の鉄鉱石輸入量は6.9億トンで10年前と比べて7.4倍に増えており、今や中国向け鉄鉱石の海上荷動量は世界全体の鉄鉱石の海上荷動量の約3分の2を占めるといわれている[1]。中国では粗鋼生産量が2001年の1.5億トンから2011年の6.9億トンと10年間で4.5倍となり、2011年の生産量世界シェアは45.9%と16年連続で世界1位をキープしている[2]。特に2000年代に入ってから鉄鉱石需要が急増したことで国内調達分では不足が生じ、その分を豪州、ブラジル、南アフリカなどからの輸入に依存している。

2011年の原油輸入量は2.5億トンと過去10年間で4.2倍に増え、中国向け原油の海上荷動量の世界シェアは約13%といわれている[3]。中国は1993年に原油の純輸入国となって以来、生産量を上回る勢いで消費量が伸びており、2009年には輸入依存率が5割を超える状況となっている。近年はアフリカや南米からの輸入が増えており、大型原油タンカー(VLCC)の需要が大きくなっている[4]。

中国の1次エネルギー消費量の約7割を占める石炭に関していえば、中国は世界最大の生産国で、2000年以降は急増する消費量にほぼ見合うペースで生産量が伸び、2008年まで輸出量が輸入量を上回っていたが、2009年に純輸入国となってから輸入量は急激に増加し、2011年は1.8億トンとなっている。近年はインドネシア、豪州、ベトナムからの輸入が多く、中国向け石炭の海上荷動量の世界シェアは約16%といわれている[5]。

穀物関係では米、麦及びとうもろこしの輸入依存率は比較的低いものの、

輸入依存率が高い大豆についていえば、2011年の輸入量は5264万トンと過去10年間で3.8倍に増加しており、中国向け大豆の海上荷動量の世界シェアは約59％といわれている[6]。

定期船部門であるコンテナ船については、IHS Global Insight のデータによれば、世界全体のコンテナ海上荷動量は2001年の5825万TEU*から2011年の1億1941万TEUと10年間で約2倍となったが、同期間中の中国（香港含む）発着のコンテナ海上荷動量は1609万TEUから4791万TEUと約3倍に増え、発着荷動量の世界シェアも13.8％から20.1％へと拡大している。中でも中国（香港含む）発コンテナ海上荷動量は993万TEUから3333万TEUと

表4　世界主要港コンテナ取扱量ランキング（2001年・2011年）

	2001年			2011年	
順位	港湾	コンテナ取扱量	順位	港湾	コンテナ取扱量
1	香港（中国）	1,790 (7.6%)	1	上海（中国）	3,170 (6.7%)
2	シンガポール	1,552 (6.6%)	2	シンガポール	2,994 (6.3%)
3	釜山（韓国）	807 (3.4%)	3	香港（中国）	2,438 (5.1%)
4	高雄（台湾）	754 (3.2%)	4	深圳（中国）	2,257 (4.7%)
5	上海（中国）	634 (2.7%)	5	釜山（韓国）	1,618 (3.4%)
6	ロッテルダム（オランダ）	610 (2.6%)	6	寧波（中国）	1,468 (3.1%)
7	ロサンゼルス（米国）	518 (2.2%)	7	広州（中国）	1,440 (3.0%)
8	深圳（中国）	508 (2.1%)	8	青島（中国）	1,302 (2.7%)
9	ハンブルク（ドイツ）	469 (2.0%)	9	ドバイ（UAE）	1,300 (2.7%)
10	ロングビーチ（米国）	446 (1.9%)	10	ロッテルダム（オランダ）	1,188 (2.5%)
	全世界合計	23,670 (100.0%)		全世界合計	47,527 (100.0%)

【単位：万TEU】

出所：Informa Group plc, Containerisation International Yearbook（各年版）

TEU（twenty-foot equivalent unit、20フィートコンテナ換算）　コンテナ船の積載能力やコンテナターミナルの貨物取扱数などを示すために使われる単位。1TEUの基準となる20フィート海上コンテナ1つ分の容量は、長さ20フィート（6.1 m）、幅8フィート（2.4m）、高さ8.5フィート（2.6 m）を標準とする。

表5　中国主要外航海運企業の運航船隊（2011年末）

企業名	運航船隊		所有船		チャーター船	
	隻数	万DWT	隻数	万DWT	隻数	万DWT
中国遠洋運輸（集団）総公司 China Ocean Shipping (Group) Company	680	5,251	421	2,915	259	2,336
中国外運長航集団有限公司 Sinotrans & CSC Group	220	1,427	156	1,027	64	400
中国海運（集団）総公司 China Shipping (Group) Company	152	1,228	83	843	69	384
河北遠洋運輸股份有限公司 Hebei Ocean Shipping Co., Ltd.	50	850	38	708	12	142
浙江遠洋運輸有限公司 Zhejiang Ocean Shipping Co., Ltd.	13	228	13	228	-	-

出所：中国交通運輸部『中国航運発展報告』(2011年版)

3.4倍に増えており、仕向地別に見ると、欧州向けは802万TEU（シェア24.1％）、北米向けは849万TEU（同25.5％）、日本向けは234万TEU（同7.0％）となっている。

コンテナ取扱量の世界上位10港の顔ぶれを見ても、2001年には自由貿易港である香港のほかは上海と深圳がランクインするのみであったが、2011年には寧波、広州及び青島が加わり、6港が中国の港湾で占められている（表4参照）。

中国の主要外航海運企業[7]としては、中国遠洋運輸（集団）総公司（COSCO〔コスコ〕グループ）、中国外運長航集団有限公司（Sinotrans〔シノトランス〕& CSCグループ）、中国海運（集団）総公司（China Shipping〔チャイナ・シッピング〕グループ）があり（表5の上位3社参照）、これらはいずれも中央政府の管理監督を受ける中央企業である[8]。中国商船隊の規模をUNCTAD発表の1億2400万DWTと考えると、これら3社で全船腹量の6割以上を占めることとなる。

COSCOグループは1961年に中国で初めて設立された外航海運企業である中国遠洋運輸総公司が起源であり、1993年には同社を中心とするグループ企業に改編されている。COSCOグループとしての上場は行われていないが、コンテナ船部門を担当するCOSCO Container Lines（COSCON〔コスコン〕）や

2 章　拡充する中国商船隊

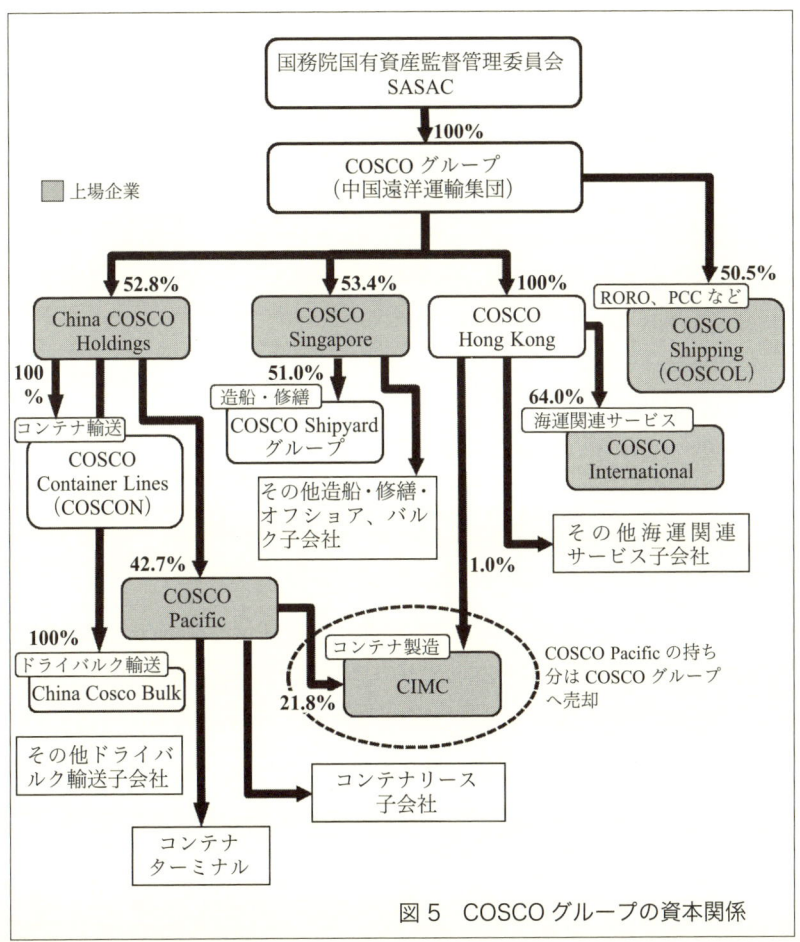

```
                    国務院国有資産監督管理委員会
                              SASAC
                               │100%
                               ▼
                        COSCO グループ
                       （中国遠洋運輸集団）
```

□ 上場企業

主要子会社構成：
- China COSCO Holdings（52.8%）
  - COSCO Container Lines（COSCON）（100%）
    - コンテナ輸送
  - China Cosco Bulk（100%）
    - ドライバルク輸送
    - その他ドライバルク輸送子会社
  - COSCO Pacific（42.7%）
    - コンテナターミナル
- COSCO Singapore（53.4%）
  - COSCO Shipyard グループ（51.0%）
    - 造船・修繕
    - その他造船・修繕・オフショア、バルク子会社
- COSCO Hong Kong（100%）（1.0%）
- COSCO Shipping（COSCOL）（50.5%）
  - RORO、PCC など
- COSCO International（64.0%）
  - 海運関連サービス
  - その他海運関連サービス子会社
- CIMC（21.8%）
  - コンテナ製造
  - COSCO Pacific の持ち分は COSCO グループへ売却
- コンテナリース子会社

図5　COSCO グループの資本関係

注　：2013年8月時点調べ
出所：各社年次報告書、ウェブサイトを基に筆者作成。

コンテナターミナル事業を担当する COSCO Pacific などを統括する China COSCO Holdings、海外子会社の COSCO Singapore など6つの上場企業を傘下におく（図5参照）。 COSCO グループの船腹量はばら積み船が世界1位（349隻、2480万 DWT）、コンテナ船が世界5位（119隻、37万 5946TEU）、タンカーが世界20位（37隻、506万 DWT）であり、ばら積み船の DWT 数は過去10年で1.8倍に増えている[9]。近年はグループ傘下の COSCO Pacific

97

表6 世界の主要コンテナターミナル・オペレーターの取扱量（2011年）

順位	企業名	国籍	取扱量
1	PSA International	シンガポール	4,760（8.1%）
2	Hutchison Port Holdings	香港	4,340（7.4%）
3	DP World	UAE	3,310（5.6%）
4	APM Terminal	オランダ	3,200（5.4%）
5	COSCO Group	中国	1,540（2.6%）
6	Terminal Investment Ltd.	ルクセンブルク	1,210（2.1%）
7	China Shipping Terminal Development	中国	780（1.3%）
8	Evergreen	台湾	690（1.2%）
9	Eurogates	ドイツ	660（1.1%）
10	HHLA	ドイツ	640（1.1%）
世界合計			58,882（100.0%）

【単位：万 TEU】

注 ：APM Terminal はデンマークの海運企業である Maersk、Terminal Investment Ltd. はスイスの海運企業である MSC、China Shipping Terminal Development は China Shipping グループと同一の企業グループに属する。
出所：Drewry Maritime Research, Global Container Terminal Operators Annual Review and Forecast 2012

を中心に港湾運営事業での収益増を目的として[10]、ピレウス（ギリシャ）、ロングビーチ（米国）、ナポリ（イタリア）、ロッテルダム（オランダ）、アントワープ（ベルギー）、ポートサイド（エジプト）など外国港湾への出資を拡大しており、2011 年には世界 4 大ターミナルオペレーターに次ぐ地位を築いている（表 6 参照）[11]。

中国最大の物流企業グループである Sinotrans & CSC グループは、1950 年に設立された中国対外貿易運輸集団が起源であり、2009 年に中国長江航運集団と合併して現在の形となった。傘下にはコンテナ輸送を担う Sinotrans Container Lines や航空貨物輸送事業を手がける Sinotrans Air Transportation Development などの親会社である Sinotrans Limited、ばら積み船などの運航を担う Sinotrans Shipping、内航ばら積み船による輸送を手がける CSC Phoenix、タンカー輸送を担う Nanjing Tanker など 5 つの上場企業がある（図 6 参照）。Sinotrans Limited と Sinotrans Shipping の 2 社の売上高は合わせて 77.5 億ドル、従業員数は 2 万 7611 人である。

Sinotrans & CSC グループの船腹量はばら積み船が世界 14 位（97 隻、542

2章 拡充する中国商船隊

```
                    ┌─────────────────────┐
                    │ 国務院国有資産監督管理委員会 │
□ 上場企業            │      SASAC          │
                    └─────────┬───────────┘
                              │100%
                    ┌─────────▼───────────┐
                    │ Sinotrans & CSC グループ │
                    │  （中国外運長航集団）   │
                    └─────────┬───────────┘
        ┌──────────┬──────────┼──────────┬──────────┐
      57.9%      100%       100%                   
┌──────────┐ ┌──────────┐ ┌──────────────┐   ┌─────────┐
│Sinotrans │ │Sinotrans │ │China Changjiang│   │ その他  │
│ Limited  │ │ Shipping │ │National        │   │ 子会社  │
│          │ │ Holdings │ │Shipping Group  │   │         │
└────┬─────┘ └────┬─────┘ └───┬──────┬────┘   └─────────┘
  63.5%                     26.7%  54.9%
     │  ┌─────────┐           │      │
     │  │航空貨物  │    ┌──────▼──┐ ┌─▼────────┐
     │  │フォワーダーなど│ │内航ドライ│ │タンカー輸送│
     │  └────┬────┘    │バルク輸送 │ └──────────┘
┌────▼──────▼──┐       └────┬─────┘ ┌──────────┐
│Sinotrans Air │        ┌───▼────┐  │Nanjing   │
│Transportation│  65.1% │CSC     │  │Tanker    │
│ Development  │ ドライバルクなど│Phoenix │  └──────────┘
└──────────────┘    ┌───▼────┐
                   │Sinotrans│
                   │Shipping │
                   └─────────┘
     │コンテナ輸送
┌────▼──────────────────┐
│Sinotrans Container Lines│
└────────────────────────┘
│物流など子会社│
```

図6　Sinotrans & CSC グループの資本関係

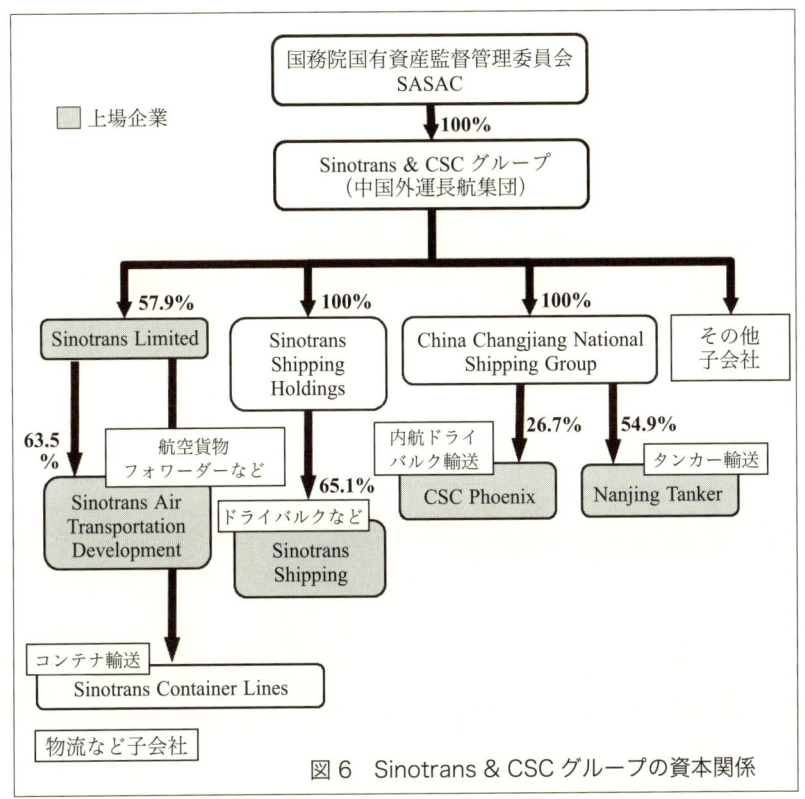

注　：2013年8月時点調べ
出所：各社年次報告書、ウェブサイトを基に筆者作成。

万DWT）、タンカーが世界13位（80隻、733万DWT）であるが、コンテナ船は23隻2万5062TEUと世界上位60社からは外れている。ただし、日中コンテナ航路では2012年1月時点で海豊国際（SITC）の3万8307TEU（シェア24.9％）、萬海（Wan Hai）の1万5295TEU（シェア10.0％）に次いで1万3125TEU（シェア8.5％）の船腹量を投入しており[12]、日中間のコンテナ貿易では存在感が大きい。

中国で3番目の外航商船隊を有するChina Shippingグループは1997年に5つの海運企業が合併する形で上海に設立された海運企業グループであり、コンテナ輸送を担う中海集運（China Shipping Container Lines：CSCL）や原油

図7 China Shipping グループの資本関係

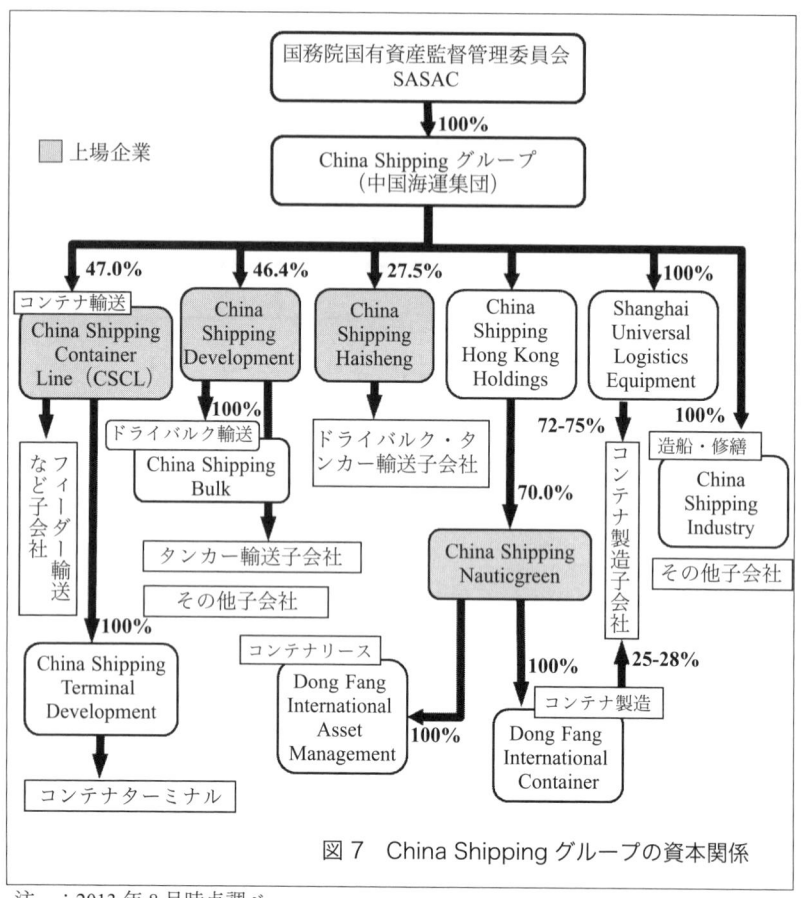

注　：2013年8月時点調べ
出所：各社年次報告書、ウェブサイトを基に筆者作成。

輸送で中国最大規模を誇る中海発展（China Shipping Development）、China Shipping Haisheng、China Shipping Nauticgreen の4つの上場企業などを傘下におく（図7参照）。なお、CSCL は1997年に設立され、2004年に香港証券取引所、2007年に上海証券取引所に上場するなど比較的新しい企業である。2012年のCSCL、China Shipping Development、China Shipping Haisheng の3社の売上高の合計は70.7億ドル、従業員数は1万2616人である。

　China Shipping グループの船腹量はばら積み船が世界3位（164隻、1131万

表7 中国の主要外航船社3社の船種別船腹量と
1隻当たり平均積載量 (2011年)

企業名	船種	隻数	積載量	1隻当たり平均積載量
COSCOグループ	ばら積み船	349	2,480万DWT	7.1万DWT/隻
	コンテナ船	119	37.6万TEU	3,159TEU/隻
	タンカー	37	13.7万DWT	13.7万DWT/隻
Sinotrans & CSCグループ	ばら積み船	46	302万DWT	6.6万DWT/隻
	コンテナ船	23	2.5万TEU	1,090TEU/隻
	タンカー	40	399万DWT	9.9万DWT/隻
China Shippingグループ	ばら積み船	158	674万DWT	4.3万DWT/隻
	コンテナ船	69	27.8万TEU	4,033TEU/隻
	タンカー	79	694万DWT	8.8万DWT/隻

出所：Clarksons Research Studies、Clarkson Research Services データベース

DWT)、タンカーが世界12位（104隻、767万DWT)、コンテナ船は世界8位（85隻42万9735TEU）の規模である。また、China Shippingグループの中でターミナル運営事業を担うChina Shipping Terminal Developmentは世界7位の取扱量を誇り、中国国内のほか、高雄（台湾)、ダミエッタ（エジプト)、ロサンゼルス（米国)、シアトル（米国）などにも出資し、計17港でターミナルの運営を行っている。

なお、主要船種別にCOSCOグループ、Sinotrans & CSCグループ及びChina Shippingグループの1隻当たり平均積載量を比較してみると、ばら積み船ではCOSCOグループの7.1万DWT/隻、コンテナ船ではChina Shippingグループの4033TEU/隻、タンカーではCOSCOグループの13.7万DWT/隻がそれぞれ最も大きい（表7参照)。

3) 内航水運の発展状況

中国交通運輸部発行の『中国航運発展報告』によれば、2011年末現在、沿海船は1万902隻5780万DWT、河川船は16万5846隻8780万DWT（この内、長江水系の河川船が12万9161隻7902万DWTとDWTベースで9割を占める）であり、過去5年間の推移を見ると、河川船では隻数が減少傾向に

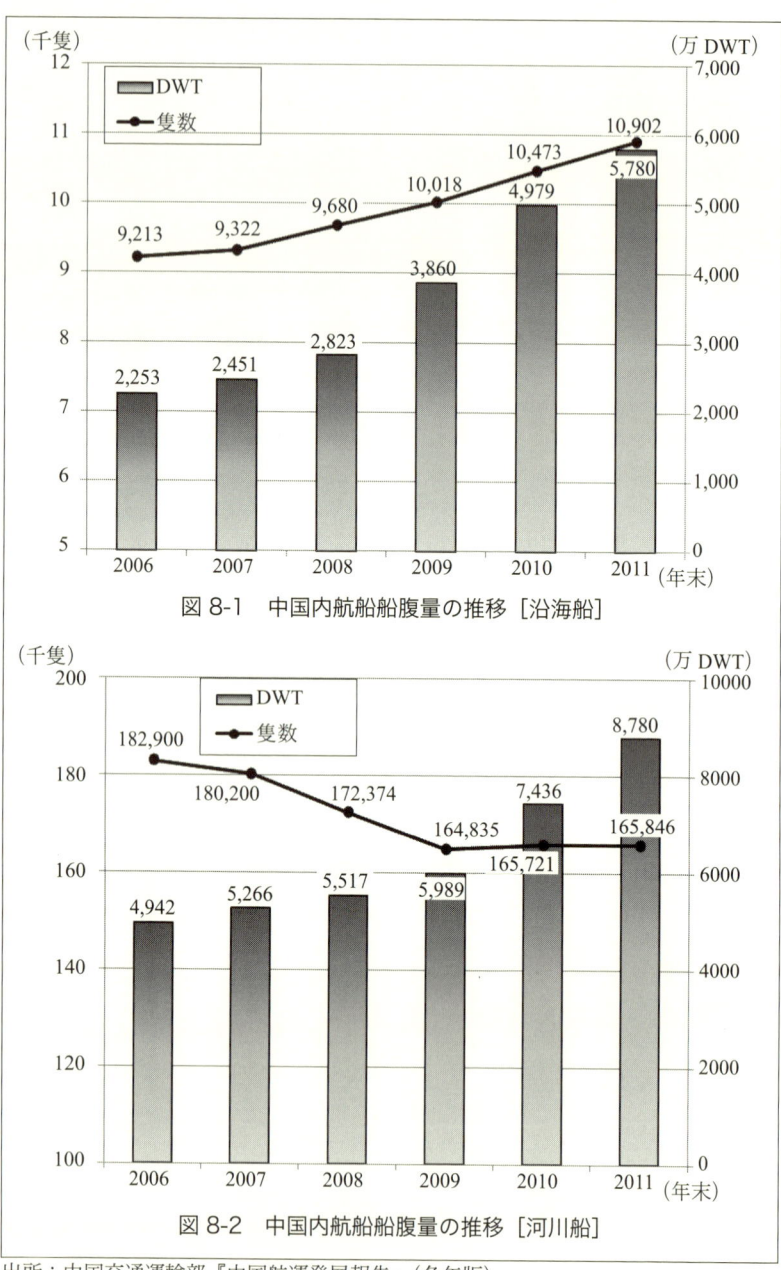

図 8-1　中国内航船船腹量の推移［沿海船］

図 8-2　中国内航船船腹量の推移［河川船］

出所：中国交通運輸部『中国航運発展報告』（各年版）

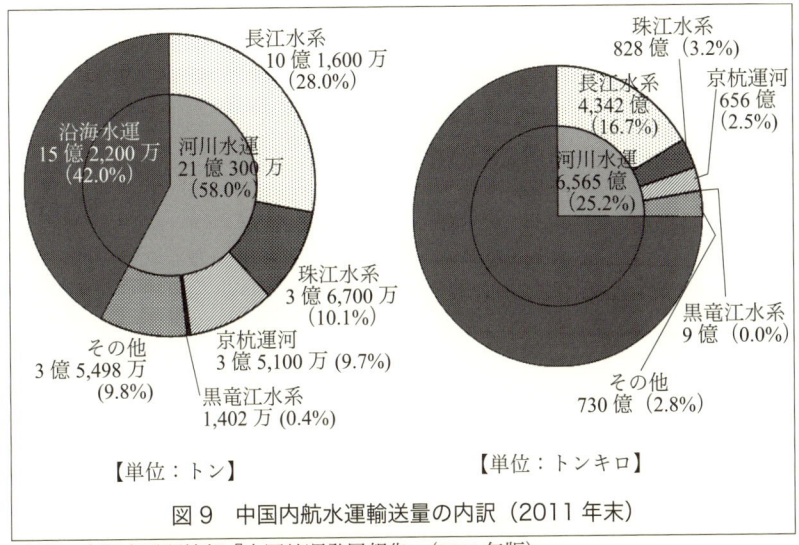

図9 中国内航水運輸送量の内訳（2011年末）

【左円グラフ 単位：トン】
- 沿海水運 15億2,200万 (42.0%)
- 河川水運 21億300万 (58.0%)
  - 長江水系 10億1,600万 (28.0%)
  - 珠江水系 3億6,700万 (10.1%)
  - 京杭運河 3億5,100万 (9.7%)
  - 黒竜江水系 1,402万 (0.4%)
  - その他 3億5,498万 (9.8%)

【右円グラフ 単位：トンキロ】
- 珠江水系 828億 (3.2%)
- 京杭運河 656億 (2.5%)
- 長江水系 4,342億 (16.7%)
- 河川水運 6,565億 (25.2%)
- 黒竜江水系 9億 (0.0%)
- その他 730億 (2.8%)

出所：中国交通運輸部『中国航運発展報告』(2011年版)

あるものの、DWT数は増加しており、特に沿海船は5年間で2.6倍と増加が著しい（図8参照）。1隻当たりの平均DWT数も大きくなる傾向にあり、沿海船は5年間で2.2倍（2446DWT/隻→5302DWT/隻）、河川船は2.0倍（270DWT/隻→529DWT/隻）と大型化が進んでいる。

『中国航運発展報告』には内航水運の船種別船腹量に関する詳細なデータがないため、ここでは品目別の貨物輸送量や貨物取扱量に関する記述・データを基に、中国内航水運を概観する。

2011年末の内航水運の輸送量の内訳を見ると、トンベースでは沿海水運が15億2200万トン、河川水運が21億300万トンとなっており、河川水運の中では長江水系の輸送量が10億1600万トンと最も多い（図9参照）。トンキロベースでは沿海水運が1兆9504億トンキロ、河川水運が6565億トンキロとなっており、河川水運の中では長江水系の輸送量が4342億トンキロと最も多い。トンベースでは河川水運が約6割と多いが、トンキロベースでは沿海水運が7割強を占めることから、沿海水運の方が貨物単位当たりの平均輸送距離は長いことが分かる。また、河川水運の中では長江水系の輸送量がトン

103

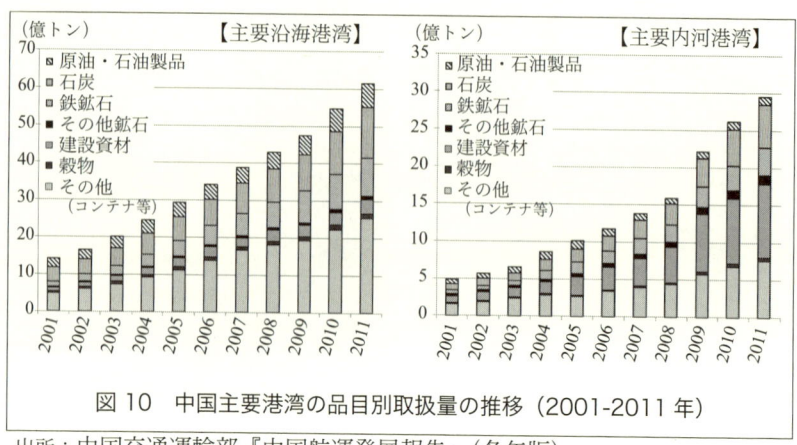

図10 中国主要港湾の品目別取扱量の推移（2001-2011年）
出所：中国交通運輸部『中国航運発展報告』（各年版）

ベースで約5割、トンキロベースで約7割と大半を占める。

中国内航水運の特徴としては、石炭、鉄鉱石、建設資材を中心にバルク貨物の輸送量が多いこと、そして、外貿コンテナのフィーダー輸送を含め、コンテナ輸送が急激に成長していることが挙げられる。

2011年の主要沿海港湾の石炭取扱量は13.7億トン、主要内河港湾の取扱量は5.7億トンであり、過去10年間で前者は3.7倍、後者は7.1倍に増加している（図10参照）。中国では主要産地である北部の沿海港湾から華東・華南地域への石炭輸送が多く、北部7港（秦皇島、黄驊、唐山、天津、青島、日照及び連雲港からの国内向け積出量は5億7900万トンで主要港湾の国内向け積出量9億2200万トンの6割以上を占める[13]。主要内河港湾では、石炭の取扱量の全体シェアは19.4%で10年前の16.4%から3.0ポイント上昇している。特に長江沿いでは浦口（江蘇省）、漢口（湖北省）、裕溪口（安徽省）及び枝城（湖北省）の4港での取扱量が多い。

2011年の主要沿海港湾の鉄鉱石の取扱量は10.2億トン、主要河川港湾の取扱量は3.7億トンであり、過去10年間で前者は7.0倍、後者は7.2倍に増加している。2011年の主要港湾における輸入鉄鉱石の取扱量は8億1800万トンとなっており、輸入鉄鉱石の積み替え輸送が多い[14]。ただし、近年は沿海

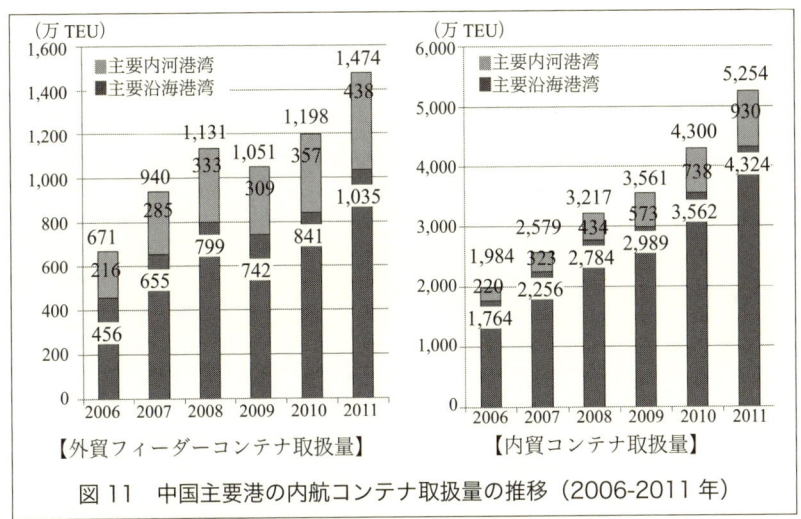

図11　中国主要港の内航コンテナ取扱量の推移（2006-2011年）

出所：中国交通運輸部『中国航運発展報告』（各年版）

部や長江下流で鉄鉱石専用ターミナルの整備が進み、製鉄所への輸入鉄鉱石の直接輸送も増えているようである。なお、2011年の主要港湾からの内貿貨物としての鉄鉱石の積出量は2億9600万トンとなっている。

近年、特に河川水運で輸送量が増えているのが建設資材である。主要内河港湾での取扱量は2001年の9165万トンから2011年の9億7543万トンまで10年間で10.6倍に増加、品目別シェアも18.7％から33.0％と14.3ポイント上昇している。特に珠江水系では年間輸送量が1億742万トンと全輸送量の約3分の1を占める。

バルク貨物輸送とともに近年著しく成長しているのが内航コンテナ輸送である。2011年の主要港における外貿フィーダーコンテナ取扱量は1474万TEUであり、2006年の671万TEUから5年間で2.2倍となっている（図11参照）。沿岸部から中西部への製造拠点のシフトに伴い、長江では上海港が基点となる形で、また、珠江では深圳港及び広州港が基点となる形で内河港湾へのフィーダー輸送が進められている。沿海港湾では上海（406万TEU）、深圳（133TEU）、広州（95万TEU）、青島（80万TEU）の取扱量が多く、

内河港湾では蘇州（160万TEU）、南京（43万TEU）、武漢（42万TEU）、重慶（35万TEU）の取扱量が多い[15]。

さらに、内貿コンテナ取扱量も2006年の1984万TEUから2011年の5254万TEUと5年間で2.6倍に増加し、特に主要内河港湾では5年間で4.2倍と増加が著しい。沿海港湾では広州（943万TEU）、天津（510万TEU）、上海（415万TEU）、営口（394万TEU）、内河港湾では蘇州（286万TEU）、南京（135万TEU）、江陰（104万TEU）の取扱量が多い[16]。

中国には数千社に上る内航海運企業が存在するが[17]、沿海船の船腹量ではChina Shippingグループが268隻1093万DWTと最も規模が大きく、COSCOグループ（63隻282万DWT）、福建国航遠洋運輸（集団）股份有限公司（38隻195万DWT）、徳勤集団股份有限公司（70隻161万DWT）、Sinotrans & CSCグループ（71隻143万DWT）がこれに続くが、一隻当たりのDWT数では福建国航遠洋運輸（集団）股份有限公司が5.13万DWT/隻と最も大きい[18]。上位10社の船腹量だけで2463万DWTと全沿海船の4割以上を占める。河川船ではSinotrans & CSCグループが1005隻197万DWTと突出しているが、上位10社の合計船舶量は431万DWTと全河川船の5%に満たないため、河川水運では小規模企業が多数参入していることが窺える[19]。

3. 港湾及び河川航路の整備状況

環渤海（天津港、青島港、大連港など）、長江デルタ（寧波－舟山港、上海港など）、東南沿海（厦門（アモイ）港、福州港など）、珠江デルタ（広州港、深圳港など）、西南沿海（湛江港、防城港など）の5つの沿海港湾群では鉄鉱石や石炭、原油など主要バルク貨物の専用埠頭やコンテナ埠頭の整備が進められている。特に2002年以降に洋山港区の建設が進められている上海港や[20]、2006年に寧波港と舟山港の統合によって誕生した寧波－舟山港、珠江デルタ最大の広州港では、それぞれ過去10年間でバース数

表8 中国主要港湾の埠頭数(2001年末・2011年末)

	2001年末				2011年末			
	埠頭延長(m)	バース数	(万トン級)	バース当たり埠頭延長(m)	埠頭延長(m)	バース数	(万トン級)	バース当たり埠頭延長(m)
主要沿海港湾	189,738	1,443	(527)	131	617,746	4,733	(1,366)	131
寧波-舟山	6,050	40	(19)	151	73,755	625	(129)	118
上海	18,912	133	(71)	142	72,742	606	(150)	120
広州	10,990	99	(32)	111	44,398	487	(65)	91
大連	14,372	73	(39)	197	33,978	198	(79)	172
天津	12,631	66	(50)	191	31,366	143	(98)	219
青島	10,147	43	(32)	236	19,500	75	(59)	260
煙台	5,777	33	(19)	175	16,140	82	(53)	197
湛江	5,587	31	(24)	180	15,757	153	(31)	103
主要内河港湾	294,065	6,982	(59)	42	854,821	14,170	(340)	60
重慶	2,854	59	(-)	48	73,938	880	(-)	84
南京	4,888	48	(14)	102	30,303	278	(52)	109
武漢	3,756	51	(-)	74	20,169	231	(-)	87
鎮江	2,783	24	(8)	116	17,237	177	(35)	97
南通	3,579	41	(9)	87	15,858	88	(47)	180
江陰	540	4	(2)	135	11,351	66	(27)	172

注 : いずれも生産用バースの値。寧波-舟山港の2001年末の値は寧波港のみ。重慶港は2009年に涪陵(Fuling)、万州(Wanzhou)など4港区に再編されたため、前後比較はできない。
出所:中国国家統計局『中国統計年鑑』(各年版)

が300カ所以上増え、上海港と寧波-舟山港に至っては100カ所以上の万トン級バースを擁する巨大港湾に成長するなど急速に整備開発が進められている(表8参照)。沿海港湾は第11次5カ年計画期(2006~10年)に万トン級バースが661カ所建設され、合計で1774バースとなり、取扱能力は30億トン分増強されたといわれている。2001年から2011年までの10年間で沿海港湾の貨物取扱量は4.4倍(14億5293万トン→63億6024万トン)、コンテナ取扱量は5.9倍(2470万TEU→1億4632万TEU)に増加している。

内河港湾では長江上流にある重慶港の整備が目覚ましく、2011年末時点での埠頭延長、バース数はともに他港を圧倒している。同港は九龍坂国際コンテナ埠頭に加え、完成車専用RORO埠頭や重量物専用埠頭を擁し、いずれも

中国西部地域では最大規模の施設が整備されている[21]。後述の河川航路整備とも相俟って、内河港湾の貨物取扱量は2001年から2011年までの10年間で3.9倍（9億4781万トン→36億8089万トン）、コンテナ取扱量は6.2倍（278万TEU→1736万TEU）に増加している。

なお、主要沿海港湾のバース当たり平均埠頭延長を見てみると、上海港や広州港など10年間で増加した全バース数の内、万トン級バースが占める割合が比較的小さい港では河川航路用バースの整備等も影響して平均延長が短くなる傾向が見られる一方で、東疆港区(ドンジャン)で大型コンテナ埠頭が整備された天津港や董家口地区(ドンヂャコウ)で40万トン級の鉱石専用埠頭が整備された青島港など、大型バースの建設が集中的に進められた港では平均埠頭延長が伸びていることが注目される[22]。

河川航路の整備では、中国最大の河川であり、三峡ダムの建設が完成した長江において航行環境改善に向けた浚渫が進められている。長江は全長6300kmの内、航行可能区域が河口部から四川省宜賓市(イービン)までの約2800kmといわれており[23]、渇水期と増水期の水位差や川幅や水深など自然環境の制約により大型船が航行可能な区域は限定されている。このため、河口部から南京に至るまでの航路で水深12.5mを確保する浚渫工事などが進められている[24]。1994年に着工、2003年に船舶通航閘門（シップロック）の供用が開始され、2009年に完成した三峡ダムでは貯水によって水深及び川幅が増加しており、上流では3000トン規模の船団、中流では1万トン規模の船団が航行可能となっている。2011年の閘門通過船舶は5万5610隻、通過貨物量は1億32万トンとなっており、通過貨物量はわずか3年で約2倍に増えている（2008年は5370万トン）。長江以外にも、珠江や京杭運河などでの航路整備が進められた結果、第11次5カ年計画期の内航水路整備区間は4181kmに達し、内陸河川での航行可能航路の総延長は12万4000kmとなっている。

第12次5カ年計画では、全沿海港湾の深水（万トン級）バースを新たに440建設して計2214バース体制とするとともに、錦州港(ジンジョウ)、唐山港、曹妃甸港区(ツァオフェイディアン)、天津港、黄驊港、秦皇島港での石炭専用埠頭の整備、大連港、

日照港、寧波－舟山港、湛江港での原油専用埠頭の整備、唐山港、青島港、日照港、寧波－舟山港での鉄鉱石専用埠頭の整備、天津港、上海港、寧波-舟山港、広州港、深圳港でのコンテナ埠頭の整備を進め、石炭取扱能力を 3.1 億トン、原油取扱能力を 1 億トン、鉄鉱石取扱能力を 3.9 億トン、コンテナ取扱能力を 5800 万 TEU 増強する目標が立てられている[25]。また、長江の上中流及び支流での高等級航路の整備などにより内陸河川の高級航路総延長を 2010 年の 1 万 200km から 2015 年には 1 万 3000km に伸ばすとともに、長江本流及び京杭運河での船型標準化の促進、そして、補助金を活用した老朽船の廃船促進により、標準化率を 2010 年の 20％から 2015 年には 50％にまで引き上げるとしている（船型標準化及び老朽船廃棄制度については後述）。

4．海運関係施策の状況

1）外航海運関係施策

（1）中国商船隊における自国籍船の確保

先述の通り、中国では近年、自国商船隊に占める外国籍船比率が上昇傾向にあるが、こうした状況の背景には、関税及び増値税[26]による負担増の問題があると考えられている。すなわち、中国では外国建造船を中国籍船として登録する場合、輸入関税と増値税が課せられるのに対して、外国籍船とする場合にはこれらが非課税となる。また、国内建造船については、外国籍船（輸出船）とする場合には税還付を受けられるものの、中国籍船とする場合には輸入部品に対する関税や増値税が課せられることで船価が高くなる[27]。

こうした状況に対応するため、旧交通部は 2007 年 7 月、中国海運企業が出資し、かつ、一定要件を満たす外国籍船を対象に、中国に転籍する場合には輸入関税及び増値税を免除する制度（免税登録制度）を導入した。本制度は

自国商船隊の安全面及びセキュリティ面での監督機能の強化や中国人船員の権利保護に資するものとされるが、転籍後は旧交通部の承認を得た上で内航水運に従事することも可能となっており、深刻化する沿海輸送の船腹不足を解消する目的があったとの見方もある[28]。

本制度導入の結果、2010 年末までに 58 隻 200 万 DWT の外国籍船が中国に転籍されており、また、当初は 2 年間の時限措置であったが、2009 年及び 2011 年にそれぞれ延長が決定され、2015 年末までの実施が予定されている。なお、主要海運国では税制や配乗・設備要件等で規制が緩和された第二船籍制度*の活用が進められているが、中国でも天津港東疆自由貿易区で新たな船舶登録制度の試験運用を決定するなど、より柔軟かつ利便性の高い制度導入に向けた動きが見られる[29]。

(2) 国際コンテナ市場の安定化

日中間のコンテナ船定期航路は、距離が短い上に参入船社が多く、中国積貨物が日本積貨物を大きく上回る状況であるため、最大需要時に合わせた過剰な船腹供給が行われやすいことから集荷競争が激しい航路環境にある。特に 2008 年後半の金融危機後は急激な輸送需要の減少と相俟って運賃値引き競争が激化し、船社経営を圧迫する状況となっていた。日中航路は中小規模の中国船社が圧倒的に多く、中国側の積取比率は 9 割を超えるといわれているが[30]、交通運輸部は同航路での競争環境を問題視し、2009 年 8 月より、定期船事業者に対して輸出コンテナ貨物の運賃の上限及び下限の届出を義務

第二船籍制度 自国船籍の減少に危機意識を抱いた海運先進国が、外航海運において、既存の船籍制度とは異なる措置を認める制度。自国籍船のコスト競争力を確保することにより、安全・環境保全・セキュリティ面で問題のある便宜置籍船（FOC）の増殖を防止することを目的とする。主な施策としては、自国船員配乗の特例、船舶登録料の軽減等がある。諸外国の導入例は、フランス・ノルウェー・デンマーク・ドイツなど。

図12 日中航路（中国発日本向け）運賃指数（CCFI）の推移

注　：1998年1月1日時点の運賃を1,000ポイントとする。
出所：Clarkson Research Services データベース

付けるコンテナ運賃届出制度を実施した[31]。同制度の下、定期船事業者はゼロ運賃やマイナス運賃の設定が禁止され、適正かつ合理的な範囲内での運賃設定が求められ、届出運賃の平均を大きく逸脱したり、公平な競争を阻害する可能性がある場合には交通運輸部の調査を受け、改善措置命令に従わない場合には罰則（2～10万元の罰金支払い）が科されることとなった。同制度はその後、2010年には適用対象をNVOCCに拡大する形で運用が進められ、その結果、日中定期航路ではコンテナ運賃が回復に転じるとともに、運賃の透明性向上、不正な競争行為の排除、実コストを下回る運賃競争の抑制に一定の効果を上げたといわれている（日中航路の運賃推移については図12を参照）。

なお、運賃届出先に指定されている上海航運交易所では、届出運賃の集計データを基に各種コンテナ運賃指数を発表しているが、これらは基幹航路のコンテナ運賃の重要な指標となっており、また、アジア―欧州航路、アジア―北米航路の運賃指数を用いた先物取引も行われているようである[32]。

2）内航水運関係施策

(1) 河川船の船型標準化

中国の河川水運では、船種毎に設定された標準船型に適合する船舶を奨励し、不適合船舶を規制することにより、船舶の大型化や船速上昇など輸送効率を改善するとともに、安全の確保や環境の保護などを推進する「船型標準化」が進められている。

長江では旧交通部と長江沿いの7省2自治区が共同で策定した「長江黄金水路の建設に関する全体計画」等に基づき、長江本流での船型標準化が進められている。2010年には交通運輸部が財政部と共同で「長江幹線の船型標準化に向けた補助金に関する行政手続」を策定するなど補助金を活用した船型標準化も進められている[33]。また、長江中流の三峡ダム貯水区域では標準船型に適合しないRORO船の運航規制も行われている。

長江以外でも、例えば、京杭運河では2004年から運河沿いの5省1自治区が共同で船型標準化を進めた結果、コンクリート製船舶や船外機付き船舶の航行規制に一定の効果があったといわれている[34]。

主要河川航路での船型標準化の結果、中国の河川船の1隻当たり平均DWT数は2006年から2011年までの5年間で2.0倍（270DWT/隻→529DWT/隻）となり、また、大半が河川船に用いられると考えられるはしけ船の1隻当たり平均DWT数も過去10年間で2.2倍（216DWT/隻→472DWT/隻）に増大している。

(2) 老朽船の管理

中国では1999年に渤海湾で起きた死傷者200人を超すフェリー事故などを背景に、航行安全の確保や海洋汚染防止などを目的とした朽船の管理が進

められている。旧交通部は2001年に一定船齢以上の船舶に対して受検を義務付ける「老朽船管理規定」を策定するとともに、翌2002年には同規定で定められる要件に適合しない老朽船の強制廃棄を義務付ける制度を導入した[35]。2010年以降は、補助金を活用した老朽船及びシングルハルタンカー*の市場退出促進施策も進めている。

特に交通運輸部は沿海輸送に従事する原油タンカーやケミカルタンカー、旅客RORO船の管理及び代替促進に力を入れており、例えば、原油タンカーでは2011年末の平均船齢は7.6年と老朽船廃棄制度が導入された2002年以降、9年連続で平均船齢は低下している[36]。これらの施策は安全や環境のみならず、市況の安定化や国内造船業の振興にも資するものと考えられる。

5. まとめ

中国の海運業及び同国商船隊は2001年のWTO加盟以降の積極的な外資導入と貿易拡大による経済成長の影響を受けて大きく成長し、今や海運業を中核とする海事産業は中国のGDPの約1割を占める規模といわれている[37]。

外航海運では急増するバルク貨物とコンテナ貨物の輸送需要に対応すべく、国有企業であるCOSCOグループ、China Shippingグループ及びSinotrans & CSCグループを中心に、ばら積み船、タンカー及びコンテナ船の船隊整備と船舶の大型化が進められるとともに、主要沿海港湾では施設の整備拡張による取扱能力の増強が図られている。

シングルハルタンカー　主に原油タンカーにおいて船体（ハル）が二重構造となっているものをダブルハル、一重構造のものをシングルハルという。船体の外板が1枚のシングルハルタンカーは、座礁等による軽微な損傷事故でも原油流出事故を起こしてしまう危険性が高い。そこで、国際条約により、1996年以降に建造するタンカーは船体ダブルハル化が義務付けられている。

今後も、中国商船隊はエネルギー資源の確保やコンテナ貿易の担い手として、また、国際的な事業展開を図る中国荷主企業の支援という意味においても、重要な役割を担うと考えられる。一方で、過剰投資による港湾間の競合を抑制し、「秩序ある沿海港湾建設」をいかに進められるか[38]、主要海運国が導入済みのトン数標準税制*が未導入であるなど税制上、外航海運企業が経営を行う上で必ずしも有利ではない状況をいかに改善するか[39]、更に、これまで世界屈指の船員供給国としての地位を維持してきたが、近年の若者の船員離れという問題にいかに対処するかなど課題も多く、これらをいかに克服していくかが中国の外航海運の今後の発展のカギとなってくるものと考えられる。

　内航水運では、中西部の開発による内需拡大が見込まれる中で、増加する輸送需要に対応可能な効率的かつ近代的な輸送船隊の確保やインフラの整備をいかに進めていくかが課題になってくるものと考えられる。特に長江と珠江を中心とする内陸河川航路の整備拡張や船型標準化に加え、海運と鉄道による一貫輸送など異なる輸送モードでの複合一貫輸送による効率化の追求が重要となってくるといえよう[40]。海運と鉄道による一貫輸送では、第12次5カ年計画に6つの整備ルート（①大連－東北地区、②天津－華北・西北地区、③青島―鄭州・隴海線地区、④連雲港－阿垃山口沿線地区、⑤寧波－華東地区、⑥深圳－華南・西南地区）が盛り込まれており、今後、中央アジア諸国を経て欧州に至る「ユーラシア・ランドブリッジ」のサービス拡大も見据えた開発が進められていくものと考えられる[41]。

トン数標準税制　外航海運業者の法人税について、実際の利益ではなく積載能力に基づいて「みなし利益」を算定する方法。自国の船舶・船員を増加・確保しようとする事業者には有利になるように導く税制。

注

1) 2011年の中国の鉄鉱石輸入量は6.65億トン、全世界の鉄鉱石の海上荷動量は10.52億トンとされる。Clarkson Research Services, *Dry Bulk Trade Outlook*, September 2013, p4. なお、日照、青島、唐山、寧波－舟山、天津、連雲港、上海、営口、湛江、北部湾（防城、欽州、北海）の各港で輸入する鉄鉱石で全荷揚量の83.1％を占める。The Ministry of Transport of the PRC, *2010 The Report on China's Shipping Development*［英語版『中国航運発展報告』］, China Communications Press, 2011, p.22.

2) 世界鉄鋼協会（WSA）。
http://www.worldsteel.org/statistics/crude-steel-production.html

3) 日本郵船調査グループによれば、2011年の中国の原油輸入量は2.28億トン、全世界の海上荷動量は18億トンとされる。日本郵船調査グループ編『2012 Outlook for the Dry-Bulk and Crade-Oil Shipping Markets 海上荷動きと船腹重要の見通し』(日本海運集会所、2012年10月) 89頁。

4) なお、寧波－舟山、青島、大連、惠州、天津の5港での輸出入原油で全取扱量の74.2％を占める。The Ministry of Transport of the PRC, *2010 The Report on China's Shipping Development*, pp.20-21.

5) 日本郵船調査グループによれば、中国の石炭輸入量は1.62億トン（原料炭2500万トン、一般炭1.37億トン）、全世界の海上荷動量は9.93億トン（原料炭2.21億トン、一般炭7.72億トン）とされる。日本郵船調査グループ、前掲書、41-50頁。なお、北部湾、唐山、広州、日照、天津、寧波－舟山の各港での輸入石炭で全取扱量の53.4％を占める。The Ministry of Transport of the PRC, *2010 The Report on China's Shipping Development*, p.21.

6) 日本郵船調査グループによれば、2011年の中国の大豆輸入量は5200万トン、全世界の海上荷動量は8900万トンとされる。日本郵船調査グループ、前掲書、67-68頁。なお、日照、連雲港、広州、天津、青島、北部湾、大連の各港での輸入穀物で全取扱量の64.1％を占める。The Ministry of Transport of the PRC, *2010 The Report on China's Shipping Development*, p.21.

7) 2010年末現在、中国で外航海運の事業許可を受けている企業は約220社、非船舶運航事業者（NVOCC）は約3600社あり、外航海運事業を行う外国独資企業は41社、同企業の中国国内支店は209カ所存在する。The Ministry of Transport of the PRC, *2010 The Report on China's Shipping Development*, p.23.

8) 狭義の中央企業は国務院国有資産監督管理委員会が管理監督する116社を指し、COSCOグループ、Sinotrans & CSCグループ、China Shippingグループのいずれもこれに該当する。

9) Clarksons Research Studies, *The Bulkcarrier Register 2011*, p.24; Clarksons Research Studies, *The Containership Register 2011*, p.10; Clarkson Research Studies, *The Tanker Register 2011*, p.25.
10) ターミナルオペレーターには、ターミナル運営を事業の主軸とする港運会社系、同運営を付帯的な事業に位置づける船社系、船社系の派生型として第三者の貨物を扱うために分社化している中間型があり、COSCOグループは中間型に分類されている。藤井敦「グローバルコンテナターミナルオペレータに関する研究」『運輸政策研究』(Vol. 9 No.4、2007年) 60頁。
11) なお、COSCOグループや後述のChina Shippingグループ以外にも、中国で最大規模のLNG船隊を有する招商局国際はラゴス港(ナイジェリア)、コロンボ港(スリランカ)、ロメ港(トーゴ)、ジブチ港(ジブチ)に出資し、また、中国海外港口はグアダル港(パキスタン)の運営権をシンガポールのPSAから取得するなど、近年、中国系企業が中国以外の港湾の運営に乗り出すケースが増えている。"China's foreign ports: The new masters and commanders", *The Economist*, 8 June 2013などを参照。
12) 日中経済協会『日中経済産業白書2011/2012─復興とともに拓け日中協力の新次元─』(2012年7月) 263頁。
13) 中国交通運輸部『中国航運発展報告』(2011年版)(人民交通出版社、2012年) 26頁。
14) 中国交通運輸部、前掲書、27頁。
15) 中国交通運輸部、前掲書、46頁。
16) 中国交通運輸部、前掲書、47頁。
17) 2007年時点で沿海水運に従事する企業は約1600社、河川水運に従事する企業は約2800社。The Ministry of Transport of the PRC, *2007 The Report on China's Shipping Development*, p.39.
18) 中国交通運輸部、前掲書、31頁。
19) 中国交通運輸部、前掲書、32頁。
20) 設計プランによれば洋山港区はコンテナターミナル52バースと世界最大級の規模であり、2002年の着工後、2005年に第1期5バースを竣工。2010年には第3期16バースが稼働し年間取扱実績は1010万TEUに達している。三浦良雄「世界一なった上海港―そのパワーと革新戦略」『日刊CARGO臨時増刊号:拡大する上海経済圏』32頁。
21) 李瑞雪「長江水運システムの近代化と上中流港湾整備戦略」『東アジアへの視点』(2011年6月号) 33頁。同論文では長江上中流における港湾整備状況について詳細な分析を行っている。

22) 環渤海地区における港湾整備状況については以下を参照。小島末夫「中国環渤海地区における 3 大港の発展比較」池上寛編『アジアにおける海上輸送と主要港湾の現状』(アジア経済研究所、2012 年)
http://www.ide.go.jp/Japanese/Publish/Download/Report/2011/pdf/424_ch3.pdf
23) 日通総合研究所『実務担当者のための最新中国物流』(大成出版社、2008 年 9 月) 40 頁。
24) 1994 年策定の「長江口深水航路整備計画」に基づき、長江河口部の水深を 12.5m に増深する浚渫工事は 1998 年に着工、2010 年に竣工した。水深 12.5m 航路を南京まで伸ばす計画は第 12 次 5 カ年計画に盛り込まれている。三浦良雄、前掲論文、32 頁。
25) 中国交通年鑑社『中国交通年鑑』(2012 年版) 43 頁、57 頁。
26) 増値税とは、中国国内で物品の販売及び加工、修理修繕等の役務提供、物品の輸入を行う場合に課せられる税であり、物品の輸入の場合、特定貨物(食糧作物、食用植物油、水道水等)は税率 13％、それ以外の物品(船舶を含む)については 17％の税率が適用される。 JETRO ホームページ
http://www.jetro.go.jp/world/asia/cn/invest_04/
27) ただし、中国では「国輪国造」(国内船主向け船舶は国内で建造する)政策や、「国貨国輪」(自国貨物は自国船舶で運ぶ)政策の観点から、中国籍の国内建造船については一定要件の下、輸出船との格差是正を目指した優遇措置が実施されているといわれている。シップ・アンド・オーシャン財団及び日本舶用工業会『中国の造船・舶用工業政策に関する調査』(2003 年 3 月)。
http://nippon.zaidan.info/seikabutsu/2002/00265/mokuji.htm
28) Mike Grinter and Sandra Tsui, "Hong Kong cool over China flag incentives", Lloyd's List, 6 July 2007.
29) Jing Yang, "China's ships shun the home flag", *Lloyd's List*, 20 June 2013.
30) オーシャンコマース『国際輸送ハンドブック 2009 年版』159 頁。なお、2012 年 1 月時点の日中航路への投入船腹量は中国船社 68％、台湾船社 17％、日本船社 10％、韓国船社 5％とされる。日中経済協会、前掲書、263 頁。
31) なお、同航路では中国船社が中国側の輸出業者から安値の基本運賃のみで貨物を引き受け、付加費用(サーチャージ)の部分については日本側の輸入業者に請求する状況が生じており、これを問題視した日本側の働きかけによって中国側がコンテナ運賃届出制度の実施に踏み切ったとの指摘もある。小島末夫「中国海運企業の国際物流戦略 2000 〜 2010 年」川井伸一編著『中国多国籍企業の海外経営─東アジアの製造業を中心に』(日本評論社、2013 年) 185 頁。
32) 日中経済協会、前掲書、264 頁。

33) 町田一兵「中国商船隊とシーレーン」『世界の艦船』（2011年9月号）97頁。
34) 日本舶用工業会『中国における内航物流と内航舶用機器に関する調査』（2006年3月）。

http://nippon.zaidan.info/seikabutsu/2005/00807/contents/0010.htm
35) シップ・アンド・オーシャン財団及び日本舶用工業会『中国の造船・舶用工業政策に関する調査』（2003年3月）。

http://nippon.zaidan.info/seikabutsu/2002/00265/contents/012.htm
老朽船管理規定の内容については、東京財団研究報告書『中国の海洋政策と日本〜海運政策への対応〜』（2006年9月）巻末資料を参照。
36) なお、IHS Fairplayの"World Fleet Statistics"によれば、2001年から2010年にかけて中国籍の原油タンカー（12年→10年）、ケミカルタンカー（20年→11年）、旅客RORO船（24年→19年）はいずれも平均船齢が低下している。
37) 2010年の海事産業総額は3兆8439億元で中国GDPの9.7％を占め、業種別シェアでは海運業24.6％、造船業7.8％、海洋建設業5.2％といわれている。田育誠「2010年以降の中国港湾貨物取扱量と展望（1）」『日本海事新聞』（2013年5月16日）
38) 例えば、以下を参照。日通総合研究所、前掲書、46頁。
39) 中国の海運関連税制については以下の文献を参照。(公財)日本海事センター『諸外国の海運関係施策』（平成24年6月）59-63頁。
40) 日中経済協会『日中経済産業白書2012/2013―逆風転じ中国ビジネス新展開の道探れ―』（2013年7月）207頁。
41) 最新動向については以下の文献を参照。福山秀夫「中国鉄道コンテナ輸送と海運（上）」『KAIUN』（日本海運集会所、2013年9月号）62-65頁。福山秀夫「中国鉄道コンテナ輸送と海運（下）」『KAIUN』（日本海運集会所、2013年10月号）66-69頁。

3章
中国造船工業界の伸張

重入 義治

はじめに

　歴史を遡れば人類が船を利用するようになって久しいが、中国においても人や物を運送するため古代から河川や沿岸を航行する舟の利用が進み、9世紀の終わりには東南アジアを往来する外洋型の木造船の建造が盛んに行われるようになった。これら建造技術は朝鮮半島を経由し我が国にも伝わり江戸時代の千石船などにも取り入れられた。アジアをはじめ世界の海洋国において古くから活躍した木造船は風を推進力として利用する帆船が主力であったが、年代の推移とともに帆船も改良が加えられ19世紀には米国が世界造船業をリードする形で建造技術及び船体規模ともに木・帆船時代のピークを迎えた。

　1850年代に入り、産業革命を経て製鉄及び蒸気機関という技術革新を手にした英国は「世界の造船所」としての地位を米国から奪うとともに、木・帆船時代から鋼製船体と内燃機関を備えた汽船時代への転換を確かなものとした。20世紀初頭には英国における船舶建造量が世界全体の60％を占めるまでになり、世界一の造船大国としての名声を博した。

　第2次世界大戦で敗戦した日本は造船インフラが壊滅的な状況であったが造船業に対する傾斜生産政策や朝鮮戦争特需を背景にそれまで培ってきた造船技術と豊富な労働力に支えられ造船大国へと急速な成長を遂げることとなった。1956年には175万総トン[1]を建造し進水量において英国を抜き世界

一の造船大国となり2000年までの約40年間その地位を明け渡すことはなかった。

その後、韓国では1990年代半ばのアジア通貨危機を契機に韓国通貨のウォン安が進み、それにより大型のタンカーやコンテナ船など大量の受注をもたらし2000年には日本に取って代わり建造量世界一となった。2010年になり、経済規模で日本を抜き世界第2位となった中国は造船業においても韓国をあっさりと抜き去り世界一の造船国の座に躍り出た。2012年現在、かつての造船大国を誇った英国を含む全ヨーロッパの新造船建造量は合計で世界シェアの約2%にとどまり、米国においては1%にも満たない。他方、極東アジアの日本・中国・韓国の3カ国の建造量の合計は世界シェアの約9割を占めており、世界の造船基地として当分極東アジアの地位は揺るぎないであろう。

1. 世界の造船工業

1）世界の海上荷動量

国際連合の人口統計によれば、世界の人口は増加の一途を辿っており1970年に約37億人を数え2010年には約69億人とこの40年間で1.9倍に増加している。一方、世界の海上荷動量（輸送量と輸送距離を乗じた値：トン・マイル）は、図1に示すように1973年の第4次中東戦争を契機とする第1次オイルショックと1979年のイラン革命による第2次オイルショックの影響で1980年代に原油の荷動き量が大きく落ち込んだが、それを除けば1970年の約10兆トン・マイルから2010年にはその3.3倍の約33兆トン・マイルへと人口増加率を遙かに凌ぐ速度で増加している。

世界の海上輸送量については本書の「第2章　拡充する中国商船隊」で述べられているとおりであるが、海上輸送量、海上輸送距離、輸送船の航海速力などの兼ね合いにより世界の商船隊の規模や船腹需要量が定まり、延いて

図1 世界の海上荷動量の推移

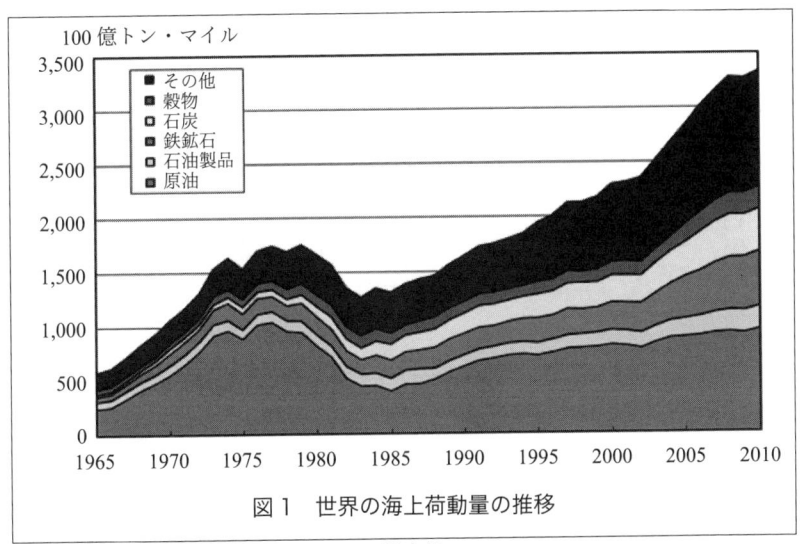

注　：2008～10年は、Fearnleysによる推定値。
出所：Fearnleys " Review" より作成

はこれらファクターが新造船建造量[2]を決定する。

2）世界の船腹量

図2は世界の海上貨物を輸送するための船舶の貨物積載量の推移を表している。ここで言う貨物積載量は船舶が輸送した量ではなく船舶の輸送能力量（船腹量）である。同図が示すように1971年の船腹量は2億4700万総トンであったが2011年には10億4300万総トンとなり、40年間で約4.2倍に増加している。一般的に、船舶の寿命は通常20～30年間と長く、また、海上輸送事業への参入には建造費や運航費といった投資額も巨額に及ぶため海上荷動量の増減に合わせ船腹量を敏感に調整することは困難であるが、トレンドとしては海上荷動量を追従していることが見て取れる。

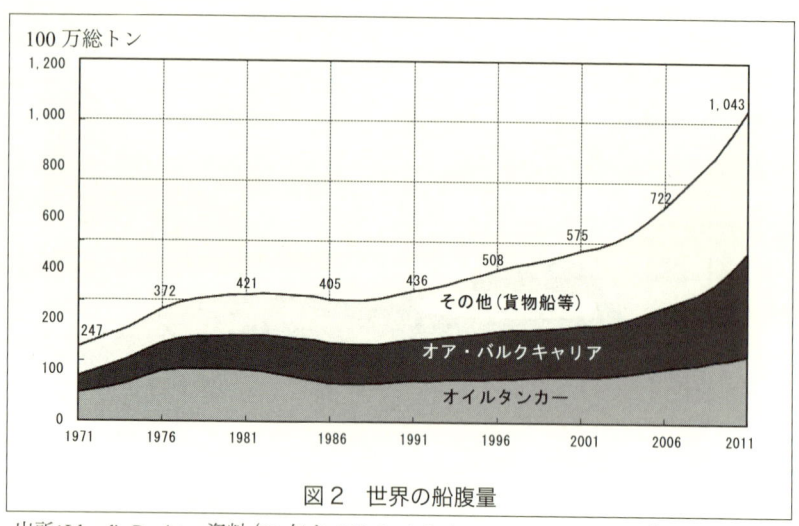

```
100万総トン
1,200
                                                              1,043
1,000

 800
                                                        722
 600                                             575
                                           508
 400                         405     436                その他(貨物船等)
              372    421
        247
 200
                                                 オア・バルクキャリア
 100
                                                 オイルタンカー
   0
   1971  1976  1981  1986  1991  1996  2001  2006  2011
```

図2　世界の船腹量

出所：Lloyd's Register 資料 (91 年までは Statistical Tables、1992 ～ 2011 年は World Fleet Statistics) より作成。

3) 世界の建造量

　図3は世界の新造船建造量の推移と建造国を示している。世界の新造船建造量は、1975年に比較的大きなピークがあり、全世界で3400万総トンの新造船を建造した。2003年までこの値を超えていないが、その後は海上荷動量及び船腹量と同じく今日まで右肩上がりに建造量は伸びている。

　また、1956年から1999年までの約40年間は日本が世界一の造船国であったが、2000年に韓国が日本を抜き世界一の建造量を記録した。その後、韓国は10年間新造船建造量世界一の座を守ったが、2010年に中国が建造量3600万総トンを達成し世界の約38％のシェアを占め韓国を超え建造量世界一となった。この時点で日本・中国・韓国の3カ国を合わせれば世界新造船建造量の約9割を占める状況となっている（図3参照）。

3章 中国造船工業界の伸張

```
万総トン
  凡例：日本、韓国、欧州、中国、世界計

  1976年
   日本：47%
   欧州：38%
   韓国： 2%
   中国： 0%

  1986年
   日本：49%
   欧州：22%
   韓国：12%
   中国： 2%

  1996年
   日本：39%
   欧州：29%
   韓国：17%
   中国： 4%

  2006年
   韓国：36%
   日本：35%
   中国：15%
   欧州： 9%

  2011年
   中国：39%
   韓国：35%
   日本：19%
   欧州： 2%
```

図3　世界の新造船建造量

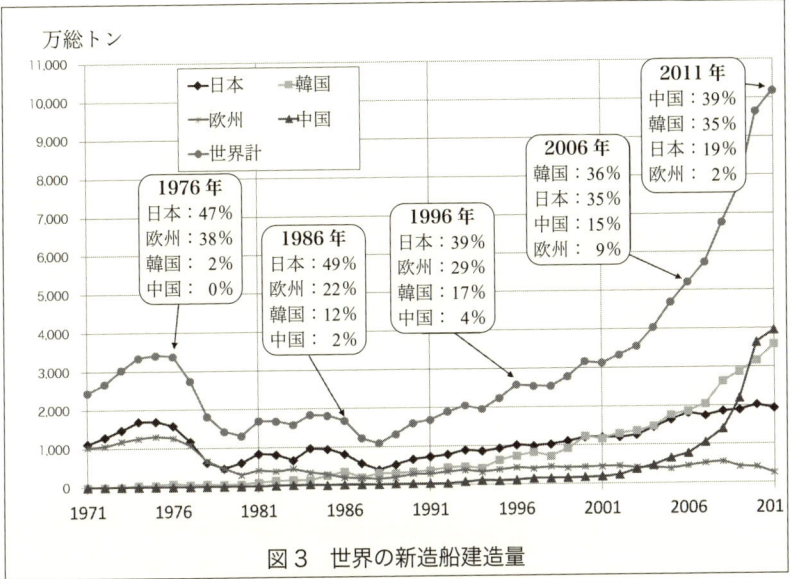

出所：国土交通省・平成23年版海事レポートより。

2. 中国造船工業と骨格

1）近代造船工業

中国の近代造船工業の歴史は古く、清朝時代の1865年には上海に江南造船所が設立され、翌1866年には中国の南方に位置する福建省に馬尾造船所が創設された。これら造船所は百数十年を経た今日まで発展を遂げながら存続している。また、日露戦争から3年後の1908年に日本の川崎造船所が大連に440m・6000トン級、旅順に500m・7000トン級及び260m・1000トン級の船渠を有する満州船渠㈱を建設したことも中国造船史の一頁に刻まれている。

中華人民共和国は、1949年に建国されてから1970年代までの間は社会主義に基づく厳格な計画経済体制下にあり、資本主義先進諸国に対し技術革新

123

の分野への取組みが大きく後れ造船工業を含む国内の産業は疲弊しきっていた。

そのような中、中国共産党のトップに就いた鄧小平は1978年に新たな中国の経済戦略として改革開放政策へと舵を切り、1980年には中国南東の沿海部に位置する深圳、珠海、汕頭(スワトウ)、厦門(アモイ)に経済特区を設置するなど経済成長へのスタートを切ることとなった。

特に、造船業について「中国は船舶を輸出し国際市場への参入を図ることを旨とする」との国家号令が発せられるなど海外資本の導入と外国企業の誘致が積極的に推し進められた。

1982年以前、中国の造船工業及び造船関連工業は、国務院の第六機械工業部、交通部及び国家水産総局の所掌とされていた。ただし、軍に所属する艦船については国防部が全ての種類の艦船の設計及び建造を所管していた。当時、造船工業は国が直轄するほか、省、市及び自治区の地方政府においても造船所の運営が許可された。具体的には、軍の艦船を始め様々な種類の大型商船や油田の探索・掘削を行う特殊船舶の建造は、国務院第六機械工業部の統括体である中国船舶工業公司(China Corporation of Shipbuilding Industry)の管轄下にあった。他方、小型商船の一部及び内陸河川航行船舶の建造並びに沿海航行船の修繕は、交通部(Ministry of Communications)の行政管轄下にあった。また、漁船及び同修繕は、国家水産総局(State Administration of Aquatic Products)の監督下に置かれていた。

1982年、中国政府は国防工業の近代化を推進するために、国務院第二機械工業部から第七機械工業部までを改組するなど国務院の機構改革を行い国務院の部局数をそれまでの100から61に、人員も5万1000人から3万人にまで削減した。その一環として造船工業を所管していた第六機械工業部は廃止され、交通部の船舶部門と中国船舶工業公司が併合し、新たな組織として中国船舶工業総公司(China State Shipbuilding Corporation)が創設された。同公司は、国営企業として国務院の直轄部の格付けとされた。また、軍民の造船に関する生産管理を担っていた国務院国防工業弁公室と研究開発を管理して

表1　中国国務院の1982改革（一部のみ）

改革前	改革後
・軍国防科学技術委員会	・国務院国防科学技術工業委員会
・国務院国防工業弁公室	
・国務院第二機械工業部	・国務院核工業部
・国務院第三機械工業部	・国務院航空工業部
・国務院第四機械工業部	・国務院電子工業部
・国務院第五機械工業部	・国務院兵器工業部
・国務院第六機械工業部	・中国船舶工業総公司
・国務院第七機械工業部	・国務院航天（宇宙）工業部

出所：平松茂雄『軍事大国化する中国の脅威』時事通信社、110頁。

いた軍国防科学技術委員会が合併して国務院国防科学技術工業委員会が設立された（表1参照）。

　1994年、中国の会社法に当たる公司法が試行され、この法律で有限会社のほか株式会社（中国では「股份有限公司」という）形態での企業設立が認められ、国有企業や有限責任公司が株式有限公司化されるようになった。同年、中国船舶工業総公司は27の造船所と56の舶用機器製造工場を管理し年間1500万DWTの建造能力を有していた。他方、交通部は船舶の輸入についての権限を有していたが、特定船舶の修繕を除き事実上他の全ての造船工業に係る機能は中国船舶工業総公司に移行された。この改革の最も顕著な効果は、他の部に属していた造船所や工場をグループ化したこととと言える。この時期になると中国政府が主要ステークホルダーであることに変更はないものの中国船舶工業総公司の運営形態は財務面にも配慮するなど、より資本主義諸国に於ける企業経営に近いスタイルを取り入れたものとなった。同時に、江蘇省の揚子江造船所がシンガポール証券取引所に上場するなど中国の造船企業のいくつかは、国際資本市場への参入も果たした。そのような産業政策の変化を受けて中国の新造船建造量は1995年に初めてドイツを上回り、世界シェアの5%を占め、韓国と日本に次いで世界第3の造船大国となった。

2) 2大国営企業集団と関連団体等の成立

1997年に開催された中国共産党第15回大会以降、中国の船舶工業の内部に有効な競争システムの確立を求める声が徐々に大きくなり、中国船舶工業総公司の単独一公司体制の改革が課題となった。その翌年の1998年、国務院の機構改革で、国防科学技術工業委員会が船舶工業界の主管官署として明確に規定された。これにより造船工業政策という見地からの企業の監督については国防科学技術工業委員会が所管することとなり、中央政府直属の国有企業の経営者人事に関しては1998年7月に設置された共産党の大型企業工作委員会が、国務院人事部と共同で管轄し、国有資本の運営状況など財務に関しては財政部が所管することとなった。

このような動きを受けて1999年7月、中国船舶工業総公司は、2つのグループに分割されることとなった。そのうちの1つは、これまでの中国船舶工業総公司を基礎とした主に中国南方の造船所や舶用機器製造工場を束ねる中国船舶工業集団公司（China State Shipbuilding Corporation ＝ CSSC）であり、それに加えて新たに中国北方と西方の造船所等を纏めた中国船舶重工集団公司（China Shipbuilding Industry Corporation ＝ CSIC）が組織され中国船舶工業界の2大国有企業となった。これらCSSC及びCSICについての発展計画、資金・投資計画、軍事品の生産、賄賂に対する規律検査などは国務院の各部門により直接管理される体制が敷かれた。

中国の中央政府組織である国務院について、最近では1982年以降第6回目となる機構改革が2008年に行われ（表2）、新たに工業・情報化部、交通運輸部、人材資源・社会保障部、環境保護部、住宅・都市農村建設部の5つの部が設置され、それまで造船工業を所管していた国防科学技術工業委員会の業務が新たな工業・情報化部に引き継がれることとなった。これにより中国の造船工業に関する計画立案は国家発展改革委員会が担い、工業・情報化部が造船政策の策定、法律・規則・規格の制定、関連企業の運営・監督、防衛

表2　中国国務院の2008年改革

外交部	監察部	鉄道部
国防部	民政部	水利部
国家発展・改革委員会	司法部	農業部
教育部	財政部	商務部
科学技術部	人材資源・社会保障部	文化部
工業・情報化部	国土資源部	国衛生部
国家民族事務委員会	環境保護部	国家人口・計画出産委員会
公安部	住宅・都市農村建設部	中国人民銀行
国家安全部	交通運輸部	会計検査署

出所：中華人民共和国中央人民政府ホームページ

関連工業間との調整を担当することとなった。

　また、中国には、政府機関に属する造船工業関連の研究機関や各種協会並びに民営の設計会社なども多数存在しており、中国造船工業の頭脳や骨格となる各組織を繋ぐ器官としての役割を担っている。それら組織の代表的組織をごく一部ではあるが次に示す。

○中国船舶工業行業協会

（China Association of the National Shipbuilding Industry ＝ CANSI）：

　本協会は、国営非営利組織で政府機関と工業界を繋ぐ組織として設立され会員数は中国造船造機企業の約9割を占める。会員の構成は、造船企業、修繕船企業、造機製造企業、船舶設計会社及び鑑定機関である。

○中国船級協会

（China Classification Society ＝ CCS）：

　CCSは、技術コンサルティング・サービスの提供及び船舶等級認定業務、船舶・オフショア施設・コンテナ・関連機器や材料の法定鑑定を行う技術的組織である。また、CCSは、国際船級協会連合（International Association of Classification Societies ＝ IACS）のメンバーであり、2011年末現在、中国に46の事務所と29カ国に出先機関を持つ。

○中国船舶工業綜合技術研究院

（Technology Research & Economy Development Institute）：

本研究院はCSSCの傘下の研究機関である。

○中国船舶設計研究センター公司

（China Ship Design & Research Centre Co., Ltd.）：

本公司は、船舶、海洋構造物等に関する研究・設計会社である。

○中国船舶研究及び設計センター

（China Ship Research & Design Center）：

本センターは、CSICに属する研究機関で、国防分野で、中国の船舶設計、研究及び開発の全般を担当している。

○上海商船設計研究院

（Shanghai Merchant Ship Design and Research Institute）：

本研究院は、主に、貨物船、オフショア、軍の支援船舶及び港内作業船の設計を行っている。

3. 中国造船工業の現状

1) 中国の主要造船指標

21世紀に入り中国造船工業は、日本や韓国が過去に経験した繁栄のパターンに倣い、安い労働コストを武器として大規模な国内需要を味方に短期間のうちに確固とした工業基盤を構築することにより発展を遂げたと言える。2005年から2012年までの主要造船指標を見てみると図4に示すとおりであり、新造船受注量は世界経済や海運市況を繁栄し増減が激しいが新造船竣工

3章　中国造船工業界の伸張

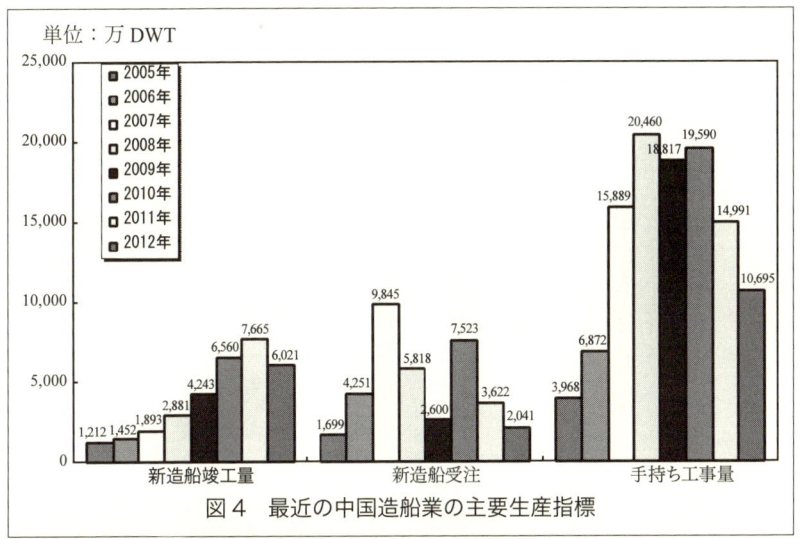

単位：万DWT

```
■ 2005年
□ 2006年
■ 2007年
□ 2008年
■ 2009年
□ 2010年
■ 2011年
□ 2012年
```

図4　最近の中国造船業の主要生産指標

出所：中国工業・情報化部公表データに基づき筆者作成

量は8年間で約5.0倍、手持ち工事量も約2.7倍に急成長している。

また、中国船舶工業行業協会の発表によれば、中国造船工業は、2012年に世界の新造船竣工量の41％、新造船受注量の44％、手持ち工事量の42％を占めた。

2) 2011年世界の主要造船企業と中国建造量

近年、日本・中国・韓国の3カ国で世界の造船建造量の約9割を占めていることは先に述べたとおりであるが、2011年の世界の企業別の造船建造量は図5のようになっている。なお、同図では中国の2大国営企業グループについては各々1企業として集計されている。上位5社としては中国のCSSCがトップでCSICが第5位、韓国の現代重工業、三星重工業、大宇造船海洋が第2位から第4位に並ぶ。このグラフから判るように中国及び韓国の企業は、日本やその他の国に比べ1社当たりの事業規模が大きく企業集積度が高いと言える。世界単一市場である造船マーケットにおいて、これらの企業がス

129

図5 2011年世界の主要造船企業

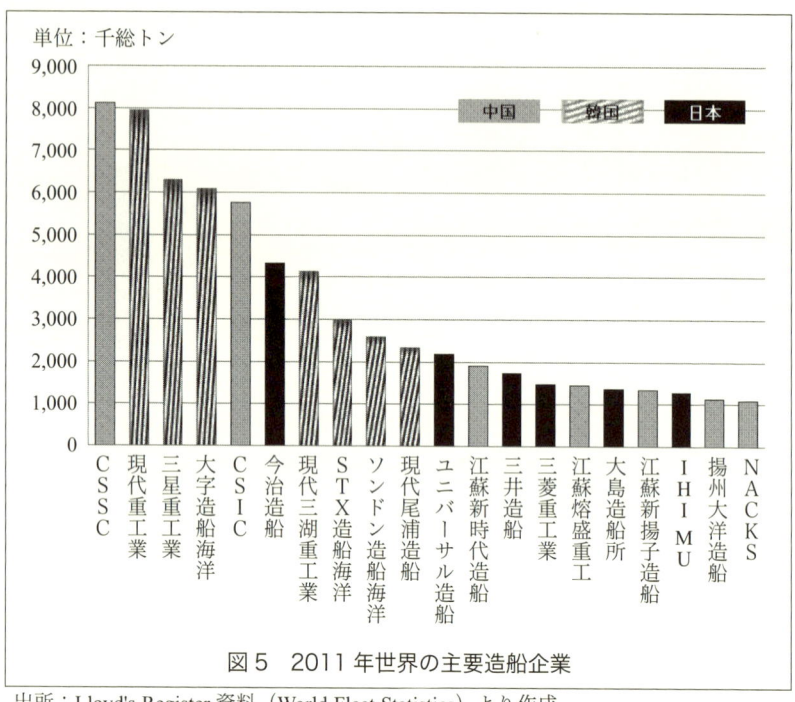

出所：Lloyd's Register 資料（World Fleet Statistics）より作成

ケールメリットを活かした有利な企業経営を展開していることが伺える。

2011年に中国の一定規模以上（国有企業及び年商2000万元（1元は約13円）以上の非国有企業）の造船所781社で建造された船舶の船種別建造量は表3のとおりである。同表に見られるように高度な建造技術を要すると言われている液化天然ガス（LNG）運搬船や海底油田掘削リグなどについても中国ではシリーズ建造されるまでになっており、規模、技術力共に世界一流の造船大国への仲間入りを果たしたと言える。

また、今日の中国造船工業界においては、中国国営企業と中国民営企業のみならず、海外企業との合弁・合資企業や海外独資企業も大きなシェアを有しており、外国からの資本や技術の移転は確実に進んでいると言える。

表3　2011年全中国船種別建造量

船舶の種類	隻	DWT（%）	総トン（%）
全国総計	3,401	76,960,975（100%）	44,545,765（100%）
外洋船の内訳	2,389	73,947,471（96.1%）	42,254,883（94.9%）
原油タンカー（シングルハル）	6	13,690（0.0%）	8,777（0.0%）
原油タンカー（ダブルハル）	78	10,705,360（13.9%）	5,598,358（12.6%）
ケミカルタンカー	195	2,545,879（3.3%）	1,595,683（3.6%）
ばら積み貨物船	958	56,068,941（72.9%）	30,766,175（69.1%）
一般貨物船	102	1,440,336（1.9%）	1,164,384（2.6%）
冷凍貨物船	2	1,162（0.0%）	934（0.0%）
コンテナ船	64	1,779,821（2.3%）	1,724,780（3.9%）
Ro-Ro船	6	50,926（0.1%）	78,556（0.2%）
小型自動車運搬船	11	126,120（0.2%）	258,458（0.6%）
LPG船	7	22,455（0.0%）	17,558（0.0%）
フェリー	1	8,200（0.0%）	12,500（0.0%）
旅客船	4	9,980（0.0%）	14,854（0.0%）
漁船	28	23,304（0.0%）	38,043（0.1%）
その他の非貨物船	543	164,282（0.2%）	169,562（0.4%）
FPSO	384	987,015（1.3%）	806,261（1.8%）
内陸河川船の内訳	1,012	3,013,504（3.9%）	2,290,882（5.1%）
一般貨物船	809	2,603,245（3.4%）	1,974,860（4.4%）
タンカー	14	53,235（0.1%）	35,208（0.1%）
コンテナ船	80	280,989（0.4%）	214,249（0.5%）
Ro-Ro船	3	3,462（0.0%）	2,283（0.0%）
旅客船	51	25,818（0.0%）	25,264（0.1%）
その他の非貨物船	55	46,755（0.1%）	39,018（0.1%）

出所：中国船舶工業年鑑2012年版

3) 中国の造船・舶用工業

2011年、国有企業と年商2000万元（1元は約13円）以上の非国有企業数は1591社を数える。業種別では、船舶製造企業781社、船舶修繕及び解撤船企業282社、舶用機器製造企業519社、その他企業9社。企業類型別では、国有企業201社、集団株式企業69社、個人株式企業1110社、香港・マカオ・台湾系株式企業50社、外商株式企業122社、その他39社となる。また、企業規模別では、大規模企業125社、中規模企業322社、小規模企業1103社、零細企業41社である。船舶工業に従事する就業者は約79.2万人にのぼる。

2011 年、中国に建設された 1 万トン級以上の船舶建造施設は 723 基あり、同じく船舶修繕施設は 65 基で合計 788 基が登録されている。これらには 30 万トン級建造ドック 32 基、10 〜 25 万トン級建造施設 28 基、30 万トン級修繕ドライドック 6 基、15 〜 20 万トン級修繕ドック 3 基、10 万トン級修繕ドック 3 基、揚力 3 万トン以上の浮きドック 16 基などを含む。

　中国の造船・造機企業は、投資形態別では大きく①国営企業グループ、②民営企業グループ、③外資との合弁・合資企業グループ、④外資企業グループに別けることができる。

① 主な国営企業グループ

　中国船舶重工集団公司（CSIC）は、1999 年 7 月 1 日に設立された中央政府直属の国有企業で、軍艦、商船及び海洋構造物の建造、並びに、それらに関連する舶用機器の製造に従事している。2012 年現在、同グループはメンバー会社 46 社（内：造船 7 社、舶用機器 12 社、機器 27 社）及び研究所 28 機関を有しており、各社は中国の北部と西部に所在している。また、従業員は 14 万人規模になる。

○ CSIC グループの代表的な企業：

　大連船舶重工集団有限公司（図 6）は、中国船舶重工集団公司（CSIC）の中心的存在であり、軍の艦船の建造も多く、最近ではウクライナ製航空母艦の改修工事もここで行われた。同社は、歴史も古く、建造船種も、3000 m 深水半潜水式掘削プラットホーム、30 万トン級大型石油タンカー（VLCC）、浮体海洋石油生産・貯蔵・積み出し設備（FPSO）など多種多様にわたっている。工場は大連市の中心にあり、第一工場は大連駅に隣接し、第二工場は大連駅西北部約 4km に位置している。同社の従業員 1 万人、敷地面積は 512 万 ㎡、ドック 10 基、船台 9 基、年間建造能力は約 600 万トン、総資産は 1 兆円規模である。同社は、陸用機器では原発関連機器の製造も手がけている総合重機メーカーである。

3章　中国造船工業界の伸張

主要施設	数	規格（m） 長さ	規格（m） 幅	最大設計T（DWT）	クレーン
船台	5	199	23.5	10,000	100t×1、75t×1
		255	29.0	30,000	100t×1、80t×1、75t×1
		290	35.5	80,000	160t×1、100t×1、80t×1
		308	52.0	150,000	580t×1、100t×1、80t×1
		220	76.4	6,000	160t×1、150t×1
ドック	6	135	15.6	5,000	15t×1
		165	25.0	15,000	25t×1
		400	96.0	300,000	600t×2、120t×1、40t×3
		370	86.0	300,000	600t×1、300t×1、40t×2
		550	80.0	300,000	900t×1、600t×2
		150	68.0	200,000	50t×1、45t×2、30t×3
艤装岸壁	14	141-770	—	40,000 〜 3,000,000	15 〜 100t

図6　大連船舶重工集団有限公司

主要施設	数	規格（m）		最大設計 T (DWT)	クレーン
		長さ	幅		
ドック	2	480	106	300,000	600t×1
		540	76	300,000	600t×1、800t×1
艤装岸壁	4	1,726	—	300,000	60t×2、32t×4

図7　上海外高橋造船有限公司

中国船舶工業集団公司（CSSC）は、1999年7月1日に設立された、中国の南部を中心とした中央政府直属の国有企業集団である。構成企業数は60社（内：造船11社）である。また、香港、米国、ロシア、タイ等の8カ国に海外駐在事務所を設置し、グループ内従業員は約5.3万人を数える。

○ CSSCグループの代表的な企業：

上海外高橋造船有限公司（図7）は、2009年のデータによれば年間34隻、605万DWT建造し竣工量で中国トップであった。上海浦東新区外高橋に在る30万DWTドック2本以外にも、上海市長興島に在る上海長興造船基地の30万DWTドック2本を第二工場として管轄しており、更に、上海の最南端にオフショア専門の第三工場にドック1本を有している。

国営海運企業系の主要造船所としては以下のものがある。

中国長江航運公司（Changjiang National Shipping Corp ＝ CNSC）は、中国の主要海運企業の1つであり、江東、金陵、青山及び宜昌の4造船所と約20の小規模の造船所を有している。

中国遠洋運輸公司（China Ocean Shipping Company）の子会社であるCOSCO

造船グループは、国有海運企業として最大規模で4つの造船所を有している。

中海工業有限公司（The China Shipping Industry Company ＝ CIC）は、1998年に設立され、国有の海運企業では中国第2位の規模を持つ中国海運集団（China Shipping Group）の子会社で6つの造船所を保有し、主に船舶の修繕を手掛けている。

② 主な民営企業グループ

中国の造船工業は、改革開放政策が採られるまで全てを国営企業が占めていたが、その後徐々に民間企業の参入も許されるようになり2010年には中国の新造船建造量の約6割は民営造船所で建造されるまでになった。

○民営造船の代表的企業：

図8は、江蘇省の民営造船所の熔盛重工株式会社である。設立は2006年7月、従業員1万2000人、資本金2.97億ドル、敷地430万㎡（700万㎡まで増設の予定）、建造能力200万DWT、30万DWTの大型ドッグ4基（102×465m、102×530m、106×530m、139.5×580m〔現在世界最大〕）を有する。また、400

図8　熔盛重工株式会社

名の研究スタッフを抱え、2011年には政府から1.3億ドルの技術開発補助金を得ている。江蘇省が選定する重点支援民営企業100社のうちの1社で造船と海洋プロジェクトの投資総額は120億人民元（約1600億円）にのぼる。

③ 外資との合弁・合資企業グループ

COSCOは、外資との合弁・合資企業グループの代表的企業であり日本やシンガポールなど外資と合弁の形で造船所を有している。その中でも長江沿いの南通市に在る南通中遠川崎船舶工程（NACKS）は日本の川崎重工業（KHI）との合弁会社で中国でもトップクラスの造船所となっている。

○外資との合弁・合資企業：

図9-1は2004年6月に設立されたフィンランドの舶用機械メーカー、バルチラ社（出資率55％）と中国船舶工業集団公司（CSSC）傘下の鎮江中船設備有限公司（出資率45％）の合併会社「鎮江中船バルチラ・プロペラ有限公司」である。工場の敷地面積は約10万㎡で固定ピッチプロペラ、可変ピッ

図9-1　鎮江中船バルチラ・プロペラ有限公司

3章　中国造船工業界の伸張

図9-2　Qingdao Qiyao Wärtsilä MHI Linshan Marine Diesel Company Ltd.

チプロペラ並びにこれらの軸類等の生産しており製品の30〜40％は海外へ輸出され、残りが国内向けである。最大140トン級のプロペラまで生産しており、2006年実績 2300トン（実績・径5m以上68基製造）、2010年の計画は6000トンであった。

図9-2は、Qingdao Qiyao Wärtsilä MHI Linshan Marine Diesel Company Ltd.：略称QMDである。同社は中国船舶重工集団公司（CSIC）50％、バルチラ27％、日本企業23％が出資する中外合資企業で、2006年末に設立、シリンダ口径960mmまでの2ストローク舶用低速ディーゼルエンジンの製造を行い、第1期では年生産能力100万馬力を有し状況に応じ350万馬力まで増設する計画を有している。

④ 外資企業グループ

韓国STX造船所（図10-1）は2008年4月に遼寧省大連長興島に韓国独資

図 10-1　韓国 STX 造船所

図 10-2　大宇造船海洋（山東）有限公司
出所：http://www.eworldship.com/app/factory/270.html

　企業を設立し、2008 年 9 月から生産を始め、2009 年 4 月に第 1 船を引渡した。建造施設は、船台 4 基にドック 1 本、従業員は 1 万 2000 人（内、社員 700 人）、韓国の STX 関連企業 14 社も一緒に進出し投資総額は 1 億 6000 万ドルにのぼる。受注量は 2009 年 6 月現在で 70 隻であった。
　山東省烟台市にある大宇造船海洋（山東）有限公司（図 10-2）は、2005

年9月に設立した韓国大宇造船海洋㈱の独資企業であり投資額は1億9千万米ドルで敷地面積は100万㎡、従業員は4300人（内、韓国から40～50人）を擁し船体ブロック（船舶の建造は不可）を製造している。生産高は2007年3万トン、2008年18万トン、売上高は2007年3.13億元（約47億円）、2008年17億元（255億円）でブロックに使う鋼材は韓国から輸入している。

4. 中国造船工業の主要政策

中国の造船工業の急速な発展は、政府のマクロ経済政策と密接に関連している。中国政府は、国の長期的安定と競争力を確実なものとするため1953年に最初の「5カ年計画」を策定して以来、5年毎にマクロ経済政策を策定している。現在は第12次5カ年計画（2011～16年）のサイクルに入っている。

1) 第12次5カ年計画（2011～16年）

第12次5カ年計画（2011～16年）に定める船舶工業に係る計画の概要は次のとおり。
① 中国造船工業が世界トップの位置を維持し、2015年の船舶工業の売上規模は1兆元を上回り、世界シェアの40％を占める。
② 自主的技術革新能力を強化し、50件以上の国際基準を満足し、国際需要をリードする国際的な著名ブランドを形成する。
③ 工業構造の調整・合理化を実現し、上位10社の造船会社での新造船竣工量が中国全国新造船竣工量の割合の70％以上を占め、うち6社は世界造船上位10強企業に含まれる。
④ 近代化により製造技術を新しい段階にレベルアップし、舶用関連技術力と品質水準を大幅に高める。
⑤ 主流船型の国産舶用設備の平均設置率を80％以上に、舶用ディーゼル

エンジン、甲板機械等の舶用設備の中国国産品シェアを80％以上に、中国国産ブランドの舶用設備設置率を30％以上にする。

また、国家発展改革委員会及び国防科学技術工業委員会（現「工業・情報化部」）は、造船産業の具体的計画として、第12次5カ年計画と別に中・長期の造船工業発展計画として「船舶工業中長期発展計画（2006〜15年）」を策定し国務院の承認を得た。

2）船舶工業中長期発展計画（2006〜15年）

2007年12月10日、国防科学技術工業委員会より公表された船舶工業中長期発展計画は、2006年から2015年までの10年間（第11次5カ年計画及び第12次5カ年計画の期間に相当）が対象で、中国造船工業界の重要な指針と位置づけられている。

船舶工業中長期発展計画（2006〜15）は、全50条で、主な条項を以下に抜粋した。

第1章　工業計画
　第1節　指導方針と発展目標
　　第2条　船舶工業発展目標
　2010年までに、自主開発、建造を行う主力船舶は国際先進レベルに達し、年間造船能力2300万DWT、年間生産量1700万DWT、年間売上げ1500億元（内、輸出1200万DWT、輸出額120億米ドル）を達成する。舶用低、中速ディーゼルエンジンの年間生産能力はそれぞれ450万kW、1100台に達し、基本的に同期の国内造船需要を満足する。比較的強い国際競争力を有する造機専門生産企業を形成し、中国で生産する舶用機器の平均船舶装備率（価格換算）を60％以上にすることとする。

　（中略）

2015 年までに、高技術・高付加価値船舶の開発、建造能力を有し、年間建造能力 2800 万 DWT、年間生産量 2200 万 DWT、年間売上げ 1800 億元（内、輸出 1500 万 DWT、輸出額 160 億米ドル）を達成し、中国を世界における造船強国にする。舶用低、中速ディーゼルエンジンの年間生産能力をそれぞれ 600 万 kW と 1200 台、中国本土で生産する舶用機器の平均船舶装備率（価格換算）を 80％以上とし、大型企業グループは舶用機器の国際的な販売・サービスネットワークを確立する。主力造船企業の生産効率は 15 工数／標準貨物船換算トン数（CGT）に達し、3 万 DWT 以上の一般船舶の平均建造期間は 9 カ月で、1 人当たりの年間売上げは 200 万元に達することとする。

第 6 節　重大プロジェクトの計画

第 25 条　2006 − 2015 年の重点的重大プロジェクト計画

第 1 項　30 万トン級以上のドックを代表として新規建設、拡大建設する大型造船施設と舶用低、中速ディーゼルエンジン生産プロジェクト。大連、葫芦島、青島を主とする環渤湾岸地区、上海、南通を主とする長江河口地区と広州を主とする珠江河口地区の大型造船基地を重点的に建設する。2010 年と 2015 年以前に、新たに増加予定の造船生産能力はそれぞれ 1300 万 DWT と 500 万 DWT である。

第 2 項　滬東重機股份公司、大連船用柴油機廠、宜昌船舶柴油機廠等の低速ディーゼルエンジン生産企業の 3 社、鎮江中船設備公司、安慶船用柴油機廠、陝西柴油機廠、新中動力機廠等の中速ディーゼルエンジン生産企業の 4 社を拠り所にし、改造と建設拡大を行い、低、中速ディーゼルエンジンの生産能力を高める。2010 年、2015 年以前に、新規増加の舶用低速ディーゼルエンジンの生産能力はそれぞれ 290 万 kW、200 万 kW とし、新規増加する舶用中速ディーゼルエンジン生産能力はそれぞれ 700 台、100 台とする。

第 26 条　環渤湾岸地区

大連、葫芦島、青島等の船舶工業の構造調整と一部の企業の移転を行い、大連造船重工、大連重工と渤海船舶重工プロジェクトを重点的に実施し、青島海西湾造船基地と中遠旅順造船基地を建設する。2010 年、2015 年、環渤海湾地

区の造船建造能力はそれぞれ900万DWTと1100万DWTを見込む。

第27条　長江河口地区

上海地区の船舶工業の構造調整と黄浦江沿い造船所の移転を行い、長興島造船基地を重点的に建設するとともに、中遠南通川崎船廠の拡大建設を行う。2010年、2015年、長江河口地区の船舶建造能力はそれぞれ900万DWT、1000万DWTに達する予定。

第28条　珠江河口地区

広州地区の船舶工業の構造調整を結合し、龍穴島造船基地を重点的に建設する。2010年、2015年、珠江河口地区の船舶建造能力はそれぞれ200万DWT、300万DWTに達する見込み。隣接地区では福建省泉州造船プロジェクトを重点的に建設する。

第2章　発展政策

第7節　投資管理

第37条　造船（ブロックを含む）と舶用低、中速ディーゼルエンジン及びクランクシャフトを新規建設する外商投資生産企業は、中国側の所有する株式が51％以下になってはならない。製品の研究開発機関及び舶用機器生産企業などを投資建設する外商の所有する株式割合は制限しない（但し、外国企業、国内外商独資企業、外商ホールディング合資企業が新たに国内造船企業や舶用低、中速ディーゼルエンジン生産企業を合併する場合は合資企業の新規設立と見なす）。

3）中国造船政策の達成状況

中国舶用工業発展に関し中国政府が策定した各種政策指針や計画では先に述べたように具体的な数値目標が揚げられている。これら第12次5カ年計画（2011～16年）と船舶工業中長期発展計画（2006～2015）のうち主な数値目標とその発展状況を表4に纏めた。同表を見る限り中国政府が策定した

2010年の各種政策指針や計画目標はごく一部を除き殆どの項目において大幅に目標値を超えていることが判る。

また、2010年以降も船舶工業中長期発展計画（2006～2015）に基づき中国3大造船基地（環渤海湾岸地区、長江河口地区、珠江河口地区）を中心に中国全土でそれまでに数多く着工した建造施設や舶用機器製造工場が順次完工

表4　中国造船工業政策の達成状況

項目	目標値	達成状況
1. 造船売上	2010年までに1500億元	2010年の造船売上実績5078億元
	2015年までに1800億元	（船舶工業全体で6373億元）
2. 建造能力	2010年までに2300万DWT	2010年の建造実績6757万DWT
	2015年までに2800万DWT	
3. 建造量	2010年までに1700万DWT	2010年の建造実績6757万DWT
	2015年までに2200万DWT	
4. 低速エンジン	2010年までに450万kW	2010年の生産実績430万kW
	2015年までに600万kW	
5. 中速エンジン	2010年までに1100台	2010年の生産実績1万6258台
	2015年までに1200台	

出所：中国工業・情報化部公表データに基づき筆者作成

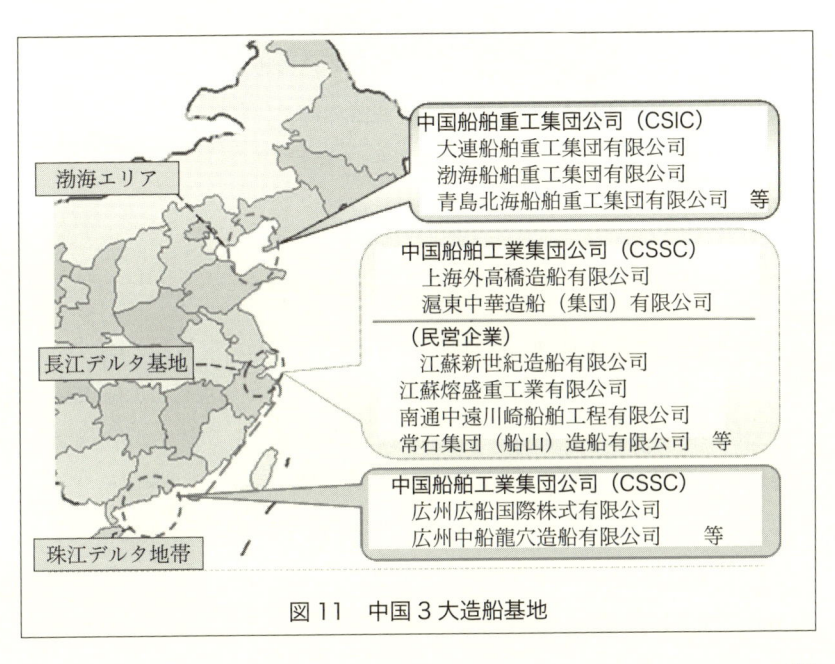

```
渤海エリア
  中国船舶重工集団公司（CSIC）
    大連船舶重工集団有限公司
    渤海船舶重工集団有限公司
    青島北海船舶重工集団有限公司　　等

長江デルタ基地
  中国船舶工業集団公司（CSSC）
    上海外高橋造船有限公司
    滬東中華造船（集団）有限公司
  （民営企業）
    江蘇新世紀造船有限公司
    江蘇熔盛重工業有限公司
    南通中遠川崎船舶工程有限公司
    常石集団（船山）造船有限公司　　等

珠江デルタ地帯
  中国船舶工業集団公司（CSSC）
    広州広船国際株式有限公司
    広州中船龍穴造船有限公司　　等
```

図11　中国3大造船基地

を迎えていることを考慮すれば、船舶の建造能力及び舶用機器製造能力は2010年以降更に増加していると言える。

5. 中国造船工業の課題とまとめ

1）世界の海上荷動量

　世界経済は、2008年秋に起こった米国発のリーマン・ショックやそれに引き続く2009年末からの欧州の金融不安により一時的に減速傾向を強めたものの、2014年1月時点での国際通貨基金（IMF）報告によれば、世界経済の成長率は2014年の3.7%から力強さを増し、2015年は3.9%と世界経済は下支えされていくと予測されている。世界の海上荷動量については、世界経済の減速を受けて2009年は2008年より減少したが、2010年になって2008年の水準に回復している。また、世界の海上荷動量は短期的には変動するだろうが世界人口は先に述べたように将来も増加の傾向にあり、人口増加と人々の生活レベルの向上は基本的な潮流であり世界の海上荷動量は増加傾向で推移して行くものと予想できる。

2）世界の建造量

　空前の建造ブームを背景に2011年の世界の新造船建造量は1億150万総トンを記録したが、全世界の造船所の建造能力は2011年末現在で1億2500万総トンにのぼっていることからも判るように、世界の建造能力は新造船需要を遙かに超える速さで増大しており今後深刻な需給ギャップの到来が予想されている。専門家によれば2020年頃までの中期的な新造船需要は平均すると5000～6000万総トン程度と見積もられている。従って、その差6500～7500万総トンが需給ギャップとして見込まれている。世界の海上荷動量が

世界人口に比例し増加していくと仮定してもその大差を埋めるまでには及ばないと考えられる。そのような中、日本・中国・韓国で世界の造船建造量の約9割を占める状況が暫く続くことになり、中でも中国は数年前からの世界経済の好調期に建設に着手した造船施設が次々に完成を迎えており建造能力では世界一のボリュームを抱えていると言える。かつて1970年半ば、世界造船工業界で需給ギャップが発生した際、世界一の建造能力を抱えた日本の造船工業界は、造船各国との共倒れを防ぐ策として日本政府が主導した形ではあったが建造量の需給調整措置を執った。それは自らの体力を削ることとなるため、ある意味工業界に取っては厳しい政策選択であり、それにより韓国の台頭を簡単に許すこととなったとも言われている。このような日本が過去に行った需給調整措置を現在の中国や韓国に期待することは現実的ではない。むしろ造船市場が世界単一市場であることに鑑みれば今日の大きな需給ギャップは各国造船企業間に益々熾烈な受注競争を巻き起こすであろう。更に、深刻な事態になれば市場規律を損なうような不当廉売を誘発する危険性も高いと言えよう。

3) 中国造船工業

(1) 建造コスト

労働集約型産業である造船工業において低廉の労働人口を抱える中国は日本や韓国などの国に比べ建造コストが相対的に低く新造船受注において優位性を保って来た。しかし、近年の経済成長に伴い中国における人件費や資機材価格は年々上昇しており、徐々にその価格競争力も減じて来ている。2010年を例に取れば、中国の沿海部の多くの造船企業における工具の賃金は1年間に平均15％上昇している。また、人民元と米ドルの為替レートの上昇幅は約3％（中間レート）となり、海外との国際間取引に係る為替コストを引き上げた。更に、船舶用鋼材価格も2010年末には前年同期比で23ポイント上

昇した。新造船価格の好転が見えない中、中国ではインフレ基調のもと鋼材価格及び労働コストの上昇が続くとともに、人民元高により船舶企業は建造コスト上昇のプレッシャーに直面している。他国との価格競争に勝ち抜くには、中国造船工業は建造効率を更に高めコスト削減を推進していく必要がある。そのためには生産工程を細分化して管理を強化し労働生産性を高めるとともに、省エネなどの最新技術を導入し利益水準を高める努力が必要である。

(2) 自給率

最近まで中国造船企業が建造する船舶は、ばら積み貨物船、タンカー、コンテナ船などが中心であったが、ここ数年はLNG、FPSO、客船など高付加価値船舶へのシフトが進むなど船種の面では造船先進国と遜色ないメニューが揃うまでになった。

他方、2007年の中国工業・情報化部の統計データによれば、中国舶用工業製品の国産化率は2003年：24.7%、2004年：30.3%、2005年：35.0%、2006年：40.0％と年々向上しているが生産される舶用工業製品は、動力システム装置類、甲板機械類、艤装品類、船室設備などが主となっており日本や韓国に比べ未だ自国生産率（自給率）が低いと言われている。

海外からの輸入比率が高い舶用工業製品としては、遠洋航行船舶用の大型ボイラー、舶用ポンプ、コンプレッサー、給油システム、通信設備、レーダーシステム、自動化システム類などである。特に、航海計器は、中国舶用工業の中で最も脆弱な分野であり、舶用レーダー、電子航法装置等海外との格差はまだ大きい。第12次5カ年計画では、主流船型の国産舶用設備の平均設置率を80％以上に、舶用ディーゼルエンジン、デッキ機械等の舶用設備の中国国産品シェアを80％以上に、中国国産ブランドの舶用設備設置率を平均30％以上にすることを目標に掲げている。造船分野同様に、研究開発分野の育成や海外企業との人・物・技術の交流などの手法を用いて舶用工業分野においてもこれらの目標を着実に達成していくものと考えられる。

(3) グローバルサービス

　船舶の維持費用や外国人船員雇用の問題などのため世界の大型商船の多くは貿易当事国以外の国に登録されている船舶を用いる便宜置籍船の形態を取っており、船舶によっては船主国や建造国に立ち寄らない3国間輸送を行うものもある。そのため造船企業が建造船舶に対し継続的に適切なメンテナンスを提供するためには世界規模のサービス網が必要になる。造船新興国である中国においても外国企業との提携などを行うことにより世界サービス網の整備を徐々に進めているようであるが、未だ十分な状況とは言えず今後の主要課題の1つと考えられる。

(4) 造船政策

　中国経済の発展に伴い、海外からの投資に対する優遇政策は徐々に取消されており、優遇政策は外資に対してというよりも中国にとって歓迎できる業種に限定して与えるよう明らかな方針転換がなされている。現在、中国で国内自給率の低い舶用工業製品やハイテク機器については、まだ、海外からの投資奨励産業に分類され税制などの優遇政策が得られる状況にある。しかしながら、外資造船企業は、以前、投資奨励産業に分類されていたが、数年前に中国造船企業が成長したと判断するや、中国当局は突如として投資制限産業へと政策方針を転換したように今後の扱いについては十分に注視する必要がある。中国では5カ年計画や中長期発展計画の他にも世界情勢や国内事情に応じて適時に各種の政策を打ち出すとともに、全国の関係機関にそれを徹底させつつ政策を実現して来ている。これも中国共産党による一党独裁という政治体制が為せるもので中国造船工業の強みとも言える。

(5) 建造能力

　先に述べたように2011年の中国の新造船建造量は7696万DWTを達成したが、建造能力も世界一である。一方で、2011年の新造船受注量は3972万DWTと新造船建造量の約半分弱に留まっている。さらに、中国所要造船基地を中心に現在も暫時、新設の建造施設が完工していることから、現状では中国造船業が世界一の需給ギャップを抱えていると言える。他方、中国における造船政策は、国営企業及び国策として重点的に選定した民営企業を対象として策定されていると考えられており、国営企業や重点民営企業が経営的に難しい局面におかれたとしても政府は各種の補助政策を駆使してそれらの企業をサポートすることが予想される。これは労働者保護、職場確保という中国共産党の労働政策とも合致するものと言える。

　以前、筆者が中国国営企業の幹部に「建設中の造船施設は過剰であり将来大きな需給ギャップを招くこととなる」と問うたところ「中国は計画に則り施設を建設している。過剰と言われているのは国の計画以外の民間企業のものであり、万一、需給ギャップが生まれ淘汰されるとしてもそれらの過剰分であるので心配は無い」とのことであった。リーマン・ショック以降、中国の大手造船所が倒産の危機にあるとの噂が数多くあった。実際、筆者が上海に駐在中の2009年頃に長江河口地区の南部の都市において数百トンから数万トン程度の船舶を建造する小規模な造船企業やその関連企業が多数破綻した。しかしながら、優遇税制や補助金など中央政府や地方政府による各種支援のお陰であろうか、国営企業や大規模な民営企業が撤退したとの事実を確認することは無かった。今後、造船市場において大規模な需給ギャップ調整が行われるとしても、最低限中央政府が計画した建造能力は将来も生き残るであろう。

4) まとめ

　現在、世界経済の先行きに多くの不確定要素が存在する中、国際造船市場は大きな需給ギャップを抱えており、中国のみならず各国の造船工業では製品構造、生産能力及び生産効率の改善に取り組み、人員、設備、施設、投資などを常に適正な水準に保つための努力が求められている。そのために個々の企業は省エネ・環境技術分野のイノベーションに資源を投入し次世代型船舶の開発に取り組み品質のグレードアップを図るとともに、急激な市場変動を見据えたリスク管理に基づく生産工程を確立し、労働環境の改善と建造効率を高めコスト削減を推進しなければならない。特に、中国における船舶工業発展の重要タスクとしては、乱立する数百に及ぶ企業の合併・再編を進め業界の企業集中度を高めることが重要といえる。

　本項で述べた中国造船工業における課題等については、中国当局も自国の研究機関による自己診断や各国専門家の分析などを通して十分に承知している。中国は中国共産党の一党支配体制下にあり、造船工業においても人・物・金を政府の思いどおりに投入出来る社会システムを有している。中国指導部の舵取り次第であるが、市場環境が激しい時代であればあるほどその強みを利用し国際競争力を増していくであろう。

注
1) 船舶の大きさを表す単位には様々あり商船では一般的に総トン数（Gross Tonnage = GT）を用いるが、中国では貨物の最大積載重量を表す載荷重量トン数（Dead Weight Tonnage = DWT））を使用することが多い。本章では、参考文献等からの引用データについては正確を期すため敢えてこれら単位の換算は行わないことにした。
2) 本章中の船舶の隻数やトン数のデータは商船についてのものであり、軍の艦船は含まない。
3) 船籍を実際の船主国ではなく、税金や人件費節減などの目的で他の国に置いている

船舶。

4章
中国海軍の戦略

山内 敏秀

はじめに

　人民解放軍の軍事戦略というと、まず頭に浮かぶのが毛沢東時代の人民戦争戦略であろう。その中心を成すのが誘敵深入*を前提とする防御であり、将来攻勢へ転じることを見据えた積極的な防御であった。しかし鄧小平の時代に入ると、敵を中国の領土奥深くへ引き入れることへの疑問が生じ始めた。改革解放のうねりの中で鄧による軍事改革が進められ、積極防御を否定はしないが、現代の戦略条件にあったものが求められるようになった。敵を奥深くに引き入れるのではなく、国境付近で敵を阻止する戦略に転換され、「現代条件下の積極防御」と捉えられた。

　1991年1月冷戦が終結した直後に起こった湾岸戦争を注意深く観察した中国は、米軍の先進的な兵器の威力に脅威を感じた。1993年1月江沢民は中央軍事委員会拡大会議で、「ハイテク条件下の局部戦争」に勝利することを目指し、「新時期の軍事戦略方針」を打ち出した。さらに、2003年のイラク戦争などの分析から情報の重要性が認識され、2004年6月「新時期の軍事戦略方針」は「情報化条件下の局部戦争に勝利すること」と修正された。

　この間、海軍は「現代条件下の積極防御戦略」の下で近海防御戦略を策定し、今日に至っている。では、それ以前までは海軍に戦略はなかったのだろうか。

誘敵深入　前敵を我が奥へ深く誘い込むこと。

また策定後に変化は生じていないのであろうか。戦略を「国家における行動の方針」と捉えれば、海軍をなんのために運用するのかという方針は、近海防御戦略以前にも中国に存在していた。そして近海防御戦略が策定された後も、その方針すなわち海軍の戦略は時代の要請によって変化してきたのである。本章では、それら中国の海軍の戦略の変遷を検討する。

その時、鍵になるのが中国の海に対する姿勢である。海軍を軍事的機能・外交的機能・警察的機能の三位一体の構成物[1]であると定義した英国の国際政治学者ケン・ブース（Ken Booth）は、国家が海洋を利用する目的として次の3つを挙げた。すなわち、①人と物資の輸送のため、②外交目的または海上あるいは陸上の目標に対して軍事力を行使するために部隊を移動させるため、③海洋資源を得るためで、いずれもその目的は海洋の利用[2]である。国家が海洋利用のどこに重点を置くのか、そして、国家がどのような姿勢で海洋に臨むかによって海軍が持つ各機能の比重は異なり、海軍建設の方向にも大きな影響を及ぼすことになる。

したがって、中国が今後どのような海軍建設を目指すのか、あるいはどのような比重で海軍を運用しようとするのかを知るためには、中国が今後、どのように海洋を認識し、向き合おうとするのかを分析することが重要である。その海軍建設の方向性は、中国の海洋戦略、あるいは海軍戦略と呼ばれるものであろう。

1. 革命の完成

国共内戦において蒋介石は南京陥落後、成都を経由して1949年12月に台湾に到着した。そして、国民党軍は、台湾本島を始め舟山列島、金門・馬祖諸島等に展開していた。10月1日に毛沢東は中華人民共和国の建国を宣言し、1950年春には大陸における国共内戦は基本的には終結したと考えられた。中国軍は、1950年から1952年にかけて国民党軍によって封鎖されていた珠

江河口、揚子江河口など広東沿海、蘇南沿海、浙東沿海海域の封鎖を解除し、1952年から1955年にかけて浙東沿海の江山島をはじめ島嶼部を占領した。

一方、1949年10月の古寧頭をはじめてする3カ所で展開された金門島への上陸作戦に中国軍は大敗を喫した。毛沢東は金門戦役の失敗から台湾解放に不可欠の上陸作戦には慎重になり、舟山列島、金門島への作戦を踏まえて台湾への攻略作戦の実施を決定した。しかし、金門島攻略が朝鮮戦争前に再開されることはなく、朝鮮戦争の勃発、さらに米海空軍の朝鮮半島への出撃、米第7艦隊の台湾海峡への派遣を明言したトルーマン声明を受けて、情勢を分析した中国は「……われわれの準備は整っていなかった……陸軍の復員を継続し、海軍と空軍の建設を強化する……台湾攻略は延期する……」[3] こととした。

そして、今日にいたるまで台湾本島を始め舟山列島、金門・馬祖諸島は解放されておらず、これを成し得ずして「革命の完成」はない。そのためには台湾以下の島嶼を解放は必須であり、それは中国共産党の一党支配の正当性とも密接に結びついている。

中国共産党一党支配の正統性は、「第一は、正統性の確保は人民による何らかの『洗礼』という手続きをとるというよりも、徹底して自らが『正義の政権』であり、したがって対抗する権力は『悪』であるという論理を強調し、人々にそれを受け入れさせる試みによってなされ」、「第二に、自己の正統性を保障するものとして、結局のところ共産党・人民解放軍による国民党政権・軍の大陸からの一掃という『実力による決着』」[4] によって正当化されていると早稲田大学の天児慧は指摘する。中国本土を解放したという可視的な実績を持つ毛沢東や鄧小平と異なり、江沢民以降の中国指導者にとって、一党支配の正統性を主張し続けるためには、台湾解放はきわめて重要な施策であるといえよう。中国共産党がその主張を続ける限り、1949年8月に華東軍区海軍に付与された台湾解放という任務は変わることがなく、それは海軍の戦略の根底にほかならない。

しかし、台湾は、今日の中国にとって単に革命の完成のための対象だけで

はない。後述する「海の長城」、海洋管轄権の擁護及び海上交通路の保護と密接に関係し、極めて重要な戦略拠点として中国は台湾を見ている。

　マハンはオーストリア帝国の軍人カール大公（1771 ～ 1847）の「戦略地点の占有は作戦の成功を決定する」という指摘やナポレオンの「戦争は常に位置ということを考えておかなければならない問題である」を引いて海軍力に対する戦略地点の重要性を主張する。そして、ある地点の戦略的価値は海上交通路までの距離に左右される位置、防御力と攻撃力に大別される強度及び軍事用資源によって左右されると指摘する[5]。マハンの指摘を踏まえ、台湾の戦略地点としての価値を改めて詳しく見てみたい。

　台湾は中国が唱える第 1 島嶼線のほぼ中心に位置し、北にいわゆる宮古水道、南にバシー海峡を控え、日本や韓国の中東あるいは東南アジア方面への海上交通路に隣接する位置に存在する。さらに、米本土、ハワイあるいは日本から中東方面へ展開しようとする米海軍の SLOC＊に影響を及ぼすことができる位置にある。

　また、台湾の主要な港湾は北部の台北港、基隆港、中部の台中港及び南部の高雄港である。特に、高雄港は 1980 年代から 1990 年代にかけて世界第 3 位のコンテナ取扱量を誇った世界屈指の港湾である。その高雄港の近傍には最大の軍港左営港が存在する

　一方、台湾は必ずしも軍事資源に恵まれているわけではないが、マハンが最も重視した軍事資源であるドックは、5000 載貨重量トン以上の船舶に対応できるドックまたは船台が 11 基存在する。

　このことは、中国が台湾を手に入れた場合、大規模な艦隊の集結を受け入れ、これを維持し、艦隊を安全かつ迅速に洋上へ出撃させ、また、艦隊に対

SLOC：（Sea Line of Communications）　前線にある作戦部隊と作戦行動の策源地となり、後方支援機能を有する作戦基地を連接するルートのうち海上におけるものを SLOC という。この SLOC に沿って部隊や補給品が移動し、SLOC の安全確保なくして部隊、補給品の輸送、前方展開部隊の増援、作戦の継続は不可能である。

して戦争終結まで常続的な支援が可能であることを意味する。さらに、11基のドックは複数の艦艇に対する艦底の掃除、各種の修理が同時に実施可能であり、これによって艦艇を速やかに前線の艦隊に復帰させ、艦隊の攻撃力を維持することができる。

さらに、清泉崗空軍基地、花蓮空軍基地など13の空軍基地（一部民間との共用飛行場）と台湾桃園国際空港など17の空港（一部、空軍との共用）の存在を考慮した時、中国は台湾を1個の不沈空母と認識[5]している。台湾を支配できれば、中国は有効な戦略縦深、堅固な要塞、戦略的視点、大規模の艦隊を収容できる軍港、空軍基地、そして海軍力を展開できる開豁な外洋を獲得することができる[6]。

台湾解放の軍事的シナリオはいくつか想定が可能であるが、拓殖大学名誉教授・茅原郁生は政治目的に応じ、①ミサイルの限定的、短期間の発射による政治的・心理的圧力、②ミサイルの短期間、同時大量の射撃による台湾軍事力等限定目標への打撃、③海上封鎖による台湾の孤立化、物流阻止による経済的打撃、④台湾の一部（金門、馬祖、澎湖島など）への局地的な軍事侵攻、⑤台湾全島への軍事侵攻、占領、⑥台湾の焦土化の6段階に区分できるとしている[7]。

中国海軍が台湾をその戦略地点として確保しようとする場合には、少なくとも軍事的資源として重要視されるドックを中心とした海軍造修能力の確保が必要であることから、茅原のシナリオから⑥の段階は排除したものが戦略地点としての台湾解放における軍事力の行使のスペクトラムとなるであろう。すなわち、台湾を軍事的に占領するに当たって、単に占領するだけではなく、戦略地点として台湾を活用するために港湾、空港、造修施設などを確保しなければならない。このため、台湾への着上陸侵攻作戦を実施する場合にも速やかな作戦の遂行によって、港湾等事後に必要とする施設の被害を局限する必要がある。

中国が台湾解放をいかに重視するかは海軍の人事からも見ることができる。蕭勁光とともに海軍建設に尽力してきた政治委員蘇振華は、一江山・大陳

島攻略において中国海軍として始めて行った上陸作戦を指導した経歴を持つ。1954 年 9 月に副総参謀長に主任した張愛萍(ちょうあいへい)は、舟山群島上陸作戦を指揮した経歴を持つ。張愛萍は文化大革命において失脚するが、1977 年に復権し、再度副総参謀長に就任している。また、1978 年に装備品調達の責任者である総後勤部長に就任した張震(ちょうしん)は、台湾上陸作戦に備え上陸作戦部隊の育成に尽力してきた。

　さらに中国は、台湾正面を担任する南京軍区司令員には、水陸両用戦におけるエキスパートを当てている。元南京軍区司令員の朱文泉(しゅぶんせん)中将(当時)は中国における水陸両用戦の第一人者として知られ、前司令員である趙克石(ちょうこくせき)上将(現総後勤部長)も南京軍区隷下にあって台湾正面を担任する第 31 集団軍軍長、南京軍区参謀長など、主要な軍歴を南京軍区で積んできている。趙克石の跡を継ぎ 2012 年 11 月に就任した蔡英挺(さいえいてい)も、南京軍区副参謀長、第 31 集団軍軍長、南京軍区参謀長を歴任しており、台湾正面のエキスパートと言えよう。

　1949 年 8 月に華東軍区海軍に台湾解放の任務が付与されて以来、「台湾解放」は今日まで変わることのない中国海軍の任務であるが、台湾を 1 個の浮沈空母と捉え、戦略地点として事後の活用を考慮した時、優れた水陸両用戦能力の獲得が不可欠の条件であり、中国海軍が兵力整備を主張する際の強固な基盤となっている。

2. 海の長城の建設

　石雲生(せきうんせい)は 1996 年海軍司令員就任に際して、『艦船知識』のインタビューに答えて、毛沢東の「有海無防」[9]という言葉を使用した。
「有海無防」は 1949 年に毛沢東が蕭勁光に海軍の指揮機構を整備するよう命じた時に使用した言葉[10]で、「帝国主義によって領土を蚕食された近代中国の屈辱の歴史は、海があったにもかかわらずこれを守ることをしなかったた

めである」という毛沢東の歴史認識を表すものであり、中国の海洋に対する基本的な認識を形づけるものとなった。

　この中国の近代史に対する毛沢東の認識、海の捉え方は1953年に海軍艦艇の上で行った演説にも表れている。毛沢東は「わが国の海岸線は長大であり、帝国主義は中国に海軍がないことを侮り、百年以上にわたり帝国主義はわが国を侵略してきた。その多くは海上からきたものである」として、「どのような帝国主義者にも再び我々の国土を侵略させてはならない……我々は強大な空軍と海軍を保有しなければならない」[11]と主張した。そして、「中国の海岸に海の長城を築く必要がある」[12]として、海軍に①海上における不法行動を排除し、海運の安全を確保する、②適宜の時期に台湾を解放するための準備を行い、③国土を統一し、力を蓄え、帝国主義が海洋を経て侵略してくるのに抵抗するという3つの任務を付与した。

　海の長城を建設しようという毛沢東の構想は、単に中国近代の屈辱の歴史に対する認識から生まれたものではない。毛沢東の最大の関心は「イギリスやフランスが乳児期のレーニンのソビエトの息の根を止めようとした」ように、海を経て行われるであろう米国の介入からゆりかごのなかにいる共産主義中国をいかにに守るか、にあった[13]。

　その毛沢東の意識に大きく作用したのが朝鮮戦争である。北朝鮮の南進を受け、トルーマンは朝鮮半島への軍事介入と台湾海峡への第7艦隊派遣を声明した。中国は米国が中国に侵攻してくるのは朝鮮半島、台湾及びインドシナ半島を経由すると考えていた。いわゆる「三路向心迂回」戦略である。そして、「歴史的経験から来る、アメリカの対中政策に対する一貫したきわめて強い不信感」[14]から、トルーマンの声明によってこの「三路向心迂回」戦略が現実のものとなったと中国は判断したのである。雲南軍区司令員（当時）の陳賡をベトナムに派遣したのも、朝鮮戦域及び台湾海峡での米国の行動とベトナムの情勢を関連づけて検討された「三路向心迂回」戦略への対応策とされている[15]。

　かつて北方の騎馬民族の侵攻を阻止するために長城が建設されたように、

米国の侵攻を阻止するために長城の建設が考えられた。ただ、この長城建設は「誘敵深入・積極防御」の人民戦争戦略の一環として検討され、米国の上陸部隊がもっとも脆弱な段階を狙って上陸部隊を搭載した船団に攻撃を行うことが想定された。このため、これまでに述べたように毛沢東は沿岸部に潜水艦、小型高速艇などを中心とした海の長城を建設し、これを国防の第1線と考えたのである。

　しかし、一方で朝鮮戦争の経験は米国の侵攻を阻止するためには沿岸部での作戦では不十分であり、長城は有効ではないという教訓を中国に与えた。さらに次項で述べるように改革開放政策によって防護すべき対象が沿海地区に進出し、さらに海洋そのものが守るべき対象となってきた。

　このような安全保障環境の変化の中で海の長城を建設するという戦略が放擲されたわけではなく、近海防御戦略と連動させ、「国門」そのものを300万km²の海洋の遠端に設定し、そこに長城を建設することとした。

　この中国海軍のホームグラウンドとも言うべき黄海、東シナ海、南シナ海は第1島嶼線の中心を成す南西諸島、台湾本島、フィリピン群島という天然の長城によって防護されている。これら諸島の間に存在する海峡・水道からの敵の侵入を阻止することによって長城は完成する。ロシアからのKILO級潜水艦の導入、元級潜水艦の建造、Type056ミサイル・フリゲートの新造、Type022ミサイル艇の整備、あるいは「漢」級原子力潜水艦のいわゆる石垣水道における領海侵犯事件は中国海軍のこの考えを裏付けるものである。

　さらに、現代の武器の射程を考えた場合、第1島嶼線に敵が接近することを阻止できれば長城はより強固なものとなる。このためには西太平洋における作戦能力の錬成が不可欠であり、近年の南西諸島方面を通過して行われる西太平洋における活発な訓練はこのためであり、南海艦隊のバシー海峡の往返した長期訓練もまた、強固な海の長城を建設するためと言えよう。

3. 海洋管轄権の擁護

　1971年の「旅大(ルダ)」級駆逐艦1番艦の就役を助走として、中国海軍に転機が訪れる。ターニング・ポイントとなったのは1978年の11期3中全会である。そこで決定された「改革開放」路線によって、これまで「国門」と考えられてきた沿海部に経済の中心が移り始めただけでなく、海洋そのものが経済発展の場と認識され、国防のフロント・ラインである「国門」をその縁辺に設定する必要が生じてきた。これに伴い、中国における海洋戦略はこれまでのように海洋防衛戦略だけではなく、海洋開発戦略と海洋防衛戦略が一体となすものであると捉えられたのである[16]。海洋に対する認識の変化を受けて1984年に劉華清(りゅうかせい)が「……海洋事業は国民経済の重要な構成部分であり、海洋事業の発展には強大な海軍による支援がなければならない」[17]と発言したように、海軍の役割は海洋事業の発展との関連において考えられるようになり、海軍の包括的任務として侵略の抑止防衛の他に領海主権の保護護衛、海洋権益の維持、海上資源の開発利用[18]が加えられた。

　1985年5月、鄧小平が中央軍事委員会拡大会議において戦争可避論を提示したことを受け、人民解放軍はいわゆる85戦略転換を行う。この戦略転換に基づき中国海軍もその戦略を再検討することとなった。それまでの中国海軍の戦略は1969年からの中ソ対立の文脈の中で、旧ソ連のオケアン演習によって旧ソ連の脅威は北方からだけではなく、海洋からもあり得ると考えられ、1982年に近海防御戦略が策定された。この戦略は海洋を国防の場と認識し、海の長城を建設しようとした毛沢東の考えの延長線上に位置づけられる戦略であった。

　しかし、新しい時代の要請に応じるように戦略を検討した劉華清は、旧ソ連海軍が採用していた3つの防衛区の概念を援用し、85戦略転換に適合する新しい近海防御戦略を策定した。新しい近海防御戦略ではカムチャッカ半島

から、千島列島、日本、南西諸島、琉球列島、台湾、フィリピン、大スンダ列島を繋ぐ第1島嶼線とマリアナ諸島、カロリン諸島等を列ねる第2島嶼線を設定し、第1島嶼線の内側においてはシーコントロール[19]を維持し、第1島嶼線と第2島嶼線の間ではシーディナイアル[20]を企図[21]していた。すなわち、中国は経済発展のため300万km²の海域において他国の利用を拒否し、自国の排他的使用を意図していると考えることができる。

　近海防御戦略の理論武装に貢献したのが、徐光裕の「戦略国境論」である。徐光裕は中国の発展のため「陸地と同時に海洋の生産、生活資料の収集」することが必要であり、このためには「従来の『積極防御』の国門の概念を伝統的な地理的国境から戦略国境に拡大すべきであり、新しい情勢に基づき国門を300万km²海洋管轄区の遠端に拡大」すべきであると主張した[22]。海洋管轄権の維持の狙いは海洋資源の確保にあった。中国の周辺海域は、50〜330億トンという石油埋蔵量をはじめ、多くの海底鉱物資源、漁業資源に恵まれている。また、中国は、潮汐や水温差を利用した発電によりエネルギーを海洋から得ることも可能であると見積もっている[23]。徐光裕が主張する300万km²の海洋管轄区は、渤海、東シナ海（中国名：東中国海）、南シナ海（中国名：南中国海）が包摂され、中国関係者の発言から得られる近海防御戦略の近海とおおむね合致する。

　近海防御戦略では近海という言葉に幻惑されてはならない。蕭勁光が「戦略的退却中に進行を組織することや戦略的進行中に退却を組織することは内外の戦史を見ればしばしば起こることである。近海防御戦略も近海における作戦を主にするが、中・遠海の作戦を実施しないということでは絶対にない。単純に近海防御戦略は近海を防御することではない」[24]と主張したことは十分に留意される必要がある。

4. 局部戦争の勝利

日清戦争における黄海海戦（中国名：甲午海戦）100周年を記念して開かれた学術検討会で、挨拶に立った劉華清中央軍事委員会副主席（当時）は、将来生起の可能性があるのは海上における局部戦争であるとし、海軍は歴史の教訓から自己を覚醒させ、心を1つにして鋭意、海軍の建設を速めることが重要であると主張した[25]。

局部戦争は次のように特徴づけられる。

・作戦目的は直接国家の政治、対外政策によって規定され、軍事上の勝敗は直接政治的効果をもたらすものである。
・局部戦争の生起は突発的、偶発的要素が多く、軍隊の高い即応能力が求められる。
・局部戦争の発現形態は様々である。代理戦争、外科手術的攻撃（傍点：著者）、辺境における武力衝突などがその例として挙げられる[26]。

さらに、局部戦争の特徴として時間的制約が大きいこと、また作戦地域と部隊の策源地が乖離している場合が多いことが付け加えられている。すなわち、キッシンジャー（Henry A. Kissinger）が提起をした「特定の政治目的のため……相手の意志を押しつぶすのではなく、影響を及ぼし、課せられる条件で抵抗を続けるより魅力的であると思わせ、特定の目標を達成せんとする」[27]という特定の政治目的を達成するための軍事力の限定的な使用に着目したのである。

この軍事力の限定的な使用の形態は大きくは2つに類型化することができる。1つは 'purposeful force' であり、軍隊の動員、プレゼンスの強化等によって相手の意志に働きかけ、その意志を変更させようとする形態である。もう1つは 'definitive force' である。特定の政治目的の達成を阻害する要因の除去にその軍事的目標を限定した戦闘行動を伴うもので、外科手術的な使用の

形態である。中国が、局部戦争における軍事力の使用の形態として、外科手術的攻撃、すなわち definitive force を指摘していることは注目に値しよう。中国は、自らに対する外科手術的攻撃に備える一方、特定の政治目的を達成するためには戦闘を含む軍事行動を取ろうとしている。では、局部戦争という文脈の中では海軍をどのように位置づけようとしているのか。その回答を得るために中国は第2次大戦後の米海軍、あるいは英海軍に注目した。

　1945年8月以降、米海軍はアイデンティティ・クライシスに直面した。それまで海軍戦略の柱とされてきた艦隊決戦の対象が消滅したからである。そのピークに達したのが、1949年10月6日から21日まで開かれた米下院軍事委員会である。世に言う「提督たちの反乱」であり、同小委員会で海軍縮小論あるいは空母不要論が噴出した。これに対して、米海軍は朝鮮戦争において明確な回答を出すこととなる。米空母から発進した航空部隊による海州飛行場及び平壌（ピョンヤン）周辺の鉄道、鉄橋への攻撃、朝鮮最大の元山（ウォンサン）精油所、鴨緑江（ヤールージャン）水力発電所、阿吾地（アオジ）精油所への攻撃など見られるように、空母から発進した航空部隊は第5空軍機の戦闘行動半径外の戦略目標に対する攻撃において決定的な役割を果たし、空母という移動する基地の重要性を証明した。また、釜山（プサン）橋頭堡確保のための近接航空支援、第1海兵師団の柳潭里（ユダムリ）から興南（フンナム）への撤退支援など空母戦闘群が提供した戦術航空支援は、朝鮮戦争における重要な局面で真価を発揮した。ブラッドレー統合参謀本部議長が「今後大規模な水陸両用戦が起きることはない」として下院軍事委員会で海兵隊不要の立場を表明したが、釜山橋頭堡の確保のための浦項（ポハン）上陸作戦、北朝鮮の重囲に陥った韓国第3師団と警察官・難民を救出した長沙洞（チャンサドン）―九竜浦（クリョンポ）の撤退作戦、中共軍の第2次攻勢によって窮地に陥った第10軍団の撤退に成功した興南海上撤退作戦は、海軍と海兵隊のパワー・プロジェクション能力の重要性を証明することとなった。さらに、米海軍の水上部隊は朝鮮戦争のほぼ全期間を通じ艦砲射撃支援を展開し、前述の興南における水陸両用撤退作戦では第90・8任務群による艦砲射撃支援が重要な役割を果たした。

　米海軍は空母という洋上を移動できる航空基地から発進した航空戦力に

4章 中国海軍の戦略

よって、地上部隊に対する近接支援や戦略目標に対する爆撃を行い、海兵隊という洋上に待機する地上戦力を投入することで戦局に重要な影響を及ぼし、さらに戦艦をはじめとする艦艇群という洋上に浮かぶ砲台からの砲撃を行うことによって、伝統的な艦隊決戦を戦うことなく、「提督たちの反乱」への回答を示したのである。これらを分析したサミュエル・ハンティントン（1927～2008）は、今後の米海軍のあり方として「リトラル」（沿海域）からのパワー・プロジェクション*を提案した[28]。

フォークランド紛争では英海軍もまた、「リトラル」からのパワー・プロジェクションを行い、英国はフォークランド諸島の支配を回復したのである。

徐錫康（じょしゃくこう）(元南京海軍指揮学院教授）は海軍のパワー・プロジェクション能力に注目した。朝鮮戦争における米海軍、フォークランド紛争における英海軍、さらにはシドラ湾事件等を分析し、①「海軍は本国から遠く離れた場所における軍事行動にもっとも適合」しており、②各種の特定の目標を達成することができ、柔軟性のある戦争手段であるとして、海軍は局部戦争において特別に重要な地位を有する[29]と指摘し、局部戦争における海軍の使用として、投送兵力、海上封鎖、対地攻撃、陸上作戦支援、武力誇示・軍事恫喝を挙げた[30]。張序三（ちょうじょさん）(元海軍副司令員）も朝鮮戦争、ベトナム戦争、中東戦争、フォークランド（アルゼンチン名：マルビナス）紛争等、第2次世界大戦後の主要な局部戦争は海洋において生起していることを指摘し、中国海軍も特別の関心を払うべきである[31]と主張した。これらのことから、海軍が特定の政治目的を達成する上で有効な手段を提供するということを中国は理解し、理論体系化してきたと言えよう。投送兵力、沿岸攻撃、海岸線陸軍作戦支援、水上艦艇攻撃、海上輸送といった海軍の使用は先にも述べた definitive force における作戦形態であり、徐錫康の意識の重点は、特定の政治目標の達

パワー・プロジェクション（戦力投射能力）　遠方に攻撃能力を運び、行使する力のこと。具体的には、空母に戦闘機や爆撃機を積んで、ミサイルや爆弾を落とすとか、潜水艦にミサイルを積んで発射すること。

成を阻害する要因の除去を目的とした、戦闘行動を伴う外科手術的な海軍力の使用形態に置かれている。

5. 海上交通路の保護

　1990年における中国の石油輸入量は755万5000トン、輸出量は3110万4000トンと輸出量が輸入量を上回り、石油輸出国であったが、1993年には輸出量が2506万5000トンと約2割の減少したのに対し、輸入量は3165万7000トンとわずか3年の間に4倍強に増大し[32]、中国は石油純輸入国となった。さらに、1996年には原油純輸入国となっている。中国国内の石油消費量の増大に伴い、石油の輸入量も増えてきている。2006年の石油輸入量は1億9400万トン[33]、2007年には12.4％上昇し、2億1100万トンとなっている[34]。原油輸入量で見ても2006年には1億452万トンで対前年比14.2％の増加を示し、2007年では1億6300万トンとなっている[35]。中国石油天然気集団公司によれば2010年の原油輸入量は2億4000万トンに達している[36]。さらに、2020年のエネルギー需給バランスは石油消費量が4億5000万トン～6億1000万トンと見積もられるのに対し、国内の供給量は1億8000万トンから2億トンが見込まれるだけである。このため2億5000万トン～4億3000万トンの石油が不足することとなり、これを海外からの輸入に頼らざるを得ない[37]。石油輸入先も1995年には中東とインドネシアへの依存度が逆転し、2003年、

中国の運輸量の推移

	1996年	2001年	2006年	2011年	1996年から2011年の伸び率
鉄道	171.024	193.189	288.224	393.263	2.30倍
道路	983.860	1,056.312	1,466.347	2,820.100	2.87倍
水運	127.430	133.675	248.703	425.968	3.34倍
外航	14.213	27.573	54.413	63.542	4.47倍

【単位：億トン】

出所：中国統計年鑑2012年版から筆者作成

中国の輸入原油に占める中東原油の割合は50％を超え、その依存度を増してきている。2004年のAPEC終了後、胡錦濤（こきんとう）は中南米を訪問して同地域の石油確保への布石を行い、石油の輸入が中東に集中することを避け、危険の分散を図ったが、それに伴い石油輸入における交通路はさらに長くなった。したがって中国の経済発展において、中国から中東、さらには中南米にいたるその長大な石油の輸送路の安定を確保することが、戦略的に極めて重要な問題となった。

さらに、戦略資源である石油をはじめ中国経済を支える物資の輸送量は、1996年から2011年の間に鉄道輸送が2倍強、道路輸送が3倍弱の伸びであるのに対し、水路による輸送は3.34倍とより大きな伸びを示している。中国における水運では河川等が大きな割合を占めるため、外航を取りだしてみるとその伸び率は約4.5倍と最も大きな伸びを示している。

したがって、中国の経済発展を支えるためには海上交通路の安全を確保することは極めて重要であり、中国海軍は単に300万km²の海洋をコントロールするだけではなく、外航、内航を含めた水路、特に海上交通路の保護が求められるようになった。例えば湾岸地域から中国に至る長大な海上交通路の安全を守るために海軍力を運用するためには、洋上における補給方法が進歩した現代においても、マハンが指摘したように戦略拠点の確保がきわめて重要である。その重要性は、米国が兵力の前方展開のために日米安全保障条約に基づき横須賀、佐世保、沖縄を確保し、インド洋のディエゴガルシアを英国から借用して戦略拠点としていることから容易に理解することができる。

湾岸地域からマラッカ・シンガポール海峡に至るインド洋において戦略的拠点をいかに確保するかが中国にとっての課題であり、環インド洋地域に友好国を獲得し、根拠地の使用について支援を得る必要がある。中国はミャンマーへの軍事援助を通じてアキャブ等のアンダマン海周辺地域にミャンマー軍との共同使用が認められた軍事施設の建設、拡張を実施してきている[38]。

さらに、中国が拡張工事等を援助してきたグワダル港が2007年に開港し、2013年には同港の管轄権がこれまでのシンガポール企業から中国企業に移

転することになる。グワダル港はペルシャ湾に面した同湾を扼する要衝であり、グワダル港に中国が艦隊を維持できるようになれば、中国商船隊の安全を確保できるだけでなく、他国のシーレーンに対し脅威を及ぼすことも不可能ではなくなる。

　米国、インドはこのような環インド洋地域における中国の積極的な戦略拠点獲得の動きに警戒感を強めている。

6. 非戦争軍事行動

　軍事力の基本は敵の攻撃を抑止し、抑止が破れた場合には戦闘を行って敵を撃破することにある。これによってはじめて外敵の侵害から自己の領土を保全し、国家の総体とその成員を保護することが可能となり、軍事力を維持するために国家の資源を消費することの正当性が担保されるのである。

　核兵器の出現はその破壊力の大きさ故に戦争を本質的に変化させ、戦争は他の手段を持ってする政治の継続ではなくなったと判断された。しかし、第2次大戦後の世界は、それ相応の危険を払いながらも、相手に与える損害を限定することによって、相手の意志を変えさせる適切な手段として通常軍事力を使用できる[39]ことを示してきた。国家間の見解の対立を克服する最後の手段が依然として軍事力と考えられている[40]。

　冷戦の終結によって安全保障環境を大きく変化した。冷戦後の世界においては、自国の領土が侵略されるというような伝統的な意味での脅威がなくても、自国と国際社会のために紛争の芽を早期に摘み取ることが必要であり、そのためには、ボスニアの例が示すように対話だけでは十分な成果が得られず、「軍事力の限定使用」が重要な役割を果たすのである。

　さらに、9・11が象徴するように、伝統的な国家だけではなく非国家主体も、国家の安全を大きく脅かす存在として認識されてきた。このような不確実、不透明な安全保障環境に直面して、米国は新たしい軍事ドクトリンのシ

リーズを制定した。中でも注目されるのが、"military operations other than war"という概念である。「戦争以外の軍事作戦」とでも訳すこの概念は、政治的考慮に基づき、政策遂行の補完、すなわち政策目標達成に貢献するために戦争にいたらない範囲での軍事力の行使を全て包摂する広範な概念である。これらには、戦争の抑止と紛争の平和的解決を目的とした平和創出活動、平和維持活動、非戦闘員の救出、対テロ・対暴動対策、平和の促進と文民当局の支援を目的とした航海の自由の確保、船舶の護衛、対麻薬対策、人道的支援等が挙げられる。これらの軍事力の使用には、戦闘を伴うものと伴わないものがある[41]。

中国の非戦争軍事行動は、1990年4月に国連休戦監視機構（UNTSO）に軍事観察要員が派遣されたことに始まると言えよう。当初、中国は政策としてはPKOミッションには参加するが、PKO部隊には参加しないとしてきた。しかし、アナン国連事務総長（当時）の要請等から2002年国連待機制度に工兵部隊等の非戦闘部隊を登録し、2003年に工兵中隊175人と医療分隊43人を国連コンゴ民主共和国ミッション（MONUC）に派遣したが、これが中国が部隊を平和維持活動に参加させた最初の事例である。

2011年、反政府デモから内戦状態に発展したリビアに在留する約3万6000人の中国人を救出するための作戦が中国空軍の最初の非戦争軍事行動として実施された。この時、中国海軍はソマリア沖海賊対処に派遣していたミサイル・フリゲートを転用し、救出した中国人を輸送する船舶の護衛に当たらせている。

また、災害救援のため、2001年には国家地震災害緊急救援隊が創設され、温家宝首相から隊旗が授与されている。同隊は2003年の新疆における地震への災害救援、2010年のパキスタン洪水への救援活動、2011年のニュージーランド地震救援を実施してきている。この中には2004年のインド洋大津波に対する救援も実施されているが、少なくとも中国海軍にとってはインド洋大津波の経験は屈辱以外のなにものでもなかった。米国は「エイブラハム・リンカーン」空母戦闘群を派遣し、災害支援によって大国としての地位を示

した。日本はインド洋における給油活動から帰投中の艦艇を各国に先駆けて派遣し、さらに「おおすみ」型輸送艦を派遣し、その地位を向上させた。しかし、中国は局外にあって指をくわえているしかなかったと反省する[42]。大国としての地位を示し地域覇権を確立するためには、時宜にかなった人道支援・災害援助を実施することが必要であると、インド洋大津波の経験から中国は考えるようになった。

　ソマリア沖海賊対処への素早い対応は、前述の経験によるものだと言えよう。中国は2008年12月16日に採択された国連安保理決議第1851号から10日後の12月26日にミサイル駆逐艦「武漢」「海口」と補給艦「微山湖」がソマリア沖海賊対処の第1次派遣部隊として海南島の三亜軍港を出港した。

　ソマリア海賊対処のために部隊を派遣するのはアデン湾が中国にとって貿易とエネルギー資源輸送のために重要な海上交通路であり、海外における戦略的利益を維持するという目的とともに、大国としての責任を果たし、大国としても風格を示す機会と捉えたからである。総政治部主任李継耐（りけいたい）は、これを人民解放軍が実施した非戦争軍事行動の最初の成功事例であると指摘した。しかし、2010年10月22日の中国籍貨物船「徳新海」号の海賊による乗っ取り事件が、航行の安全を確保してきたと自負する中国に衝撃を与えた。そして、中国は人道支援、災害救助といった非戦闘軍事行動には空母とヘリコプターの組み合わせがバイタルな装備であると考え、「徳新海」号事件の経験から海上交通路保護のためにはインド洋における情報収集能力、海域の監視・管制及び遠距離の機動能力向上のため空母戦闘群保有の必要性[43]が強調されるようになった。

　これらインド洋大津波の経験、ソマリア沖海賊対処の実績を背景に、海軍司令員呉勝利（ごしょうり）は、国益の拡大と非伝統的脅威の増大によって海軍が負わなければならない非戦争軍事行動の任務は日増しに増加してきており、海軍近代化の全局面において、非戦争軍事行動能力および洋上における捜索救難能力等の非戦争軍事行動に関連する能力を取り入れられなければならないと指摘した。また、遠海機動能力の向上と戦略的パワー・プロジェクション能力が、

海軍の建設に不可欠であると示した⁴⁴⁾。

　これを受けて戦略的パワー・プロジェクション能力向上策の1つとして取られたのが、Type072「崑崙山」級ドック型揚陸艦の建造である。1番艦は2008年に就役し、第6次のソマリア海賊対処部隊に参加している。同級ドック型揚陸艦は2基のホバークラフト型揚陸艇、装甲車両15 〜 20両、兵員500 〜 800人を搭載できる。しかし、保有数は3隻のみであり、艦船の稼働率等を考慮すれば非戦争軍事行動の要求に対し十分な兵力量ではない。

　そこで、中国は戦略的パワー・プロジェクション能力を補完する措置として、平時は民間用のフェリーとして運航させ、必要な場合に軍が徴用することのできる大型フェリーを建造、就航させている。2012年8月に就航した3万6000トンの「渤海翠珠」は就航前に済南軍区において部隊や装甲車両の搭載試験をしており、装甲車両、火砲等数十両が搭載可能と報じられた⁴⁵⁾。さらに就航の式典には国家交通戦略弁公室主任、総後勤部軍交運輸部長、済南軍区国防動員委員会常務副主任、済南軍区副司令員等が出席し、同船の建造、運用に軍が深く関わっていることを示している。10月には第2船である「渤海晶珠」が就役しており、瀋陽軍区で2万3000トンのフェリー「青島山」が就役している。これらのフェリー建造はフォークランド紛争における「クィーン・エリザベスⅡ」や客船「キャンベラ」の徴用、米海軍における高速輸送艦「ウエストパック・エクスプレス」（米軍輸送海上司令部がオーストラリアのAustal Ltdからチャーターした高速双胴船）、や統合高速輸送船（JHSV：joint high speed vessel）を研究した結果から実施されたものと考えられ、2009年には済南軍区において民間フェリーを利用した部隊移動訓練も実施されている。　したがって、これらフェリーによって戦略的パワー・プロジェクション能力を向上させる人民解放軍は、より積極的に非戦争軍事行動を展開することとなろう。

7. 最小限核抑止

　中国が核兵器について最初の情報を得たのは早く、1945年8月6日の広島に投下された原子爆弾直後にはその情報を入手していた。1956年、毛沢東は「論十大関係」において「我々は原子爆弾を保有していない。かつて、航空機や大砲を保有しておらず、小銃のみをもって日本帝国主義と蒋介石に勝利した。……我々はさらに多くの航空機や大砲を必要としているのみならず、原子爆弾を保有しなければならない」[46] と主張した。その背景には朝鮮戦争においてマッカーサーの発言に象徴される米国の核の圧力があったと言えよう。

　そして、1955年に行われた中共中央書記局会議において核兵器の製造を正式に決定した。さらに1956年、中央軍事委員会は国産ミサイルの開発を決定する。中国はソ連に対し、現代武器の研究開発に必要な技術援助の提供を要請していたが、1957年10月15日、中ソ国防新技術協定が締結され、旧ソ連は中国の総合的な原子力工業の建設及び原子爆弾の研究と生産への援助し、原子爆弾の模型及び図面の提供、ウラン濃縮の設備の中国への売却すること等が協定された。ここに中国の核兵器開発が緒に就き、後述するように潜水艦用原子炉開発もほぼ時を同じくして開始される。しかし、1958年に中国が実施した金門・馬祖砲撃[47] などを契機として、旧ソ連は1959年、突如としてそれまでの協定を破棄し、技術者を引き揚げてしまった。中ソ関係が悪化する中、国際的に孤立していった中国は単独で核兵器および運搬手段の開発を行う必要が生じてきた。中国は厳しい開発環境を克服し、1960年、国産初のミサイル「東風1号」の発射事件に成功し、1964年10月16日、初の原爆実験に成功した。この時の原爆はプルトニウム原爆ではなく、ウラン235による核爆発であった。これは将来の水爆開発を視野に入れた実験であったと言えよう。その2年後の1966年10月27日に実施された第4次核実験はミサイル発射実験と結合して行われ、ミサイルに核弾頭を装備できることが確認

された。しかし、中国が主要敵と見なす米国は1954年には水爆実験に成功しており、中国が核実験に成功した時には約3000発の核弾頭を保有するに至っていた。さらに1957年に旧ソ連がスプートニクの打ち上げに成功すると、米ソの対立は大陸間弾道ミサイル（ICBM）の時代に突入していた。そして、ICBMへの有効な対処方法が見あたらない状況の中で、相手国から先制の核攻撃を受けた場合、先制攻撃を行った国が耐え難いほどの被害を及ぼす核報復を行うという考えが台頭し、後に相互確証破壊として米国と旧ソ連の間で制度化されていく。核報復において中心的役割を担ったのが弾道ミサイル搭載原子力潜水艦である。

1959年には米国は、弾道ミサイル「ポラリス」を搭載した原子力潜水艦「ジョージ・ワシントン」を就役させ、同艦は翌1960年には最初の戦略抑止哨戒任務に就いている。相互確証破壊の理論と弾道ミサイル搭載原子力潜水艦という残存性の高い核報復力によって米ソの間には恐怖の均衡が成立し、核戦争は抑止されてきた。一方、第2次世界大戦終了直後から米ソ間で行われてきた核兵器を含む軍備縮小の協議は進展せず、プロパガンダの応酬の中で核兵器は蓄積の一途を辿っていった。しかし、1962年のキューバ・ミサイル危機を経験した米ソ両国はこれまでの包括的軍縮に変わって副次的措置として軍備管理への道を模索し、ミサイル危機から1年も経たない1963年8月に部分的核実験禁止条約を締結した。

さらに、英国は1952年、米国の支援を得て核実験に成功し、5年後の1957年には水爆実験に成功した。また、フランスは独自の開発により1960年に核実験に成功し、1968年には水爆実験にも成功している。中国が核実験に成功したのは、このような米ソを中心とした核先進国の動きの中であった。

「戦争は他の手段をもってする政治の継続である」というのは『戦争論』におけるクラウゼヴィッツの中心的な命題であるが、これはカナダの政治学者K・J・ホルスティも指摘するように「主権国家間の武力対決と定義される戦争は1648年以降のヨーロッパに基づい」た[48)]ものであり、軍事力と影響力の間に比例関係がある場合に成立するものである。

しかし、核兵器の出現はこの命題を覆すこととなった。「兵器の破壊力の目醒ましい増大は、戦争の持つ政治的機能を根本的に一変させてしまった。戦争は、もはや別の手段による外交の継続ではなくなってきた」[49]。そして、軍事力と影響力の関係が曖昧となり、核兵器は相手を破壊することはできても、国際関係で生じやすい問題を解決ためには核を使用することが難しくなった。

　核兵器の出現以降といえども、「相応の危険を払いながらも、相手に与える損害を限定することによって、相手の意志を変えさせる適切な手段としてそれを使用できる」[50]ことから、通常の軍事力は対外政策の手段として使用することが可能であった。核兵器は自己の意志を押しつけるための手段として使用できるとは限らなくなり、核兵器の役割は国家の物理的生存を侵害しようとする行動を抑止することに重点が置かれることになった。このことは米国と旧ソ連の間で行われた戦略核兵器の交渉において対価値攻撃能力を保持し、対兵力攻撃能力や防御による損害の局限が自制されてきたことからも伺うことができる。

　中国が核兵器を手に入れたとはいえ、その保有数は米国や旧ソ連と比較して極めて劣勢であり、かつ運搬手段も貧弱であったことから、米国やソ連の第2撃力を含めた核戦力を確実に破壊する対兵力攻撃力（Counter Force）として運用することは期待できなかった。このため、中国の核兵器は米国をはじめとする核大国の中国に対する核攻撃を抑止するために運用することとされた。　中国が保有する限られた核戦力であっても、これを報復攻撃に使用すれば、相手国に耐えがたい被害をもたらすことが可能であり、抑止は十分に達成できると判断されたのである。中国の核戦略が最小限抑止と呼ばれる所以である。1964年10月の第1回核実験に際し、中国が「先制不使用」を宣言したこともその表れと言えよう。ただ、敵の核攻撃を抑止しようとする場合、第2撃力に求められる重要な要件は残存性である。敵の対兵力攻撃から生き残り、報復攻撃を実施しなければならない。残存性を考慮したとき、核ミサイルの発射母体として隠密性に優れた潜水艦が検討されるのは当然の

ことであった。中国でも核兵器の開発とほぼ並行して弾道ミサイル搭載原子力潜水艦の開発が進められることとなる。細部は後述するが、1987年、中国最初の弾道ミサイル搭載原子力潜水艦が就役する。

そして、中国海軍も核戦略の一角を担うこととなるが、中国の場合、核ミサイルは第二砲兵の管轄下にあり、さらに、核弾頭はミサイル本体から分離され、陝西省太白県の秦嶺山脈にある基地に一括保管されていると言われる[51]。このため、中国海軍の核戦略への関与は核ミサイルを運搬、発射母体の提供という限られた領域となっている。限られた領域とはいえ、海軍が信頼性のある発射母体を提供しなければ、信頼性のある第2撃力を構成することはできない。信頼性のある発射母体とは、敵に探知されることなく戦略任務を達成できる潜水艦であり、この意味において最初のType092弾道ミサイル搭載原子力潜水艦（NATOコード「夏」級）は要求を満足することはできなかった。さらに、2007年に1番艦が就役したType094級弾道ミサイル搭載原子力潜水艦（NATOコード「普」級）も疑問符をつけなければならない存在である。しかし、中国が核抑止を放棄しない限り、潜水艦搭載弾道ミサイルの維持は不可欠であり、そのためにより信頼性のある原子力潜水艦の開発は中国にとって極めて重要な課題である。

注

1) Booth, Ken, *Navies and Foreign Policy*, New York:Holmes & Meiew Publishing, Inc., 1979, p.15.
2) Booth, *Navies and Foreign Policy*, p.17.
3) 蕭勁光『蕭勁光回憶録（続集）』解放軍報社、1988年、26頁。
4) 天児慧『東アジアの国家と社会I　中国－溶変する社会主義大国』東京大学出版会、1992年、37-38頁。
5) Captain A.T. Mahan, *Naval Strategy: Compared and Contrasted with the Principles and Practice of Military Operations on Land*, Boston: Little, Brown, and Company, 1915, pp.132-163.

6）秦天、霍小勇主編『中華海権史論』国防大学出版社、2000 年、327 頁。
7）同上。
8）茅原郁生「台湾海峡で軍事的緊張は再発するか？－両岸の巨大な軍事力の今後はいかに」『世界週報』2000. 8. 22-29、24 頁
9）黄彩虹，曹国強，陳万軍「肩負起跨世紀航程的重任―訪新任海軍司令員石雲生中将」、『艦船知識』No.210、1997 年 3 月、3 頁。
10）蕭勁光『蕭勁光回憶錄（続集）』、2 頁。
11）倪健中主編『海洋中国―文明中心東移与国家利益空間』中冊、中国国際廣播出版社，1997 年、839 頁。
12）倪健中主編『海洋中国―文明中心東移与国家利益空間』中冊、839 頁。
13）ハリソン・E・ソールズベリー　天児慧監訳「ニュー・エンペラー―毛沢東と鄧小平の中国―」福武書店、1993 年、23 頁。
14）朱建栄『毛沢東の朝鮮戦争』53 頁。
15）朱建栄『毛沢東の朝鮮戦争―中国が鴨緑江を渡るまで』岩波書店、1991 年、97-102 頁。
16）楊金森等『中国海洋開発戦略』華中理工大学出版、1990 年）38-40 頁。
17）劉華清「建計一支強大的海軍　発展我国的海軍事業」『人民日報』1984 年 11 月 24 日
18）劉華清「建設強大的現代化海軍關鍵人材」『紅旗』 1986 年第二期。
19）ここで言うシーコントロールとは「特定の場所において，特定の期間，自己の目的を達成するために自由に海洋を利用し、必要な場所において敵が海洋を使用することを拒否するという環境」である。(Command of the Defence Council, *The Fundamentals of British Maritime Doctrine*, London: Stationary Office, 1995, p.66.)
20）シーディナイアルはシーコントロールにおいて敵の海洋利用を拒否することとは異なり、「我が方がある海域を利用する意志または能力を有しないが敵が当該海域をコントロールすることを拒否する」ことである。(Command of the Defence Council, *The Fundamentals of British Maritime Doctrine*, London: Stationary Office, 1995, p.66.)
21）Cole, Bernard D., *The Great Wall at Sea: China's Navy Enters the the Twenty-First Century*, Annapolice: Naval Institute Press, 2001, p.167.
22）徐光裕「追求合理的三維戦略辺境－国防発展戦略思考之九」『解放軍報』、1987 年 4 月 3 日。
23）秦天，霍小勇主編『中華海権史論』国防大学出版社、2000 年、321-323 頁。
24）呉殿卿「劉華清：早立項 一切都具備就太晩了」
http://mil.huanqiu.com/History/2011-01/1428903.html （at 1 May 2014）

25）中央軍事委員会副主席劉華清上将「在記念甲午回線100周年学術検討会上的講話」海軍軍事学術研究所、中国軍事科学学会弁公室編『甲午海戦与中国海防―記念甲午海戦100周年学術討論会論文集』解放軍出版社、1995年、4頁。
26）常鵬寧「現代局部戦争的特点」徐錫康編『局部戦争与海軍』海軍出版社、1988年、83-85頁。
27）同上、164-174頁。
28）Huntington, Samuel P., "National Policy and the Transoceanic Navy", *US Naval Institute Proceedings*, Vol.No.80, No5, Washington D.C.:GPO, 1954, p.491.
29）徐錫康「論海上局部戦争」徐錫康編『局部戦争与海軍』海軍出版社、1988年、57-58頁。
30）徐錫康「論海上局部戦争」、64-68頁。
31）張序三「対世界戦争形態変化和局部戦争的幾点看法」海軍軍事学術研究所、中国軍事科学学会弁公室編『甲午海戦与中国海防―記念甲午海戦100周年学術討論会論文集』解放軍出版社、1995年、9頁。
32）『中国統計年鑑』1996年版。
　　http://www.stats.gov.cn/ndsj/information/zh1/f051a（at 18 Apl. 2014）
33）『中国統計年鑑』2007年版
　　http://www.stats.gov.cn/tjsj/ndsj/2007/indexch.htm（at 27 May 2014）
34）『中国統計年鑑』2010版
　　http://www.stats.gov.cn/tjsj/ndsj/2009/indexch.htm（at 27 May 2014）
35）「中国：石油輸入量が持続的に上昇」
　　http://www.chinapress.jp/economy/9386/（at 27 May 2014）
36）http://www.cnpc.com.cn/ypxx/ypsc/scdt/yy/
37）http://www.chinapress.jp/economy/9386/
38）Cole, Bernard D., The Great Wall at Sea: *China's Navy Enters the the Twenty-First Century*, Annapolice: Naval Institute Press, 2001, p.171.
39）H・J・モーゲンソー　現代平和研究会訳『国際政治Ⅰ－権力と平和』福村出版、1986年、33頁。
40）ジョゼフ・ナイ、ウィリアム・オーエンズ「情報革命と新安全保障」『中央公論』、1996.5、356頁。
41）Joint Pub 3-07, *Joint Doctrine for Military Operations Other than War*, Washington D.C.: Joint Chiefs of Staff, 1995, pp.1-2.
42）陳張明、王積建、馮先輝「印度洋海嘯中的海軍行動」『当代海軍』No33、2005年、44-45頁。

43) 海韜「徳新海号事件警示中国需構建遠洋通道安全体系」国際先駆導報、2009 年 10 月 27 日
   http://mil.eastday.com/m/20091027/u1a4763305.html（at 27 May 2014）
44) 陳万軍、呉登峰「呉勝利：海軍能随時遂行多様化軍事任務」新華網、2009 年 4 月 15 日。
   http://news.xinhuanet.com/newscenter/2009-04/15/content_11191751_1.htm（at 27 May 2014）
45) http://news.ifeng.com/mil/chinapic/detail_2012_08/09/16677378_0.shtml（at 25 June 2013.
46) 中共中央文献研究室編『毛沢東文集　第 7 巻』人民出版社、1999 年、27 頁。
47) 1958 年 8 月 23 日、中華人民共和国は中華民国の支配下にあった金門、馬祖両島に対し突然に砲撃を開始し、10 月 6 日、国防部長彭徳懐の「台湾同胞に告ぐの書」を最後に突然に、かつ一方的に砲撃を中止してしまった。この砲撃の 1 つの理由として既に関係に亀裂が生じ始めていた旧ソ連に対し、毛沢東がその意向に従属するのではなく、独自の路線を進む意志を表示したと考えられている。
48) Holsti, Kalevi J., *The State, War, and the State of War*, Cambridge: Cambridge University Press, 1996, p1.
49) H・J モーゲンソー　鈴木成高・湯川宏訳『世界政治と国家理性』創文社、1954 年、59 頁。
50) H・J・モーゲンソー　現代平和研究会訳『国際政治 I －権力と平和』福村出版、1968 年、33 頁。
51) http://project2049.net/documents/chinas_nuclear_warhead_storage_and_handling_system.pdf

5章
主要水上戦闘艦艇の近代化

山内 敏秀

はじめに

　中国海軍の草創期に保有していた艦艇は、日本海軍の艦艇を始め米国、英国、さらにはドイツ、フランス、カナダ等で建造された艦艇が混在し、その多くは第2次世界大戦前あるいは戦中に進水した旧式艦である。中には清朝時代に建造された艦艇まで含まれており、海軍というより海軍博物館といった方がよい状況であった。

　日本の近代化を支援したフランス人技術者レオンス・ヴェルニーが開設した横須賀製鉄所が後に横須賀造船所を経て横須賀海軍工廠となり、日本の造船工業界の礎となったことはよく知られている。艦艇の建造は単に造船所の整備だけではなく、造機、造兵などの極めて裾野の広い工業界が発達していなければならない。

　中国海軍の草創期、江南造船所などの主要な造船所は国民党によって破壊されており、物資も不足し、技術の蓄積もない状態であった。

　一方、前述のように保有する艦艇の多くは老朽艦であり、かつ戦闘によって受けた被害が重なり、修理の必要に迫られたことから造船工業が出発したと言っても過言ではない。残された小規模の造船所において不足する材料に苦労しながらも修理業務は進められてきた。

　このように造船工業力が十分に発達していない中、中国海軍は艦艇の新造を決意する。これまで運用してきた25トンの河川哨戒艇（中文：河川巡邏艇）

の代替艇の建造である。

　中国が旧ソ連に対し、艦艇建造についての支援を要請したのは当然の結果であった。1953年6月4日、いわゆる6・4協定が中ソ間で締結され、旧ソ連による支援を背景に水上艦艇の建造が始まる。しかし、支援は長く続かず、中ソ関係の悪化により旧ソ連の技術者達が引き揚げると中国は自力で艦艇建造を進めなければならなくなった。さらに、文化大革命が艦艇建造に大きな影を落とすこととなった。

　文化大革命の終結と四人組の粛清後、中国海軍は鄧小平の軍事改革の中で、単に保有する艦艇数を比較しても無意味であり、艦艇の戦闘能力の向上させなければならないとして、「数量密集」の海軍から、「質量密集」型への転換を開始した。

　その成果の表れとして2000年が中国海軍の歴史を画期する年となった。1994年に就役したType052ミサイル駆逐艦（NATOコード「旅滬ルフ」級）などの建造を経て、2000年以降次代の中国海軍の主力となる中国版イージス艦と呼ばれるType052Cミサイル駆逐艦（NATOコード「旅洋Ⅱルヤン」級）などの艦艇が相次いで出現し、中国海軍の世代交代が進められた。

　潜水艦部隊の勢力拡大が進められた2000年から2006年にかけて新しい世代の水上艦艇が相次いで就役し、潜水艦部隊の整備が一段落という感じになった2007年から水上艦部隊の整備が加速してきている。

　その中国海軍は、2013年5月には空母1隻、中国版イージス艦と呼ばれる「旅洋Ⅱ」級ミサイル駆逐艦3隻と、その改良型であるType052Dミサイル駆逐艦2隻など駆逐艦26隻、Type054Aミサイル・フリゲート（NATOコード「江凱ジャンカイⅡ」級）13隻をはじめとする含むフリゲート53隻、ドック型揚陸艦を含む水陸両用戦艦艇240隻など800隻を超える水上艦艇を擁するまでに成長してきた。しかし、その実力は中国の海軍戦略を実現するに足るものとなっているのであろうか。表面的な新造艦艇の出現に幻惑されているのではないだろうか。

　本章では駆逐艦・フリゲート、ミサイル艇、機雷戦艦艇、及び補給艦に焦

点を当てその整備の軌跡を後付けし、評価を試みたい。

なお、空母及び両用戦艦艇については、第6章及び第8章に譲ることとしたい。

1. 駆逐艦・フリゲート（中文：護衛艦）

1）フリゲート

中国における中・大型艦艇の建造は旧ソ連の支援の下で建造された「成都」級フリゲートを嚆矢(こうし)とする。

いわゆる6・4協定に基づき提供された設計図面、材料、設備を利用し、中ソ海軍訂貨協定によって旧ソ連海軍の「リガ」級フリゲートが上海の造船所において建造されることとなった。中国で01型護衛艦と呼ばれ、NATOコードでは「成都」級フリゲートとして知られる。1番艦は1956年4月に進水し、翌1957年に就役している。以後、4番艦まで建造され、1994年までに全艦除籍した。 主要性能・要目は次のとおりである。

◆満載排水量：1600トン
◆全長×全幅：377フィート×33.5フィート
◆速力：28ノット
◆主要兵装：3.9インチ単装砲×3、37mm連装機関砲×3、
◆3連装21インチ魚雷発射管×1、爆雷投射機×4
　注：Jane's Fighting Ships 1960-61 から筆者が作成

なお、3連装魚雷発射管は後に「上游1号」対艦ミサイル（NATOコードCSS-N-1）の連装ランチャーに換装されている。

「成都」級フリゲートの建造を通じ、中国海軍は単に図面を入手し、技術の習得したというだけでなく、多くの艦艇建造に関わる技術者が養成され、中

国の造船工業界の基礎が築かれることとなった。

中国の経済が国共内戦の被害から立ち直り始め、これに伴って海上交通、漁業、海洋開発などが発展してくるに伴い、海軍に対する要求も大きくなってきた。さらに、安全保障環境の変化がこれを加速することとなった。これに対し、保有する旧式なフリゲートでは増大する要求に応えることができなくなってきた中国海軍は、艦艇研究院701研究所において1000トンクラスのフリゲートの自力開発を開始した。

65型フリゲート（NATOコード「江南」級）の1番艦は1966年に就役し、合計5隻が建造され、うち4隻は北海艦隊に、1隻は南海艦隊に配備されてきた。1994年に全艦が除籍されている。しかし、中国において最初に国産された1000トンを超える艦艇であり、荒天性能の試験なども実施されており、その後に建造される中、大型水上艦艇に大きな影響を及ぼしてきた。65型フリゲートの主要性能・要目は次のとおりである。

◆基準排水量：1200トン
◆満載排水量：1600トン
◆全長×全幅：90.8m×10m
◆速力：28ノット
◆主要兵装：100mm 装砲×3、37mm 連装機関砲×4、12.7mm 連装機銃×2、MBU1800×2、爆雷発射機×4、機雷搭載可能

注：*Jane's Fighting Ships* 1980-81 から筆者が作成。

旧ソ連の支援を得て「成都」級を、さらに自主開発により「江南」級を建造してきた中国海軍であるが、ジェット機の出現による航空機の高速化、対艦ミサイルの出現によって経空脅威が増大し、砲熕兵器*のみを搭載する両フリゲートでは対応に限界があると考えられるようになった。先進海軍では

砲熕兵器　艦艇に搭載される大・中・小口径の火砲。「熕」は国字でもとは大砲（おおづつ）の意。

5章　主要水上戦闘艦艇の近代化

艦艇に対空ミサイルを装備することが趨勢(すうせい)となっており、中国海軍も新しい作戦環境に対応するため対空ミサイル搭載のフリゲート建造に向かうこととなる。

　1965年、中国海軍はミサイル・フリゲートの研究の必要性を提出し、翌1966年から基本的な設計作業が開始されるが、文化大革命の影響を受け1番艦の建造の開始は1970年にずれ込むこととなる。さらに追い打ちをかけるように、対空ミサイルの開発の遅れなど中国の工業界が十分に発達していなかったために工期を2期に分けざるを得なくなり、1番艦の就役は1972年となった。Type053ミサイル・フリゲート（NATOコード「江東」級）の完成である。

　対空ミサイルは独自に開発しHQ-61Bである。旧ソ連から供与されたSA-2対空ミサイルの信頼性が低いことから、中国は独自に短射程、低空域用のミサイルの開発を1965年から開始し、艦載型を優先して1967年HQ-61Bが艦対空ミサイルとして正式化された。HQ-61Bは有効射程2.5km、有効射撃高度8000mで誘導方式は無線指令誘導とセミ・アクティブ誘導の組み合わせである。「江東」級ミサイル・フリゲートの主要性能・要目は次のとおりである。

◆満載排水量：1924トン、全長×全幅：90.8m×10 m
◆主機：ディーゼル2基、2軸
◆速力：28ノット
◆主要兵装：100mm連装砲×2、37mm連装機関砲×4、HQ-61B連装ランチャー×2、MBU1800×2、爆雷投射砲×2、爆雷投射機×2、機雷投下軌条×2

注：Jane's Fighting Ships 1980-81から筆者が作成。

　同級の2番艦は、衝突事故により重大は損傷を受け1986年に除籍されている。
　防空能力を向上させたフリゲートの建造を目指した中国海軍であったが、HQ-61Bミサイルの開発の遅れから、中国海軍は対空ミサイル搭載フリゲー

トの建造を断念し、対空ミサイルに換えて対艦ミサイルを搭載したフリゲートの建造を決定する。搭載する対艦ミサイルは SY-1 対艦ミサイルであり、その連装ランチャー 2 基を船体中部付近に装備することにした。SY-1 対艦ミサイルは、旧ソ連が 1954 年に開発し、1959 年から配備し始めた SS-N-2（Styx）ミサイルを中国が模して作成したものである。この対艦ミサイルを搭載したフリゲートは Type053H と呼ばれ、NATO コードでは「江滬Ⅰ」[1]級フリゲートとされている。

中国海軍は、様々な検証を行うため「江滬」級フリゲートに改良を加えていく。1978 年、701 研究所は改良型の開発を始め、Type053H1 フリゲートが建造される。大きな相違点は Type053H では単装であった 100mm 砲が Type053H1 では連装に換わったことと 4 基の連装 37 mm 対空機関砲が連装 37 mm 対空機関砲と PL-9 短射程対空ミサイルとを組み合わせた防空システムに換えられたことである。その他、レーダーなどの改良が加えられている。Type053H1 はこのような改良が加えられたが、*Jane's Fighting Ships* では艦型は Type053H と同じ「江滬Ⅰ」級フリゲートとされている。

改革開放政策が決定された直後の 1981 年、次の改良プログラムがスタートし、1984 年 1 番艦の建造が開始された。1986 年に 1 番艦が就役したこの艦種は「江滬Ⅲ」級フリゲートと呼ばれる Type053H2 フリゲートである。顕著な改良点は、船体がこれまでの平甲板から中央船楼式船体に変更されたことと YJ-8 対艦ミサイル（NATO コード CSS-N-4）を装備したことである。

YJ-8 対艦ミサイルは、改革開放政策による西側の技術移転の影響が色濃く伺えるミサイルで、主要な要目はフランスの「エグゾセ」ミサイルに酷似している。速力は亜音速のマッハ 0.9 のシースキミング型で、中間誘導は慣性誘導、終末誘導はアクティブ・レーダー誘導である。「江滬Ⅲ」級は船体中部に箱形 4 連装のランチャーを 2 基装備している。

さらに、注目されることは *Jane's Fighting Ships* における同級の性能要目に「戦闘情報処理装置」（Combat Data System）という項がはじめて現れたことである。すなわち、同級から戦闘指揮システムが導入されたことを示してお

り、効率的な戦闘指揮が行われるようになっている。

なお、同級3番艦では対艦ミサイルのランチャーを4連装から連装に変更し、船体中部に左右2基ずつを装備することとなったことから1、2番艦の「江滬Ⅲ」級に対して「江滬Ⅳ」級として区別して呼ばれている。1991年から1992年にかけて、「江滬Ⅲ」級がタイ海軍に4隻が売却されたことは注目に値する。

「江滬Ⅲ」級／「江滬Ⅳ」級ミサイル・フリゲートを開発した中国海軍ではあったが、「江滬Ⅰ」級にマイナー・チェンジと言って良い改良を加えたType053H1G、NATOコードでは「江滬Ⅴ」級とされるミサイル・フリゲートの建造を開始する。その理由は明らかではないが、同級は計6隻が建造される。「江滬Ⅴ」級「江滬Ⅰ」級との主な相違点は100mm砲が単装から連装に換えられたことと、37mm連装機関砲が防楯（ぼうじゅん）式であったのを砲塔式に換え、自動化されたことである。

「江滬Ⅰ」級フリゲートの特異な改良型として、1985年に就役したType053H1Q、NATOコード「江滬Ⅱ」級ミサイル・フリゲートがある。

同級は後部100mm砲及び対艦ミサイルランチャーを撤去し、ヘリコプターのハンガー及び飛行甲板を設置した。

海上自衛隊では1973年にヘリコプター3機を搭載、運用できる護衛艦「はるな」が就役し、1982年にはヘリコプター1機を搭載、運用する「はつゆき」が艦隊に合流するなど、先進海軍国においては駆逐艦等からヘリコプターを運用することは一般的となってきていた。

このような趨勢の中、駆逐艦・フリゲートからのヘリコプターの運用経験のない中国海軍は今後の運用に備え、そのノウハウを蓄積する必要があり、試験艦を建造したのである。さらに、「江滬Ⅱ」級のあと、「旅大」級駆逐艦の1艦を改造し、ヘリコプターの運用試験を行っている。

また、「江滬Ⅱ」級ではその他の試験も行われ、100mm砲はフランスから導入したものが装備され、その試験結果に基づき新しい中国国産の砲が開発され、この後に続く艦艇の主砲として採用されることになる。さらに、イタ

写真1 「江滬I」級ミサイル・フリゲート
出所：防衛省　海上幕僚監部提供

リアから装備した324mm3連装魚雷発射管も試験され、100mm砲と同じように後に続く艦艇の標準的な対潜兵器として採用されることとなった。

各バリエーションの性能・要目を列挙しても大きな意味はないので、基本となった「江滬I」級ミサイル・フリゲート（写真1）の性能・要目を示すこととする。

- ◆満載排水量：1702トン
- ◆全長×全幅：103.2m×10.8m
- ◆主機：ディーゼルエンジン×2、2軸
- ◆速力：26ノット
- ◆主要兵装：100mm単装砲×2、37mm連装機関砲×6、SY-1対艦ミサイル連装ランチャー×2、RBU1200対潜ロケット×4、爆雷投射機×2

注：Jane's Fighting Ships 2007-2008から筆者が作成。

「江滬III」級フリゲートを建造した中国海軍はこれを継続せず、「江滬I」級をマイナーチェンジした「江滬V」級を建造したと先に述べたが、「江滬III」級フリゲートの系譜が途絶えたわけではない。「江滬III」級フリゲートを土台として次世代のフリゲートの開発が進められたのである。その中心的な狙いは対空火力と対潜能力の向上である。これまで見てきたように中国のフリ

ゲートは、HQ-61B短SAMを搭載した「江東」級ミサイル・フリゲートを除き、その対空火力は砲熕兵器に頼ってきた。

1982年のフォークランド紛争において英国駆逐艦「シェフィールド」がアルゼンチン機の発射した「エグゾセ」対艦ミサイルによって撃沈された戦例は、少なくとも個艦防御力の強化の必要性を教訓として残していた。一方、中国海軍は1988年、南沙諸島をめぐる領有権の対立から赤瓜礁周辺海域においてベトナム海軍と衝突することになったいわゆる3・14海戦の経験から、陸上を基地とする戦闘機の支援が得られなくても、自立して海上作戦を展開するためには艦艇の防空能力を強化する必要があると判断した。

中・長射程の対空ミサイルをすぐに保有するめどが立たない中国海軍にとってエリア防空*を断念しても個艦防空の向上を図る必要があった。このような状況の中、次世代フリゲートは個艦防空能力向上のため短SAMを搭載し、高性能化する潜水艦に対処するため対潜ヘリコプターの搭載が計画された。フリゲートからのヘリコプターの運用は「江滬II」級フリゲートを通じ一定の実績を積み重ねてきていた。

完成した次世代フリゲートには対空ミサイルとして「江東」級ミサイル・フリゲートで実験されたHQ-61Bが搭載されることになり、その6連装ランチャーが装備されることになった。また、対潜ヘリコプターを搭載するため、船体は大型化し、排水量は2000トンを超える。1番艦は1991年に就役する。Type053H2の改良型ということでType053H2Gと呼ばれ、NATOコードでは「江衛I」級ミサイル・フリゲートと呼ばれる。その後、4隻が建造されたところで、短SAMがHQ-61Bからフランス製のクロタールを模して作成されたHQ-7MBに変更され、8連装ランチャーが装備された。以後をType053H3

エリア防空ミサイル　広範囲に展開する艦隊全体に対して攻撃を仕掛けてくる対艦ミサイルや攻撃機を迎撃、撃墜を目的としたミサイルで、中・長射程が必要とされる。一方、個艦防空ミサイルは、エリア防空ミサイルの網をかいくぐって飛来した敵機や敵ミサイルから、個々の艦が自衛するためのもので、射程はより短距離でいい。

写真2 「江衛Ⅱ」級ミサイル・フリゲート
出所：防衛省　統合幕僚監部提供

と呼び、NATO コードでは「江衛Ⅱ」級という。

「江衛Ⅱ」級ミサイル・フリゲートは 10 隻が建造され、「江衛Ⅰ」級とあわせ 1990 年代から 2000 年代にかけて主力フリゲートとして活躍する。「江衛Ⅱ」級ミサイル・フリゲート（写真2）の主要性能・要目は次のとおりである。

　　◆満載排水量：2250 トン
　　◆全長×全幅：111.7m × 12.4m
　　◆主機：ディーゼル×2、2 軸
　　◆速力：27 ノット
　　◆主要兵装：YJ-1 ／ YJ-83 対艦ミサイル 4 連装ランチャー×2、HQ78 対空ミサイル 8 連装ランチャー×1、100mm 連装砲×1、37mm 連装機関砲×4、Type87　6 連装対潜ロケット×2、ハルピン Z-9C ヘリコプター×2
　　　注：*Jane's Fighting Ships* 2007-2008 から筆者が作成。

なお、「江衛Ⅱ」級ミサイル・フリゲート 4 隻について 2005 年パキスタンへの輸出が成約し、2009 年から 2013 年にかけて相次いで引き渡された。

「江衛Ⅱ」級ミサイル・フリゲートの後継として開発された第 3 世代のフリゲートはエリア防空能力の獲得とステルス性の向上が主要な目標であったと

考えられる。

　2001年に起工された1番艦と続く2番艦では結局エリア防空を可能とする中・長射程対空ミサイルは搭載されず「江衛Ⅱ」級ミサイル・フリゲートと同じ HQ-7 短 SAM が装備され、2006年に起工された3番艦から HQ-16 対空ミサイルが搭載されることになり、100mm 砲と艦橋の間に 8 セルの垂直発射装置（VLS）4 基が装備された。このため、1番艦及び2番艦は Type054 ミサイル・フリゲートと呼ばれ、NATO コードは「江凱Ⅰ」級である。これに対し3番艦以降は Type054A と呼ばれ NATO コードは「江凱Ⅱ」級である。

　「江凱Ⅰ／Ⅱ」級ミサイル・フリゲートの特徴としてまず指摘されるのがその外観である。ステルス性向上のため、舷側、上部構造物を傾斜させることでレーダー・クロスセクションを小さくしている。主砲として「江凱Ⅰ」級ではフランスから導入し、「江滬Ⅱ」級で試験を行った 100mm 砲の成果に基づいて作成された 100mm 砲単装自動砲が装備されたが、「江凱Ⅱ」級では76mm 砲が採用されている。

　また、はじめて近接防御火力（CIWS）が導入されており、「江凱Ⅰ」級ではロシア製の AK630 が、「江凱Ⅱ」級では中国の Type730 が装備されている。推進方式として CODAD が採用された。CODAD とは Combined Diesel and Diesel の略で「江凱Ⅰ／Ⅱ」級では1つの軸に2台のディーゼルエンジンが接続できるようになっており、巡航時には1台のエンジンで航走し、高速が必要になるともう1台を加えるという方式である。ただ、ほぼ同時期に建造された駆逐艦ではガス・タービンが採用されており、その運用実績を有するにもかかわらず本級に採用されなかった原因は不明である。

　最後に排水量の増加である。一連の「江衛」級フリゲートに比べ 1500 トン以上増加した。船体の大型化をステルス化でカバーし、航洋性の向上を図ったものと考えられる。第1島嶼線を越え、外洋において作戦を展開するためには航洋性は重要な問題であり、ソマリア沖海賊対処の中核の艦艇として「江凱Ⅰ／Ⅱ」級、特に「江凱Ⅱ」級ミサイル・フリゲートを繰り返し派遣したことからも中国海軍の同級への信頼と外洋進出への意志を伺うことがで

写真3 「江凱Ⅱ」級ミサイル・フリゲート

出所:防衛省　統合幕僚監部提供

きる。「江凱Ⅱ」級ミサイル・フリゲートの主要性能・要目は次のとおりである。

◆満載排水量:3963トン

◆全長×全幅:134m×16m

◆主機:CODAD、2軸

◆速力:27ノット

◆主要兵装:YJ-83対艦ミサイル4連装ランチャー×2、HHQ-16対空ミサイル(32セルのVLS)、76mm単装砲×1、Type730A 30mmCIWS×2、324mm3連装魚雷発射管×2、RBU-1500対潜ロケットランチャー×2、Ka-28ヘリコプター×1

なお、HQQ-16対空ミサイルの発射方式はCold Launchと推定されている。Cold Launchとは、高圧空気でミサイルがVLSから打ち出され、空中でミサイルのエンジンに点火される方式である。

最後に Jane's Fighting Ships ではフリゲートではなくコルベットに分類されている新しい艦艇を取り上げておきたい。2013年2月、Type 056軽型護衛艦の1番艦「蚌埠」が就役した。中国は基地防御の主兵力と解説している。1968年から1977年にかけて建造され、沿岸防備や海峡防備あるいは海上交通路の保護などの任務を果たしてきた「ちくご」型護衛艦などと同じように沿岸海域の防衛あるいは近海における海洋権益の維持等を担任するゴールキーパー

的部隊の中核として運用されると見積もられる。

1番艦「蚌埠」は2013年4月8日から12日かけて操艦訓練、溺者救助訓練、実弾射撃訓練等の就役訓練を実施しており、戦力化されるのも間近と思われる。また、2番艦「大同(ダートン)」が5月18日に就役しており、さらに4隻が艤装中である。主要性能要目は次のとおりである。

- ◆満載排水量：1500トン
- ◆速力：28ノット
- ◆武器：連装YJ-83対艦ミサイル×2、HQ-10対空ミサイル×1、76mm単装砲×1、30mmRWS(Remote Controlled Weapon System)×2

2）駆逐艦

中国海軍における駆逐艦の整備は1950年10月に駆逐艦第1大隊が編成されたときに始まると言ってよい。この時、中国海軍は旧ソ連海軍から2隻の「ゴルディ」級駆逐艦の引き渡しを受ける。これまで、沿岸海域において侵攻する敵艦隊を阻止するために必要な兵力は魚雷艇のような小回りのきく小型艇であった。しかし、台湾解放の準備に当たって魚雷艇等では不足であり、駆逐艦以上の大型水上艦艇の整備が必要と考えられるようになった。英国との交渉に失敗した中国は旧ソ連に駆逐艦等購入の交渉を重ねてきた。毛沢東もスターリンに対し、中ソの戦略的提携のためには駆逐艦の購入が必要であると訴え、ついに除籍されていた駆逐艦4隻を売却することの了解を取り付けることに成功した。

先に述べた1954年に最初の2隻が青島(チンタオ)で引き渡され、「鞍山(アンシャン)」と「撫順(フーシュン)」と命名され、翌年に2隻が引き渡され「太原(タイユェン)」、「長春(チャンチュン)」と命名される。この4隻は07型駆逐艦と呼ばれるが、中国海軍将兵の間では「四大金剛」の愛称で呼ばれてきた[2]。NATOコードでは1番艦の艦名から「鞍山」級駆逐艦とされている。

1992年に「鞍山」が除籍されたのを最後に同級駆逐艦は全艦除籍され、「撫

順」を除く3艦は国防教育のため記念艦として保存されている。なお、1969年に魚雷発射管を撤去し、「上游1号」対艦ミサイルの連装ランチャー2基を装備することとなった。改装前の「鞍山」級駆逐艦の主要性能・要目は次のとおりである。

◆満載排水量：2150トン

◆全長×全幅：377フィート×33.5フィート

◆速力：36ノット

◆主要兵装：5.1インチ（130mm）砲×4、37mm連装対空機関砲×4、3連装21インチ魚雷発射管×2、爆雷投下機×8、機雷100個

注：*Jane's Fighting Ships* 1960-61 から筆者が作成。

中国海軍は1960年に駆逐艦の開発に取り組むが、経済的理由から取りやめられ、蒸気推進システムなど一部が継続研究されることとなっていた。1965年、大陸間弾道弾の発射試験に際し、観測艦船の警戒・護衛の任務に充当できる艦艇の必要が生じ、ミサイル駆逐艦の研究開発が開始された[3]。文化大革命の中、進められた研究・開発とそれに続く建造の結果、1971年、1番艦が就役した。Type051と呼ばれ、3000トンを超える駆逐艦の誕生である。Type051は既に入手していた旧ソ連海軍の「コトリン」級駆逐艦の一部の図面を基礎に設計され、材料などもすべてが中国国内で賄われた純国産の最初の艦艇と言えよう。NATOコードでは「旅大（ルダ）」級ミサイル駆逐艦となっている。

同級は1971年に1番艦が就役したが、西側に確認されたのは意外に遅く、*Jane's Fighting Ships* 1974-75 でようやく新造艦があると記載されているのみで、推測によるとしながらも性能・要目が示されるのは *Jane's Fighting Ships* 1975-76 からである。その際報じられた性能・要目は次のとおりである。

◆満載排水量：3750トン

◆全長×全幅：137.3m×13.7m

◆速力：32ノット

5章 主要水上戦闘艦艇の近代化

◆主要兵装：SS-N-2 タイプの対艦ミサイル、連装ランチャー×2、130mm
砲×2、57mm 砲×8、25mm 機銃×8、対潜ロケットランチャー×2

「旅大」級ミサイル駆逐艦はその後様々な改修が行われ、派生型が多い。*Jane's Fighting Ships* 2012-13 を見ても Type051D ／ 051DT ／ 051G ／ 051GⅡ ／ 051Z があり、13 隻が現役として就役している。「旅大」級ミサイル駆逐艦は世代の交代に伴い相次いで除籍されつつあるが、注目されるのはその一部が国家海洋局に属する船舶として移管されていることである。東海艦隊に所属していた「南京」は 2012 年 9 月 26 日に除籍されると、海監総隊に引き渡され[4]、また、同年末に除籍となった「南寧」も海監総隊に引き渡され、改装後「海監 167」として再就役している。

中国最初の国産駆逐艦であった「旅大」級ミサイル駆逐艦ではあるが、就役したときから旧式であり、能力の不足は否めなかった。このため、改革開放の成果として導入できるようになった西側技術を取り入れ、中国は次世代駆逐艦の建造を目指すこととなった。次世代駆逐艦は、フランス製の戦闘指揮システム、ソナーシステムを導入し、主機は米国のガスタービンを装備するというようにやや国際見本市的な感はあるものの、積極的な技術移転を目指す中国の姿勢が伺える。ただ、天安門事件の影響などもあって、計画から就役までには約 10 年を要することとなり、2 番艦の主機のガス・タービンを米国製からウクライナ製に変更せざるを得ないなどの問題に直面してきた。しかし、対水上戦、対空戦、対潜戦の能力を持つ多用途艦として設計、建造されてきた次世代駆逐艦の 1 番艦は 1994 年に就役し、Type052 ミサイル駆逐艦と呼ばれ、NATO コードでは「旅滬(ルフ)」級ミサイル駆逐艦とされている。「旅滬」級ミサイル駆逐艦（写真 4）の主要性能・要目は次のとおりである。

◆満載排水量：4600 トン
◆全長×全幅：144m×16m
◆主機：CODOG[5]

写真4 「旅滬」級ミサイル駆逐艦

出所：防衛省　統合幕僚監部提供

- ◆速力：31ノット
- ◆主要兵装：YJ-83対艦ミサイル4連装ランチャー×4、HQ-7短射程対空ミサイル×1、100mm連装砲×1、37mm連装機関砲×4、324mm魚雷発射管×2、FQF2500対潜ロケットランチャー×2、Zhi-9Cヘリコプター×2
- ◆ソナー・システム：DUBV-23ハル・ソナー及び曳航式ソナー（TASS）
- ◆戦闘指揮システム：Thomson-CSF

注：*Jane's Fighting Ships* 2007-08から筆者が作成。

「旅滬」級ミサイル駆逐艦の建造に際し導入した西側の技術が移転され、発展した国内造船工業界の実力を背景に建造されたのがNATOコードで「旅海」級ミサイル駆逐艦と呼ばれるType051Bミサイル駆逐艦である。「旅滬」級ミサイル駆逐艦と比べ満載排水量で3割強大型化しており、上部構造物にはステルス性への配慮が伺える。「旅海」級ミサイル駆逐艦の主要性能・要目は次のとおりである。

- ◆満載排水量：6096トン
- ◆全長×全幅：154m×16m
- ◆主機：CODOG、速力：29ノット
- ◆主要兵装：YJ-83対艦ミサイル4連装ランチャー×4、HQ-7短射程対

空ミサイル×1、100mm 連装砲×137mm 連装機関砲×4、324mm 魚雷発射管×2、Zhi-9C ヘリコプター、ソナーシステム：DUBV-23 ハル・ソナー、戦闘指揮システム：Thomson-CSF

注：*Jane's Fighting Ships* 2007-08 から筆者が作成。

「旅滬」級ミサイル駆逐艦は 2 隻、「旅海」級ミサイル駆逐艦は 1 隻の建造であり、その後の建艦状況から見ると両艦級はこれらに続く第 3 世代の駆逐艦開発の試作艦との位置づけにあったと言えよう。

一方、中国海軍は新しい世代の駆逐艦建造のために海外からの技術移転を企図し、併せて中・長射程対空ミサイルによるエリア防空能力獲得のため、1996 年ロシアから、建造が中止されていた「ソブレメンヌイ」級ミサイル駆逐艦 Project956、2 隻の購入を決定した。「ソブレメンヌイ」級ミサイル駆逐艦は 1980 年代に旧ソ連海軍によって開発された防空能力及び対水上打撃力を重視した駆逐艦である。同時期に対潜戦能力を重視した「ウダロイ」級駆逐艦があるが、これを導入せず「ソブレメンヌイ」級ミサイル駆逐艦を選択したところに中国海軍の考え方を垣間見ることができる。

購入した 1 番艦は 1999 年に、2 番艦は 2001 年にロシアから中国に引き渡され、さらに主として対空火器を改良した Project956M、2 隻を購入した。この 4 隻の導入によって数量的に不十分とはいえ中国海軍はエリア防空能力を

写真 5 「ソブレメンヌイ」級ミサイル駆逐艦

出所：防衛省　統合幕僚監部提供

手にしたが、主たる狙いは対水上打撃力の向上であり、米空母戦闘群への対応力の効果を図ったのである。「ソブレメンヌイ」級ミサイル駆逐艦（写真5）の主要性能・要目は次のとおりである。

- ◆満載排水量：7940トン
- ◆全長×全幅：156m×17.3m
- ◆主機：蒸気タービン、2軸
- ◆速力：32ノット
- ◆主要兵装：SS-N-22対艦ミサイル4連装ランチャー×2、SA-N-7対空ミサイル単装ランチャー×2、CADS-N-1短射程対空ミサイル×2（Project956M）、130mm連装砲×2、30mmCIWS（AK630）×4、533mm連装魚雷発射管×2、RBU1000対潜ロケットランチャー×2、Zhi-9CまたはAK-28ヘリコプター×1

注：*Jane's Fighting Ships* 2007-08から筆者が作成。

「旅滬」級ミサイル駆逐艦、「旅海」級ミサイル駆逐艦での試験、「ソブレメンヌイ」級ミサイル駆逐艦からの技術移転の成果から建造されたのが、これからの中国海軍の主力と期待された3艦種である。

「旅海」級ミサイル駆逐艦から発展したのがNATOコードで「旅州」級ミサイル駆逐艦と呼ばれるType051Cミサイル駆逐艦である。全長などは微妙な差はあるものの「旅海」級ミサイル駆逐艦の船体、上部構造物を活用し、長射程対空ミサイルを中心に新しい武器体系を搭載したものである。1番艦は2006年に就役し、翌年就役の2番艦とともに北海艦隊に所属している。中心となる対空ミサイルはロシアから導入したSA-N-20であり、8連装リボルバー型のVLS6基を装備している。ただ、「旅滬」級ミサイル駆逐艦のヘリコプター格納庫区画にVLSを装備したため、飛行甲板はあるもののヘリコプターを搭載しておらず対潜能力は貧弱である。

「旅州」級ミサイル駆逐艦は日本周辺海域でもその活動が確認されており、2012年10月には「旅滬」級ミサイル駆逐艦、「江凱Ⅱ」級ミサイル・フリ

ゲートなどとともに尖閣諸島周辺海域を行動しているのを海上自衛隊が確認している。また、同級ミサイル駆逐艦2隻は、2013年にロシアのピョートル大帝湾周辺海域で実施された「海上聯合2013」中ロ共同訓練に「江凱Ⅱ」級ミサイル・フリゲートなどとともに参加し、その後7月13日には宗谷海峡を通峡しているのが海上自衛隊によって確認されている。ただ、2009年には同級の1隻、「石家荘（シージャーチュアン）」がペルー、チリ等に派遣されたことが報じられているが、これまでの14回に及ぶソマリア派遣部隊には一度も参加していない。

この辺にも「旅州」級ミサイル駆逐艦に対する中国海軍の評価を見ることができる。中国海軍は中国版イージスシステムが整備されるまでの過渡的な存在と位置づけていると見られ、建造も2隻のみに留まっている[6]。

「旅州」級ミサイル駆逐艦（写真6）の主要性能・要目は次のとおりである。

　　◆満載排水量：7112トン

　　◆全長×全幅：115m×17m

　　◆主機：蒸気タービン、2軸、速力：29ノット

　　◆主要兵装：YJ-83対艦ミサイル4連装ランチャー×2、SA-N-20対空ミ
　　　　　　　サイル8連装リボルバー型VLS×6、100mm単装砲×1、
　　　　　　　Type730A30mmCIWS×2、324mm魚雷発射管×2

　　注：*Jane's Fighting Ships* 2012-13から筆者作成。

写真6　「旅州」級ミサイル駆逐艦

出所：防衛省　統合幕僚監部提供

写真7 「旅洋Ⅰ」級ミサイル駆逐艦
出所：防衛省　統合幕僚監部提供

「旅海」級ミサイル駆逐艦からイージスシステム搭載艦までの橋渡し的存在として建造されたのがNATOコードで「旅洋Ⅰ」級ミサイル駆逐艦と呼ばれるType052Bミサイル駆逐艦である。船体は「旅海」級よりもさらにステルス性を考慮した設計となっており、兵装には「ソブレメンヌイ」級ミサイル駆逐艦と共通するものが多い。「旅洋Ⅰ」級ミサイル駆逐艦（写真7）の主要性能・要目は次のとおりである。

　　◆満載排水量：7112トン
　　◆全長×全幅：155m×17m
　　◆主機：CODOG、2軸
　　◆速力：29ノット
　　◆主要兵装：YJ-83対艦ミサイル連装ランチャー×4、SA-N-12対空ミサイル単装ランチャ×2、100mm単装砲×1、Type730A30-mmCIWS×2、324mm魚雷発射管×2、多用途ロケットランチャー×4、Zhi-9AまたはKa-28ヘリコプター×1
　　注：*Jane's Fighting Ships* 2012-13から筆者作成。

　空母戦闘群の編成も視野に入ってきた2004年に1番艦が就役したのがNATOコードで「旅洋Ⅱ」級ミサイル駆逐艦と呼ばれるType052Cミサイル駆逐艦である。

5章　主要水上戦闘艦艇の近代化

　船体は前出の「旅洋Ⅰ」級ミサイル駆逐艦と同じであるが、艦橋の4面にフェーズド・アレイ・レーダー*を装備し、6連装リボルバー型のVLSを装備していることから中国版イージス艦とも呼ばれ、空母戦闘群の護衛など中国海軍のエリア防空の中心として期待されている。

　しかし、就役して間もなく「旅洋Ⅱ」級ミサイル駆逐艦に対する不満が指摘されるようになった。その最大のものは防空能力の不足であり、論拠は搭載されたVLSのセル数が48と少ないことである。海上自衛隊の最初のイージス搭載護衛艦「こんごう」は64セルであり、中国が比較の対象とした「あたご」は96セルであり、「旅洋Ⅱ」級では単独で空母の護衛任務は果たせないと指摘されている[7]。セル数が少ない原因として寛長比、すなわち全長を全幅で割った値が大きく、スマートな船形のため甲板面積が狭いことを挙げている。この寛長比が大きいことは、上部構造物を小さくし、フェーズド・アレイ・レーダーの装備位置が低くならざるを得ず捜索能力に悪影響が出ているとされている[8]。また、搭載する対空ミサイルHHQ-9と30mmCIWSの間に間隙があるとも言われる[9]。

　エリア防空の場合、そこに展開するすべての艦艇に搭載された対空火器を有効に運用し、重層的な防空システムを構築するのが普通である。空母が存在しないとすれば、まず、長、中射程の対空ミサイル、短射程の対空ミサイル、砲、CIWSの順に対応する訳であるが1艦がこれら全ての武器を搭載するわけではない。対空ミサイルについてはこれまで見てきた艦艇からも分かるように長、中射程ミサイルと短射程ミサイルを搭載する艦は異なるのが一般的である。したがって、対空戦の場面では、もっとも対空戦能力に優れた艦が全般の統制を行い、リアル・タイムの通信システムを利用して目標の割り当

フェーズド・アレイ・レーダー（**Phased Array Radar**）　戦位相配列レーダー。固定式の平面上に多数の小さなアンテナ（位相変換素子）を配列することで機械的な首振り動作を必要としないアンテナ。

て、使用武器の指示を行っていく。

 このように見ると「旅洋Ⅱ」級ミサイル駆逐艦においてHQQ-9ミサイルと30mmCIWSの間に隙があるというのは個艦のレベルでは特に問題とされることではなく、部隊としてみたときに前述のような重層的な防空網を形成するために必要な指揮・統制・通信システムに欠落があると認識されていると理解する方が妥当であろう。いずれにせよ、防空能力が不足との判断からか3番艦以降の建造は長く確認されなかったが、2012年に3番艦の「長春」の就役が大々的に報じられ、4番艦以降の建造も進められている。同じ年に、能力向上型であるType052Dミサイル駆逐艦の1番艦が就役したにもかかわらず、平行して「旅洋Ⅱ」級の建造を継続したのは、空母「遼寧」の就役に伴い空母戦闘群の編成も迫ってきたことから、護衛部隊の編成を急ぐ必要があり、能力に不足はあるものの、とりあえず隻数を確保する目的があったものと考えられる。「旅洋Ⅱ」級ミサイル駆逐艦の主要性能・要目は次のとおりである。

　　◆満載排水量：7112トン

　　◆全長×全幅：155m×17m

　　◆主機：CODOG、2軸

　　◆速力：29ノット

　　◆主要兵装：YJ-62対艦ミサイル4連装ランチャー×2、HQQ-9対空ミサ

写真8　「旅洋Ⅱ」級ミサイル駆逐艦

出所：防衛省　統合幕僚監部提供

イル6単装リボルバー型VLS×8、100mm単装砲×1、Type730A30mmCIWS×2、324mm魚雷発射管×2、多用途ロケットランチャー×4、Zhi-9AまたはKa-28ヘリコプター×1

注:*Jane's Fighting Ships* 2012-13から筆者作成。

「旅洋Ⅱ」級ミサイル駆逐艦の防空能力の不足を改良して建造されたのがType052Dミサイル駆逐艦である。同級では米海軍のMk41VLSに似た64セルのVLSを装備されるようになった。また、これまで搭載砲の主流であった100mm砲に換えて130mmが採用されている。

戦史の分析から、艦艇による艦砲射撃支援には127mm砲以上でなければ効果は期待できないとされており、今後、島嶼の領有権に関わる紛争解決や台湾解放において上陸作戦を実施する場合の陸上部隊に対する海軍の火力支援が向上することを意味する。

2. ミサイル艇

海を経て中国に侵攻する敵を奥深くに引き入れて人民の海に沈めるという人民戦争戦略では、海軍が艦隊決戦を行い、敵を撃破することは期待されておらず、中国海軍にその力量は長く備わっていなかった。沿岸部で最初の抵抗の意志を示すことが海軍に期待されていたと言っても過言ではない。このような沿岸部での海軍の作戦にとって有益な艦艇は小型の魚雷艇であった。第2次大戦中の米海軍のPTボートあるいはドイツ海軍のEボートの戦例からも理解できるところである。

そこで、前述のように海軍建軍直後の勢力整備では水上艦艇部隊の重点が魚雷艇隊の整備に置かれたのも当然の結果であった。そして、旧ソ連からの援助によって導入した中心はP-4魚雷艇であり、国内でも旧ソ連のクロンシュタット級魚雷艇、さらに53甲型、55甲型及び「上海」級の哨戒艇の建造

199

が進められた。

しかし、ミサイル技術の進歩にあわせ、魚雷艇がミサイル艇へと移行していくと、中国は中ソ対立の直前にミサイル艇に関する資料、資材などを旧ソ連から受け取り、旧ソ連技術者の撤退後は、文化大革命期の混乱と重なったにもかかわらず、林彪の人民戦争戦略礼賛にも後押しされ、ミサイル艇の建造が進められていく。1965年、旧ソ連のOSA級ミサイル艇のコピーであるType021ミサイル艇とKOMAR級ミサイル艇のコピーであるType024ミサイル艇が建造された。

1980年代に入り、近海防御戦略が採用されると沿岸部だけではなく近海における防御に当たるため航洋性に優れ、ミサイル攻撃能力の高い新しいミサイル艇が求められるようになった。1991年に就役したType037/1G（NATOコード：「紅星」）及びType37/2（NATOコード：「紅箭」）である。

その後の安全保障環境、海軍に対する要求の変化や海軍に関わる技術の進歩に伴い新しいミサイル艇への要求が高まり、2004年に1番艇が進水したのがType022ミサイル艇である。同艇はオーストラリアから技術導入したウエーブ・ピアサー双胴型で、ステルス性を考慮した船体を採用している。また、攻撃力の向上を図ってYJ-83対艦ミサイル4連装ランチャー2基を装備している。同艇は81隻の整備[10]を目指していると言われ、3隻で1つの戦術単位を編成し、27個の戦術単位を編成することが可能である。この戦術単位を台湾海峡、第1島嶼線の主要なアクセス・ポイント、例えばバシー海峡、いわゆる宮古水道に展開するとともに、領有権に関わる係争への対応のため当該島嶼周辺海域での運用が見積もられる。

3. 機雷戦艦艇

中国海軍の機雷戦艦艇は、国民党によって封鎖された長江突破のために揚陸艇10隻を改装したことに始まる。これらは係維機雷の係維索を切断する

5 章　主要水上戦闘艦艇の近代化

ために鋼索を曳いていくだけのものであった。

　本格的な掃海艇の導入は、1953年の6・4協定（→1章67ページ）により、旧ソ連から提供されたT-43掃海艇の資料に基づき中国で建造されたType6605／6610掃海艇である。1956年から1980年代後半まで建造され、現在も16隻が現役として就役しており、22隻が予備役に編入されている[11]。

　海水域とは導電率が異なる淡水域での掃海作業、特に磁気機雷を除去できる掃海艇の必要に迫られた中国は独自にType057K沿岸掃海艇を開発する。1967年には磁気機雷に対応するため船体磁気を軽減する消磁装置を備えた掃海艇の開発に取り組み、Type058掃海艇が完成する。これらの掃海艇をもって中国は1972年から援越掃海部隊を編成し、約1年間の掃海作業の結果、48個の機雷を処分しハイフォン港の啓開に成功する。

　このような実績を受け、1976年、中国海軍は次世代の沿岸掃海艇の開発を始め、Type082沿岸掃海艇として1番艇が1988年に就役する。係維掃海、磁気掃海、音響掃海の能力を有し、*Jane's Fighting Ships* 2012-13によれば4隻が東海艦隊に属している。

　そして、2005年、2007年と今後の対機雷戦の主力になると思われる掃海艇が就役してきた。Wozang級掃海艇とWochi級掃海艇（写真9）である。両級ともその詳細は不明ではあるが今後退役していくであろうType6610あるいはType082と逐次交代していくものと思われる。両級は、係維掃海、磁気掃

写真9　Wochi級掃海艇

出所：防衛省　統合幕僚監部提供

海、音響掃海の他にケーブル誘導型機雷処分器を搭載し、機雷相当も実施可能と見積もられる[12]。

　機雷敷設戦に対する中国海軍の関心は抗日戦争期間に萌芽したと言えよう。さらに米国により対日飢餓作戦の一環として日本周辺海域に敷設された機雷の効果、朝鮮戦争において北朝鮮が敷設した約3000個の機雷が米艦隊の動きを制約した事実、あるいは湾岸戦争における米艦艇2隻の被雷した戦例を注意深く観察してきた中国海軍は機雷敷設戦の意義を十分に理解してきた。しかし、中国海軍は機雷敷設のプラットホームとして機雷敷設艦を1隻しか建造していない。NATOコードでWolei級と呼ばれる機雷敷設艦である。同艦は既に除籍した海上自衛隊の敷設艦「そうや」に似ていると指摘されており、満載排水量3000トン、機雷300個を搭載できる。

　ただ、機雷敷設艦を1隻しか保有しないことをもって、中国海軍が機雷敷設戦を軽視しているということにはならない。中国海軍が重視するのは隠密裡に敷設することであり、このため潜水艦との組み合わせを重視している。旧式の「明」級潜水艦、「漢」級原子力潜水艦を始め、新しく開発された「商」級原子力潜水艦や「元」級潜水艦まで弾道ミサイル搭載原子力潜水艦を除けば全ての潜水艦が機雷敷設が可能である。

　一方、水上艦部隊も「旅大」級駆逐艦、「ソブレメンヌイ」級ミサイル駆逐艦、「江滬」級フリゲート、「江衛」級ミサイル・フリゲート、Type082掃海艇、T-43掃海艇等が機雷敷設能力を有する。ただ、これら機雷敷設能力を有する水上艦艇はいずれも既に旧式化しており、早晩除籍される運命にある。新世代の例えば「江凱／江凱Ⅱ」級ミサイル・フリゲートは機雷敷設能力を持たないことから、このままの兵力整備が継続されれば中国海軍の機雷敷設戦に欠落を生じる可能性がある。

4. 補給艦

　結論を先に言えば、中国海軍の洋上補給能力は極めて脆弱である。補給艦が建造されたのは先に大陸間弾道ミサイル観測のため、この任務に対応できる駆逐艦の建造に中国海軍は取り組んだと述べたが、その際、部隊に随伴して補給を行う補給艦が必要であるとの海軍の主張が認められ、建造されたのが1979年に就役したNATOコードで「福清」級と呼ばれる補給艦である。現在、「洪沢湖」及び「鄱陽湖」の2隻が就役している。「福清」級補給艦（写真10）は満載排水量2万2099トンで燃料1万550トン、DIESO[13] 1000トン、真水200トン、ボイラー水200トンを搭載可能である。

　1993年、中国はウクライナから建造が中止になっていた旧ソ連の補給艦を購入し、1996年に「南倉」として就役させている。同艦は後に「青海湖」と改名された。燃料、真水等の液体貨物9630トンを搭載可能である。

　洋上補給能力の向上を図った中国海軍は、2004年に2隻の新しい補給艦を就役させた。NATOコードで「福地」級補給艦（写真11）の「千島湖」と

写真10　「福清」級総合補給艦

出所：防衛省　統合幕僚監部提供

写真11 「福地」級総合補給艦
出所：防衛省　統合幕僚監部提供

「微山湖」である。両艦の満載排水量は2万3369トンで航続距離は14ノットで1万海里、燃料1万500トン、真水250トン、弾薬、補給品等のドライ・カーゴ650トンを搭載可能であり、中国が言う総合補給艦の名にふさわしい能力を有している。現在2隻のみが就役しており、3、4番艦が建造中である。両艦のいずれかがソマリア沖海賊対処部隊に派遣されており、護衛艦部隊への補給に任ずるとともに護衛そのものにも加わっている。

おわりに

　主要な水上艦艇の整備の経過を観察してみると、中国海軍は質量密集を目標に近代化を促進しつつあるように見受けられる。しかし、問題点も浮き彫りになっている。
　その第1は、主要水上戦闘艦艇と呼ばれる駆逐艦、フリゲートが対空、対水上に能力が偏っていることである。それを象徴するのがロシアからの「ソブレメンヌイ」級ミサイル駆逐艦の導入である。先にも述べたように同級は、1980年代に米国の空母戦闘群をターゲットに対水上打撃力と対空能力を追求して建造された駆逐艦であり、同時期に対潜戦能力を重視した「ウダロイ」級駆逐艦が建造されているが、これを導入せず「ソブレメンヌイ」級ミサイル駆逐艦を選択したところに中国海軍の考え方を顕著に示している。

5章　主要水上戦闘艦艇の近代化

　対潜戦の能力に優れていなければならない「江凱Ⅱ」級ミサイル・フリゲートに TASS と呼ばれる曳航式ソナーシステムを搭載したが、長射程の対潜武器との連接がないと指摘されている[14]。中国海軍は周辺諸国が潜水艦部隊の整備をすすめる中、対潜脅威が増大してきていると認識しつつもそれへの対応に遅れが出ている。TASS を利用した潜水艦捜索において不可欠の音響データを収集する音響測定艦が就役間近と報じられたのは『艦船知識』2011、12 である。同誌によれば艦種は測量船であり、海洋調査・研究に専門に従事するとされている。研究範囲の中に水中音響が含まれており、海洋における音の環境を調査するだけでなく艦艇の音響情報を収集するものと思われる。ただ、その活動は確認されておらず、データの蓄積もこれからと思われる。

　第2として、中国海軍は現在、ハイ・ロー・ミックスの過渡期にあると見ることができるが、ローの範疇に入る艦艇が除籍になるに伴い、それらが有する能力を次世代の艦艇に引き継がれていくのかという疑問である。機雷戦艦艇で取り上げたように旧式な駆逐艦、フリゲートでも機雷敷設能力を有していたが、世代交代とともにこれらが失われる可能性は否定できない。これらを補完する艦艇の出現に注目していかなければならない。

　第3に中国海軍は遠海作戦を強調するが、それを支援する態勢が依然、未成熟である。遠海作戦に投入できる駆逐艦、フリゲートは現時点では「旅洋Ⅱ」級ミサイル駆逐艦、「江凱Ⅱ」級ミサイル・フリゲート等26隻であり、これに「江衛Ⅰ／Ⅱ／Ⅲ／Ⅳ」級ミサイル・フリゲート17隻を加えると43隻の遠海作戦を実施する艦艇に洋上補給を実施しなければならない。これに対し、燃料、真水、弾薬、予備品等の艦艇の所要を賄うことができるのは「福地」級補給艦2隻のみであり、「南倉」級及び「福清」級を含めても5隻に過ぎない。

　海上自衛隊では同じような視点からサッカーのおけるフォワードの役割を担う護衛艦の数は32隻であり、これに5隻の補給艦が支援する態勢にある。

　米軍の場合、イラク戦争において5個空母戦闘群、2個両用戦任務部隊、3個両用戦即応群が投入されたが、この作戦部隊を軍事海上輸送司令部（Military Sealift Command：MSC）に所属する Naval Fleet Auxiliary Force の

37隻、事前集積船群の41隻、その他100隻を超える支援艦船が支えたのである。

　海軍力の整備はその時点、時点で指向する重点があり、総花的な予算の投入はかえって弊害があるが、これまでの中国海軍の水上艦部隊の整備はやや偏向が強すぎると指摘せざるを得ない。

注
1)「江湖」級と書かれることもある。さらに、さまざまな改良工事がおこなわれるに伴い、改良型と区別するため「江滬Ⅰ」級と呼ばれるようになる。
2)「解読07型駆逐艦」『中国国防報』2009.8.4付
3) 中国人民解放軍軍兵種歴史叢書―海軍史編委編『中国人民解放軍軍兵種歴史叢書　海軍史』解放軍出版社、1989年、82頁。
4) 南京網2012年9月26日付
   http://www.njdaily.cn/2012/0926/236673.shtml　(at 21 July 2013)
5) 艦艇の推進方式の1つ。Combined Diesel or Gas Turbineの略。ディーゼルエンジンとガスタービンエンジンの組み合わせで、巡航時にはディーゼルエンジンを、高速時にはガスタービンエンジンを使用する。
6) 例えば「052C不足以担負我航母群独立作戦的防空任務」(環球網2009.7.15付)
   http://mil.huanqiu.com/china/2009-07/515317.html　(at 28 Jul.2013)
7)「052C不足以担負我航母群独立作戦的防空任務」
8)「中日韓三国駆逐艦追涛逐浪東北亜――中日韓三国駆逐艦発展現状及未来走向浅析」
   (人民網2006年12月6日付)
   http://military.people.com.cn/GB/8221/51757/46135/52228/5141852.html　(at 28 Jul.2013)
9) 同上。
10)「中国将装備81艘022型隠身導弾艇」(環球網2009.8.5付)
   http://mil.huanqiu.com/Observation/2009-08/537009.html　(at 30 Jul.2013)
11) *Jane's Fighting Ships 2012-13*
12) Erickson, Andrew S., Lyle J. Goldstein and William S.Murray, *Chinese Mine warfare-A PLA Navy 'Assassin's Mace's capability*, Newport, China Maritime Studies Institute, U.S. Naval War College, 2009,p.10.
13) ディーゼル燃料とアルコールの混合燃料を指す。ディーゼルエンジンに使用され

る。
14)「054 護衛艦装拖曳線陣声納　缺配套反潜導弾」(環球網　2009年7月28日付)
　　http://mil.huanqiu.com/china/2009-07/529604.htm（at 24 Apl.2013）

6章
中国初の空母就役の意義
―その評価と戦略的価値―

下平 拓哉

はじめに

　2012年9月、中国初の空母「遼寧(リャオニン)」が就役した。中国の空母建設については様々な議論がなされている[1]。空母は象徴的で、その保有は明らかに世界の海軍のトップレベルにあることを示すものであるが、実際の能力を発揮するためには随分と時間がかかると見られている[2]。確かにその実力はまだまだ明らかではないが、興隆する中国にとって空母保有の意義は大きく、その影響力も絶大である。2012年10月1日、『ワシントン・クォータリー（The Washington Quarterly）』誌に、米ランド研究所のスコーベル（Andrew Scobell）上席研究員とコロンビア大学のネーザン（Andrew J. Nathan）教授が連名で「伸び切った中国（China's Overstretched Military）」と題する論文を発表し、中国人民解放軍の任務は膨大であるため、それを遂行する能力には自ずと限界があると分析している[3]。

　しかしながら、近年の中国の急速な経済成長を見れば、その潜在的能力には計り知れないものがあるであろう。2010年の中国のGDPは5兆ドルに達し、日本を抜いて米国に次ぐ世界第2位となった。世界経済停滞の影響で、主要国が国防費を削減しているなか、2013年度の中国の国防予算が前年比10.7%増の7201.68億元となり[4]、昨年度に引き続きドル換算で千億ドルを超えた。米『ワシントン・ポスト』紙は、2015年に中国の国防費が中国近隣12

空母「遼寧」

カ国の国防費総額を超えると予想している[5]。

この経済成長で自信をつけた中国は、強硬な対外姿勢を示す傾向にあるとともに、着実な軍事力の近代化を進めており、特に、接近阻止・領域拒否（Anti-Access/Area-Denial: A2/AD）能力の向上は顕著である。これにより、アジア太平洋地域における中国のプレゼンスは増大し、空母や強襲揚陸艦による戦力投射能力も大きく強化されていると認識すべきであろう。

米国防総省は、向こう20年間にわたる中国人民解放軍の動向等について継続的に分析を加え、『中国の軍事・安全保障に関する年次報告書2012（Military and Security Developments Involving the People's Republic of China）』（以下、『中国軍事安全保障年次報告書』と言う）として、2000年以降、2001年を除く毎年、議会に報告している[6]。

したがって、本章では、『中国軍事安全保障年次報告書』等を基に、いまだ前途が不明な中国の空母建造から就役までの各種論調を整理し、その評価と戦略的価値について分析を加えることとする。

1　空母建造の経緯

中国空母開発の父と呼ばれている劉華清（Liu Huanqing）は、ソ連の戦略家ゴルシコフ（Sergei Gorshkov）の下で学び、中国海軍の役割を中国の領土を守るとともに西太平洋に戦力投射できる「外洋海軍（blue-water navy）」を構築すべきとし、そのためには、空母を保有しなければならないと主張して

いた[7]。劉華清は、中国海軍が戦う際に最も重要なことは制海であり、制海を達成するためには航空優勢をとらねばならない、したがって空母を保有しなければならないと考えていた[8]。

その空母保有の実現に至った「遼寧」の開発経緯については、米海軍大学のエリクソン（Andrew Erickson）准教授らが、次のように詳細にまとめている[9]。1958年、中国共産党中央軍事委員会において、毛沢東は、商船隊を空母によって護衛することにより海上に鉄道を引く必要性を説いた。1982年に海軍司令員に就任した劉華清は、鄧小平の改革開放政策の下、一貫して空母の必要性を主張した。1985年、オーストラリアから空母「メルボルン」（満載排水量2万トン）をスクラップとして購入、大連で解体し、研究に着手した。1998年、韓国の解体業者を通じて旧ソ連空母「ミンスク」（満載排水量4万1400トン）を、またウクライナから空母「ワリヤーグ」（満載排水量6万7500トン）を購入した。さらに、2000年、ウクライナから空母「キエフ」（同4万1400〜4万5000トン）を購入している。

中国は、訓練・実験用の空母として「ワリヤーグ」の改造を進めたのは、その排水量の大きさから、将来の原子力空母への拡張性を備えたものと推察できる。その「ワリヤーグ」は、クズネツォフ級空母2番艦として、1985年、旧ソ連の黒海造船所で建造が始まり、1988年に進水した。クズネツォフ級空母は、世界初のスキージャンプ甲板を有しCTOL機（通常離着陸機：Conventional Take Off and Landing）を運用するSTOBAR（短距離離陸拘束着艦機：Short Take Off But Arrested Recovery）式空母である。1991年のソ連崩壊に伴い、ウクライナの所有となり、国際オークションにかけられた。2001から2002年にかけて中国へ回航され、2005年に機関等の修理を開始し、2011年にはレーダーや搭載兵器を整備している。売却された時点で、すべての主要構造物は破壊されており、70％程度の完成状態だったと言われている[10]。

搭載航空機については、『中国軍事安全保障年次報告書』2011年版において、次のようにまとめている[11]。固定翼及び回転翼の航空機群が低水準ながらもある程度の戦闘能力を達成するためにはあと数年はかかるであろう。中国

海軍は、空母から発進する固定翼機を操縦する海軍パイロットの訓練を始めるため、地上訓練計画を開始させた。この計画の約 3 年後には、艦上における本格的な発着艦訓練が行われるであろう。現在飛行試験が行われている空母搭載機「殲 J-15」は、2004 年に中国がウクライナから取得したロシアの「スホイ Su-33」の無認可コピー機であるが、中国は独自の技術で開発・製造したとしている。中国は、他国の空母搭載航空機に関心を示しつつ、国内製造計画を進行させているように思われる。2012 年 11 月下旬、中国初の空母「遼寧」において、「殲 J-15」による初の発着艦訓練が実施された。

2. 空母就役の評価

2013 年 4 月 16 日、『中国武装力の多様化する運用』[12] と題された国防白書が発表された。1998 年以降、隔年で発表され、今回で 8 回目である。中国人民解放軍の総数を 140 万人と明記する等、透明性の向上を訴えたとともに、日本が尖閣問題で騒ぎを起こしていると日本を名指し、前回の国防白書にあった核兵器の「先制不使用」の記述を削除したことなどが特徴である。その国防白書には、次の 5 項目の基本政策と原則が示されている。

第 1 に、「国家主権、安全、領土の完全性を防衛する。」

第 2 に、「情報化された条件下での局部戦争に勝利するという目的に立脚し、軍事闘争の準備を拡大し、深化させる。」

第 3 に、「総合安全保障の概念を確立し、戦争以外の軍事作戦（Military Operation Other Than War: MOOTW）を効果的に遂行する。」

第 4 に、「安全保障協力を深化させ、国際的義務を履行する。」

第 5 に、「厳格に法に基づいて行動し、政策規律を厳守する。」

特に、第 4 の国際的義務を履行することは、近年、中国が最も強調しているものである。空母については、「2012 年 9 月、中国初の航空母艦『遼寧号』が引き渡しを終えて就役した。中国が空母を発展させることは、強大な海軍

6章 中国初の空母就役の意義

の建設および海洋安全保障の上で深遠な意義を有する」と記述しており、国際的義務を履行するための活動を活発化させると推察される。

「遼寧」は、STOBAR式空母であり、カタパルトを有していないため、その運用に際しては、搭載航空機着艦を拘束するためのアレスティング・ワイヤー装置とエンジン、及び搭載航空機の性能とパイロットの技術が大きな評価要素となる。

まず、第1にアレスティング・ワイヤー装置については、『中国軍事安全保障年次報告書』2011年版に詳しい[13]。2009年5月、ブラジルのネルソン・ジョビン国防相は、ブラジル海軍が中国海軍に空母作戦の訓練を提供すると発表している。しかしながら、この分野におけるブラジルの能力は限定的であるため、いくつかの疑問が投げかけられている。そのブラジルは、1994年にフランスから空母「サン・パウロ」を購入し、搭載航空機であるA-4スカイホーク攻撃機の発着艦のため、米国製のアレスティング・ワイヤー装置を装備している。現在このアレスティング・ワイヤー装置の技術を保有しているのは、米露だけと言われている。

第2に、エンジンについては、「ワリヤーグ」を購入した際、エンジンは未装備であり、当初蒸気タービンエンジン4基で29ノットの予定であったが、中国に蒸気タービンエンジンやガスタービンエンジンの開発能力がなく、結局、船舶用ディーゼルエンジンを搭載したと見られ、最高速度は19ノットと推察される[14]。

第3に、搭載航空機については、『中国軍事安全保障年次報告書』2012年版に次のような評価がなされている[15]。中国が空母から作戦行動を実施する能力を備えた航空機を配備するようになれば、それは、空母を拠点にした航空作戦のための限定的な能力を提供するはずである。中国初の国産空母のいくつかの部品はすでに建造中なのかもしれず、その空母は、2015年以降に作戦能力を達成し得るかもしれない。中国は、今後10年の間に複数の空母およびそれに関連する支援艦を建造することになりそうである。中国は現在、空母搭載機パイロット養成プログラムを地上を拠点に展開しているが、中国

213

が空母の低水準の戦闘能力を達成するには、さらに数年を要しそうである。
　次に、これらを踏まえた上で、「遼寧」の総合的な評価とその課題について見てみる。2012年9月26日、『フォーリン・ポリシー（Foreign Policy）』誌に、米海軍大学のエリクソン准教授と洞察中国（China SignPost）の共同設立者であるコリンズ（Gabriel B. Collin）が連名で、「嵐の前の静けさ（The Calm Before the Storm）」と題する論文を掲載し、中国が空母を就役させ、これからは運用面で数々の問題に直面するだろうが、中国自身その課題は分かっているので、将来は警戒すべき海軍力となるだろうと指摘している[16]。
　そして、少なくとも次の4つの問題を克服する必要があると整理している[17]。
　第1に、巡洋艦や駆逐艦等に護衛された空母機動部隊を編成しなければならない。
　第2に、それらの艦艇の訓練をしなければならない。
　第3に、多大の人的犠牲を覚悟しなければならない。1949年から1988年の間に、米海軍・海兵隊は、1万2000機の航空機と8500人の乗員を失っている。
　第4に、対潜戦等、現在の中国海軍の弱点を補うことと両立できるか。
　また、米ヘリテージ財団のチャン（Dean Cheng）研究員は、2012年10月11日、「中国の最新空母就役（China's New Aircraft Carrier Joins the Fleet）」とのコラムを掲載し、最近就役した中国の空母「遼寧」は、軍事的には、まだ未整備な部分を含んでいるため現実の「脅威」とは言えないが、政治・外交的には周辺地域の国々に対して影響力を及ぼし、威嚇的効果を持つことになると評価している[18]。
　このように、「遼寧」は個々に課題を有しながらも、総合的に象徴として高い評価が得られているとともに、将来的には大きな進展性を有しているのである。「遼寧」は、練習空母であるが、中国海軍は近代化を加速させつつ、上海において国産空母の建造が進んでいると言われている。上海の江南造船集団責任有限公司は、過去に052型駆逐艦、052B型駆逐艦、035型潜水艦等を

建造している実績ある造船所である。しかしながら、この国産空母建設には、蒸気カタパルトやアレスティング・ワイヤー装置、大型エレベーター等、多くの技術的、機械的課題が残されているのも事実である[19]。

3. 空母の戦略的価値

中国は、これまで空母建造に関心を向けてきたが、次に空母保有後の運用構想としては、「空母戦闘群を編成すれば強大な戦闘体系となる。空母戦闘群は『指天窺地』の立体作戦を実施する部隊であり、海軍作戦能力を極大化する」[20]との認識に基づき、空母戦闘群の編成、さらに艦隊の再編にまで目が向けられてきている。

現在の3個艦隊を2個艦隊とする再編構想が提起されており、現在の北海、東海、南海の3個艦隊を東海、南海艦隊の2個艦隊に再編し、それぞれの艦隊はハイテク技術を取り入れた多用途の空母戦闘群を中核とする編成とし、戦略的防衛任務に当たらせるとの考えも出てきている[21]。

また、香港系雑誌の『鏡報』によれば、中国は今後10年間で、「遼寧」をはじめ3隻の通常型空母による艦隊を作り、その後の10年で2隻の原子力空母を製造する計画であり、空母艦隊を核心的存在として位置づける方針であると評価している[22]。

米海軍のシニアアナリストであるコステカ（Daniel J. Kostecka）も同様の評価を下しており、2020年代初めには、原子力空母2隻を含む5隻程度の空母を保有するとの予測もあり、中国が戦力投射能力を保有し、インド洋や西太平洋に進出しようとしていることは明らかであるとしている[23]。

また、「中国は、空母や強襲揚陸艦というものを、地域紛争における戦闘任務に加えて非伝統的安全保障任務のための重要なプラットフォームとして見なしている。そして、非伝統的安全保障活動により、中国脅威論を煽ることなく東アジア以遠で作戦することができ、国際的責務を果たすことができ、

さらには訓練を実施することができる有用な機会である」[24]と分析しており、コステカが中国の空母や強襲揚陸艦の平時における運用について分析を加え、非伝統的安全保障任務に着目していることは興味深い。

同様に、米海軍大学のエリクソン准教授らによれば、「中国には空母建設に投資する権利があり、戦略的な問題は空母の数や能力ではなく、空母をどのように使うかにある」[25]と指摘している。そして、「中国にとって空母は、海軍の外交的役割の目玉になるとともに、訓練を実施するとともに、人道支援／災害救援活動にも広く活用できる」[26]と分析した上で、中国は海上を支配するために最も効果的なプラットフォームを探し続けており、その行き着く先の1つが空母であると結論づけている[27]。

また、米海軍大学のリー（Nan Li）准教授らによれば、米国にとって中国の空母は対潜水艦能力が向上するまでは、ほとんど問題ではなく、平時には脅威にならないと評価しており、むしろ海賊対処等の警察的役割を担うことが歓迎され、非伝統的安全保障任務を実施するに違いないと分析している[28]。

確かに、中国海軍の対潜水艦能力の低さは多く指摘されているが、平時の任務や協力的環境下では問題とはならないとし、近年急速に進めている装備兵器の近代化は、これまで弱点であった防空能力や通信能力も改善していく可能性があると評価されている[29]。

そして、中国は海上安全保障協力分野での活動が増加する可能性が指摘されており、特に非伝統的安全保障問題に関心を示しているのが顕著である[30]。

おわりに

2009年4月15日、中国海軍創設60周年に際して、呉勝利（ごしょうり）海軍司令員は、「国益の増大と非伝統的脅威の増大によって、海軍が負わなければならない非戦争軍事活動の任務は日増しに増加している。海軍建設において非戦争軍事行動能力を取り入れねばならず、捜索活動等の非戦争軍事活動に関する能

力を育成していく必要がある」[31] と述べている。「遼寧」は、その就役によって世界に中国海軍の象徴として印象付けるとともに、多くの課題を残しつつも、大きな将来性を有し、平時における非伝統的安全保障任務に貢献する等、絶大な影響力を発揮できる戦略的兵器である。

2000年初めには興味深い論調があった。台湾問題から中米が対立した場合には、中国の空母部隊は米空母部隊に格好の目標を提供するだけであり、それよりも厳重な護衛部隊をも突破し、米国の空母を攻撃できる潜水艦部隊を重視すべきであるとの意見である[32]。空母と同じく戦略的兵器と言われる潜水艦に関する記述である。

2006年10月26日、中国の「宋」級通常型潜水艦が、米空母「キティホーク」に魚雷の射程内である約8000mまで近づいたとされる[33]。空母と潜水艦をどのように戦略的あるいは戦術的に運用していくか、このことはアジア太平洋地域における平和と安全のために大きな意義を有することである。

注

1) Andrew S. Erickson and Andrew R. Wilson, "China's Aircraft Carrier Dilemma," *Naval War College Review*, Vol. 59, No. 4, Autumn 2006, p. 14.

2) Robert C. Rubel, "Show of Force-or Just for Show?," *Proceedings*, Vol. 139/4/1, 322, April 2013, p. 17.

3) Andrew Scobell and Andrew J. Nathan, "China's Overstretched Military," *The Washington Quarterly*, Vol. 35, No.4, Autumn 2012, pp. 135-148.

4) 「中国の国防費が10.7％増加 『穴埋め的』から『協調的』へ」人民網日本語版、2013年3月6日、
http://j.people.com.cn/94474/8155415.html.

5) "China's defense budget to top $100 billion for 1st time," *The Washington Post*, March 5, 2012.

6) U.S. Department of Defense, *ANNUAL REPORT TO CONGRESS, Military and Security Developments Involving the People's Republic of China 2012*, May 18, 2012.

7) Ian Storey and You Ji, "China's Aircraft Carrier Ambitions: Seeking Truth from

Rumors," *Naval War College Review*, Vol. LV II, No. 1, Winter 2004, p.78.
8) Ibid., pp. 85-86.
9) Andrew S. Erickson, Abraham M. Denmark, and Gabriel Collins, "Beijing's "Starter Carrier" and Future Steps: Alternatives and Implications," *Naval War College Review*, Vol. 65, No. 1, Winter 2012, pp. 18-19.
10) *Jane's Defense Weekly*, Vol.42, Issue 33, August 17, 2005.
11) U.S. Department of Defense, *ANNUAL REPORT TO CONGRESS, Military and Security Developments Involving the People's Republic of China 2011*, August 24, 2011.
12) 中国国務院新聞弁公室『中国武装力の多様化運用』、2013 年 4 月。
13) U.S. Department of Defense, *ANNUAL REPORT TO CONGRESS, Military and Security Developments Involving the People's Republic of China 2011*, August 24, 2011.
14) 田中三郎「中国『海洋制覇』のシンボル空母ワリヤーグ号」『軍事研究』2012 年 10 月号、45-46 頁。
15) U.S. Department of Defense, *ANNUAL REPORT TO CONGRESS, Military and Security Developments Involving the People's Republic of China 2012*, May 18, 2012.
16) Andrew S. Erickson and Gabriel B. Collin, "The Calm Before the Storm," *Foreign Policy*, September 26, 2012.
17) Ibid.
18) Dean Cheng, "China's New Aircraft Carrier Joins the Fleet," *The Heritage Foundation*, October 11,2012,
　　http://www.heritage.org/research/reports/2012/10/china-s-new-aircraft-carrier-liaoning-joins-the-fleet.
19) Storey and Ji, "China's Aircraft Carrier Ambitions: Seeking Truth from Rumors," p. 88.
20) 『解放軍報』2005 年 7 月 20 日。
21) 劉一建『制海権与海軍戦略』国防大学出版社、2000 年、236 頁。
22) 梁天仞「十八大吹響強軍號角」『鏡報』2012 年 12 月号。
23) Daniel J. Kostecka, "From The Sea: PLA Doctrine and the Employment of Sea-Based Airpower," *Naval War College Review*, Vol. 64, No. 3, Summer 2011, pp.11-12.
24) Ibid., pp. 22-24.
25) Erickson, Denmark, and Collins, "Beijing's "Starter Carrier" and Future Steps:Alternatives and Implications," p. 50.
26) Erickson and Wilson, "China's Aircraft Carrier Dilemma," p. 22.
27) Ibid., p. 37.

28) Nan Li and Christopher Weuve, "China's Aircraft Carrier Ambitions: An Update," *Naval War College Review*, Vol.63, No. 1, Winter 2010, pp. 27-28.
29) Phillip C. Saunders, Christopher D. Yung, Michael Swaine, and Andrew Nien-Dzu Yang, *The Chinese Navy: Expanding Capabilities, Evolving Roles*, Washington, D. C. : National Defense University Press for the Center for the Study of Chinese Military Affairs Institute for National Strategic Studies, December 12, 2011, p. 287.
30) Ibid., p. 288.
31) 陳万軍、呉登峰「呉勝利：海軍能随時遂行多様化軍事任務」新華網、2009 年 4 月 15 日、
http://news.xinhuanet.com/newscenter/2009-04/15/content_11191751_1.htm.
32)「中国需要航空母艦？」『艦船知識』艦船知識雑誌社、2000 年 4 月、9-10 頁
33) *The Washington Times,* November 14, 2006.

7章
潜水艦部隊の発展

山内 敏秀

はじめに

　中国が最初の潜水艦を1953年に受領してから、今年は60周年になる。水上排水量わずか160トンのM級潜水艦から始まり、現在の潜水艦の勢力は*Jane's Fighting Ships 2012-2013*によれば63隻が現役であり、艦級ごとの勢力は表1のとおりである。

　このような勢力の潜水艦部隊を建設した中国の狙いは何なのか。

　中国脅威論の1つの理由として潜水艦が取り上げられるがその実力はどのようなものなのか。内在する問題点は何か。

　潜水艦は海軍艦艇の中でも秘密とされる部分が多く、その実力にアプローチすることは困難ではあるが、中国における潜水艦部隊の発展の軌跡を辿ることにより、以上の疑問を明らかにしたい。

表1　中国海軍の潜水艦勢力

「晋」級弾道ミサイル搭載原子力潜水艦	3＋建造中1（計画2）
「夏」級弾道ミサイル搭載原子力潜水艦	1
「商」級原子力潜水艦	2
「漢」級原子力潜水艦	3
「明」級潜水艦	19
「宋」級潜水艦	13
KILO級潜水艦	12
「元」級潜水艦	8＋建造中4（計画2）
「秦」級潜水艦	1
G級弾道ミサイル搭載潜水艦	1

注：*Jane's Fighting Ships* 2012-2013から筆者が作成。

1. 旧ソ連からの潜水艦導入

　潜水艦部隊の建設は1950年に開かれた建軍会議における決定事項に基づくものであった。建軍会議では、水上艦部隊、潜水艦部隊、海軍航空部隊、沿岸防備部隊（中文：岸防兵）及び海軍陸戦隊の5兵種から成る海軍を建設することとされ、現に保有する力を基礎に魚雷艇、潜水艦及び航空部隊を新たに加えて逐次整備する構想であった。そして、潜水艦部隊の建設は初期段階から主にすると位置づけられていた[1]。

　潜水艦部隊の建設が中国海軍建設の草創期から重視された理由として、毛沢東の歴史認識と安全保障感を指摘することができる。毛沢東は「わが国の海岸線は長大であり、帝国主義は中国に海軍がないことを侮り、百年以上にわたり帝国主義はわが国を侵略してきた。その多くは海上からきたものである」[2]として、近代中国が列強によって領土を蚕食されるという屈辱を味わったのは、中国には海洋はあってもその守りがなかったためだと認識していた。また、旧ソ連における共産主義革命の時の英国やフランスと同じように「ゆりかごのなかにいる共産主義国家を押しつぶそう」[3]として、海を経由してアメリカが介入してくると分析し、いかなる帝国主義者にも再び中国の国土を侵略させないために、「我々は、我が国の海岸線に海上の長城を築く必要がある」[4]と考えた中国は、海軍が単独で実施する任務として対海上封鎖、敵の海上交通の破壊及び機雷敷設を付与した。これらの任務こそ、潜水艦がその特性である隠密性を生かして実施する作戦なのである。

　1950年、中国海軍は旧ソ連に対し潜水艦要員の教育訓練を正式に要請し、1951年4月から旅順に展開する旧ソ連太平洋艦隊の潜水艦部隊において275人の将兵に教育訓練を受けさせた。そして、1953年に旧ソ連からM型潜水艦1隻を受領し、翌1954年6月19日、中国海軍最初の潜水艦部隊である独立潜水艦大隊が編成された。独立潜水艦大隊が編成された5日後の6月24日、

第 7 章　潜水艦部隊の発展

旅順港に停泊する 2 隻の旧ソ連の C 級潜水艦[5] が中国海軍に引き渡された。この 2 隻をもって警戒任務が開始された。さらに 1955 年 6 月に 2 隻の C 級潜水艦が編成に加えられた。

　M 型潜水艦は第 2 次世界大戦以前に沿岸防衛の目的で旧ソ連において設計されたものである。M-I 型潜水艦の主要性能・要目は次のとおりである。

- ◆水上排水量：160 トン
- ◆水中排水量：200 トン
- ◆全長：124 フィート
- ◆全幅：10.25 フィート
- ◆推進方式：ディーゼル電気推進
- ◆軸数：(*Jane's Fighting Ships* に記載なし)
- ◆水上速力：13 ノット
- ◆水中速力：7 ノット
- ◆主要兵装：533mm 発射管×2

　注：*Jane's Fighting Ships* 1961-1962 から筆者が作成。

また、C 級潜水艦の主要性能・要目は次のとおりである。

- ◆水上排水量：856 トン
- ◆水中排水量：(*Jane's Fighting Ships* に記載なし)
- ◆全長：77.75m
- ◆全幅：6.34m
- ◆推進方式：ディーゼル電機推進
- ◆軸数：2
- ◆水上速力：18.85 ノット
- ◆水中速力：8.55 ノット
- ◆主要兵装：533mm 発射管×6（前部×4、後部×2）、53-38 魚雷×12、100mm 単装砲×2、45mm 単装機関砲×12

　注：*Jane's Fighting Ships* 1961-62 及び『艦船知識』総第 387 期、2011.12 から

223

筆者が作成。

　その後、Shshuka 型潜水艦 4 隻が導入されている。Shshuka 型潜水艦は 1935 年から 1947 年にかけて旧ソ連において建造され、1963 年には全艦除籍されている。Shshuka 型潜水艦の主要性能・要目は次のとおりである。
- ◆水上排水：620 トン
- ◆水中排水量：738 トン
- ◆全長：190.25 フィート
- ◆全幅：19.25 フィート
- ◆推進方式：水上／ディーゼル推進水中／電動機
- ◆軸数：(*Jane's Fighting Ships* に記載なし)
- ◆水上速力：15.5 ノット
- ◆水中速力：8.5 ノット
- ◆主要兵装：533mm 発射管×2、45mm 機関砲×2、対空機銃×2

注：*Jane's Fighting Ships* 1961-62 から筆者が作成。

　これらM型潜水艦、C型潜水艦及び Shshuka 型潜水艦は、いずれも旧ソ連において沿岸防備用に建造されたものであり、中国の海の長城建設という意図に合致するものであった。しかし、朝鮮戦争は、中国沿岸を「国門」と捉え、海の長城を建設するためには沿岸防備用の潜水艦を整備してきた中国に大きな衝撃を与え、潜水艦部隊建設の転換点となった。
　朝鮮戦争勃発後、米極東空軍は朝鮮半島に最も近い福岡に使用可能な戦闘機を集中したが、戦闘機部隊は地上軍支援のために爆弾等を搭載すると戦闘行動半径が極めて短くなるという問題が発生した。この問題を解決したのが空母搭載航空機であった。朝鮮戦域では当初、米空母「バレー・フォージュ」が唯一の正規空母であったが、「バレー・フォージュ」から運用される搭載機は、福岡や韓国内の基地から発進する空軍機では到達が困難な北朝鮮の目標地域を行動圏内に収めていた。しかも、海上に浮かぶ航空基地と言って良い

空母は自由に海上を移動した。この空母戦闘群を中心とする米海軍を阻止することは、沿岸防備用の潜水艦では困難であった。特に台湾解放を視野に入れたとき、介入してくる米海軍の主たる行動海域は太平洋となる。大西洋を主たる行動海域として750トンのUボートⅦ型を主力に潜水艦戦を展開したドイツと、太平洋を主戦場として1500トンから2500トンのイ号潜水艦を整備してきた日本海軍の違いからも理解できるように、太平洋において米海軍を阻止するためには中国海軍にとっても航洋型の潜水艦が必要であった。

1953年6月4日に締結されたいわゆる6・4協定に基づき、中国はW級潜水艦の部品、装備、図面の供与を旧ソ連から受け、旧ソ連技術者の指導を受けながら中国内で組み立てることとなった。1番艦は、1955年4月に江南造船所において建造を開始し、1956年に進水、1957年10月に就役し、翌年、中国海軍の戦闘序列に正式に加わった。その後、武漢造船所が建造に加わり、1962年までに武漢造船所で8隻が建造され、さらに江南造船所において1964年までに13隻が建造された。W級潜水艦の主要性能・要目は次のとおりである。

◆水上排水量：1050トン

◆水中排水量：1600トン

◆全長：245フィート

◆全幅：24フィート

◆推進方式：ディーゼル電気推進

◆軸数：2軸

◆水上速力：17ノット

◆水中速力：15ノット

◆主要兵装：533mm発射管×8（前部6門、後部2門）、魚雷20本または機雷40個、57mm機関砲×2、25mm機銃×2

注：*Jane's Fighting Ships* 1961-62から筆者が作成。

W級潜水艦にはⅠ型、Ⅱ型、Ⅲ型、Ⅳ型、Ⅴ型及びSS-N-3（Shaddock）対

艦ミサイルを搭載した W Twin Cylinder、W Long Bin 並びに Rader Picket 用の W Canvas Bag があるが、中国が導入したＷ級潜水艦はⅣ型とⅤ型である。いずれにせよ、水上排水量 1000 トンを超えるＷ級潜水艦の導入は、中国沿岸が依然「国門」であるにしても、中国海軍が潜水艦の運用海域を沿岸海域から外洋に変更したことを示すものである。

　Ｗ級潜水艦の後継として選ばれたのがＲ級潜水艦である。Ｒ級は 1958 年に 1 番艦が旧ソ連において就役した。1959 年 2 月 4 日に締結された、いわゆる 2・4 協定に基づき、中国は旧ソ連の技術支援を受けて 1962 年にＲ級潜水艦の建造を開始した。そして、1987 年頃に建造が中止されるまでにＲ級潜水艦は 84 隻が建造されている。Ｒ級潜水艦の主用性能・要目は次のとおりである。

　　◆水上排水量：1475 トン
　　◆水中排水量：1830 トン
　　◆全長：76.6m
　　◆全幅：6.7m
　　◆推進方式：ディーゼル電気推進
　　◆軸数：2 軸
　　◆水上速力：15.2 ノット
　　◆水中速力：13 ノット
　　◆主要兵装：533mm 発射管×8（前部 6 門、後部 2 門）、SS-N-27、Yu-4 ホーミング魚雷 Yu-1 魚雷機雷
　　　注：*Jane's Fighting Ships* 2007-08 から筆者が作成。

　建造された 84 隻のうち、7 隻が 1973 年から 1975 年の間に北朝鮮に売却され、1982 年には 2 隻がエジプトに輸出されている。*Jane's Fighting Ships* 2007-2008 では、依然 7 隻のＲ級潜水艦が就役しており、訓練用として使用されていると推測される。Ｒ級潜水艦の 1 隻は対艦ミサイルの実験用プラットフォームに改造されており、北海艦隊に配備されている。同艦は、セイルの両

第 7 章　潜水艦部隊の発展

側に 3 基ずつランチャーを装備しており、YJ-1 対艦ミサイル 6 発を搭載する。ただし、同艦は YJ-1 対艦ミサイルを発射するためには浮上する必要がある。YJ-1 対艦ミサイルは射程約 40km、速力マッハ 0.9 のレーダー・アクティブ・ホーミングのミサイルで、「江衛Ⅱ」級、「江衛Ⅲ」級及び「江衛Ⅳ」級の各ミサイル・フリゲートにも搭載されている。

2. 潜水艦の国産

1)「明」級型潜水艦

　W 級潜水艦及び R 級潜水艦の国内建造によって、潜水艦建造のノウハウを蓄積した中国は、独自の力で潜水艦建造に乗り出すことになった。1965 年、国防科学委員会はミサイル駆逐艦など 4 艦種の研究開発計画を策定し、1967 年中央軍事委員会はミサイル駆逐艦、ミサイル・フリゲートとともに新しい通常型潜水艦の研究開発を正式に決定した。後の海軍司令員劉華清が院長を務めた第 7 研究院では、1964 年に R 級潜水艦の全体の配置のあり方、主機、電機などの改良について研究を進めており、これらの成果は新型潜水艦開発に反映された。

　R 級潜水艦よりも高速で、より航続距離の長い潜水艦を目指して 1969 年に建造が開始されたのが Type035 潜水艦である。同級は NATO のコード・ネームで「明」級として知られている。1 番艦は 1971 年に進水し、1974 年に就役した。以後 23 隻が建造された。建造された 23 隻の内、3 番艦までは既に除籍されており、2012 年 4 月現在、「明」級 SS は 12 隻が北海艦隊に所属し、8 隻が南海艦隊に所属している。「明」級 SS の主用性能・要目は次のとおりである。

　　◆水上排水量：1584 トン
　　◆水中排水量：2113 トン

227

◆全長:76m
◆全幅:7.6m
◆推進方式:ディーゼル電気推進
◆軸数:2軸
◆水上速力:15ノット
◆水中速力:18ノット
◆主要兵装:533mm発射管×8(前部6門、後部2門)、Yu-4ホーミング魚雷、Yu-1魚雷、機雷

注:Jane's Fighting Ships 2007-08から筆者が作成。

「明」級型潜水艦の艦番号361は2003年、重大な機械的事故に遭い、一酸化中毒のため乗り組み将兵70人全員が殉職した。潜水艦そのものは修理の後、2004年に再就役している。当時の海軍司令員、石雲生は引責退任し、潜水艦畑の張定発が後任となり、潜水艦部隊の立て直しが期待された。

また、同年、「明」級型潜水艦の1隻が浮上状態で大隅海峡を通峡して日本国内の注目を集め、中国脅威論を刺激した。「明」級型潜水艦の建造は1996年で終了したと考えられていたが、その後も2隻が建造されており、後に述べる「宋」級潜水艦が予定の成績が上げられなかったために潜水艦勢力維持のために建造が継続されたものと推測される。

2)「宋」級潜水艦

1980年代初め、中国海軍はR級潜水艦と「明」級型潜水艦を主力潜水艦として保有していたが、両艦種とも当時の潜水艦戦の要求に応える能力に欠けていた。このため、鄧小平は海軍司令員に就任した劉華清に対し次世代の通常型潜水艦の開発を命じ、海軍が行う艦艇開発の重要事項の1つとして潜水艦開発を開始した。

さらに、前述のように85戦略転換に伴い、中国海軍はこれまでの対ソ脅威

認識に基づく近海防御戦略を見直し、300万km²の海洋管轄権を維持することを目的とする新たな近海防御戦略を策定した。そして第1島嶼線の内側海域、すなわち渤海、東シナ海、南シナ海 においてシーコントロール[6]を確保し、第1島嶼線の第2島嶼線の間においてはシーディナイアル[7]を目指していた[8]。第1島嶼線以西におけるシーコントロールを獲得するためには、島嶼線に存在する海峡を通過して敵が侵入することを阻止する必要があり、このためには「明」級SSよりも水中運動性能、捜索力、攻撃力に優れた潜水艦が必要であった。次世代潜水艦への要求性能は、水中速力を向上させ、航走雑音を低減すること、性能を向上させたソナー・システム及び戦闘指揮システムの採用、先進の有線誘導魚雷、新型魚雷が発射可能であること、対艦ミサイル、対潜ミサイルが水中発射可能であることであった。

このような要求を受けて建造されたのがType039潜水艦、NATOコードで「宋」級として知られる潜水艦であり、中国の通常型潜水艦の歴史を画期する潜水艦である。同級潜水艦は、水中速力の増大を図り、かつ航走雑音を低減するために水中での船体抵抗がより小さい涙滴型の船体の採用とともに推進器を7枚翼のスキュード・プロペラを装備し、キャビテーションの抑制を図った。また、「明」級SSでは潜舵は艦首に引き込み式で装備されていたが、「宋」級SSでは、潜舵の動きによって生じる雑音が艦首のソナーの障害とならないよう潜舵を艦橋下のセイル上に装備した。さらに、デジタル化したソナーシステムと自動化戦闘指揮システムの採用、有線誘導の対潜魚雷、潜対艦ミサイル、潜対潜ミサイルの搭載など新機軸が取り入れられてきた。

「宋」級潜水艦の船体は複殻式であり、耐圧船殻は7個の区画に分かれており、外殻には吸音タイルを装着して、敵のアクティブ・ソナーによる探知を回避できるようにしている。

しかし、「宋」級潜水艦の性能、特に音響性能は中国海軍が期待したものではなかったと考えられる。1番艦は1995年に公試を開始したが、就役したのは1999年と大幅に遅れている。1番艦の艦橋を含めたセイル上部の構造は2段構造となっていたが、2番艦以降1段構造に改められており、2番艦以降は

Type039に改の中国発音の頭文字を付してType039Gと呼ばれる。1番艦の凹凸の多い船体構造による雑音の発生は構造の変更によって改善されたと考えられるが、「宋」級潜水艦の雑音低減は中国海軍が十分に満足するものではなかった。米海軍ではロシアから導入したKILO級潜水艦以外は第1コンバージェンス・ゾーン（convergence zone）[9]において探知が可能であると評価している[10]。この評価には「宋」級潜水艦も含まれると捉えるのが妥当であり、同級潜水艦の雑音低減が不十分であることを意味している。

また、デジタル化を図ったソナーシステムは艦首に球形ソナーを装備し、舷側にはフランク・アレー・ソナーを装備したが、遠距離で目標を先制探知し、攻撃を行うという目標には能力が不足していると評価されている[11]。「宋」級潜水艦の主要性能・要目は次のとおりである。

◆水上排水量：1729トン

◆水中排水量：2286トン

◆全長：74.9m

◆全幅：7.5m

◆推進方式：ディーゼル電気推進

◆軸数：1軸

◆水上速力：15ノット

◆水中速力：22ノット

◆主要兵装：533mm発射管×6、YJ-82対艦ミサイル、Yu-3ホーミング魚雷、Yu-4ホーミング魚雷、Yu-6ウェーキホーミング魚雷、機雷

注：*Jane's Fighting Ships* 2012-13から筆者が作成。

3）KILO級潜水艦の導入

現在、中国海軍の通常型潜水艦の主力の1つが、ロシアから導入したKILO級潜水艦である。KILO級潜水艦の最初のロシアへの発注は1993年である

ことから、当初の目的は旧式で老齢化してきたR級潜水艦及び「明」級型潜水艦の代替艦として、併せてロシアからの潜水艦技術の入手を狙って導入が決定されたとするのが妥当であろう。この時、中国は4隻のKILO級潜水艦を発注した。

最初の2隻は旧ワルシャワ条約機構加盟国向けに建造され、後にキャンセルされたProject 877EKMで、1995年2月及び11月に相次いで中国に到着した。3隻目と4隻目はより新しいProject633である。しかし、2002年5月に契約された追加の8隻は、「宋」級潜水艦の戦力化の遅れを補完するためのものと考えられ、対艦ミサイルSS-N-27の導入もその文脈上にある中国海軍の要求と言えよう。

KILO級潜水艦は1979年に旧ソ連において1番艦が進水した。ドイツのUボートXXI型を参考に航洋型潜水艦として旧ソ連は、Project611（NATOコードでZ型と呼ばれた）潜水艦を建造し、その後継艦としてProject641（NATOコードでF型と呼ばれる）、Project641 B（NATOコードでT型と呼ばれる）が続くことになるが、これらの航洋型潜水艦の系譜に連なり、後継として建造されたのがKILO級潜水艦である。同級潜水艦の初期型は旧ソ連においてはProject877と呼ばれ、NATOコードでK級とされたが、Kの発唱であるKILO級と呼ばれることが多い。魚雷発射システムを改良したのがProject877Kと呼ばれ、有線誘導魚雷を搭載できるように改良されたものがProject877Mと呼ばれる。KILO級潜水艦の主要性能・要目は次のとおりである。

- ◆水上排水量：2325トン
- ◆水中排水量：（*Jane's Fighting Ships*に記載なし）
- ◆全長：72.6 m（Project633：73.8 m）
- ◆全幅：9.9m
- ◆推進方式：ディーゼル電気推進
- ◆軸数：1軸
- ◆水上速力：10ノット
- ◆水中速力：17ノット

◆主要兵装：533mm 発射管×6、SS-N-27TEST71/96 ホーミング魚雷 53-65 ウェーキホーミング魚雷、機雷

注：*Jane's Fighting Ships* 2012-13 から筆者が作成。

4)「元」級潜水艦

　中国では Type041 と呼ばれる「元」級は、ロシアから導入した KILO 級と同等の性能を有する国産潜水艦を建造するとの考えから開発されたものである。その背景には Su-27SK 導入を巡る中ロの対立があるものと考えられる。
　「元」級潜水艦は、その形状からは KILO 級と「宋」級双方の影響を見ることができる。涙滴型の船形、比較的大きなセイルは KILO 級の影響を色濃く受けており、潜舵をセイルに配置し、縦舵と横舵は十字型に配置されている点などは「宋」級の影響を受けている。涙滴型船形を採用していることから複殻式船体と推測され、船体表面にはアクティブ・ソナーからの探知を局限するためのタイルが貼られている。KILO 級潜水艦は第 1 Convergence Zone では探知が困難とされるほどに静粛化が進み、旧ソ連では KILO 級潜水艦を千島列島の各アクセス・ポイントに配備し、オホーツク海へ侵入しようとする米原子力潜水艦を先制探知し、追尾してきたとされる[12]。KILO 級潜水艦の導入によって移転した技術をもって開発した「元」級潜水艦は冷戦期の KILO 級潜水艦と同様に主として第 1 島嶼線のアクセス・ポイントに配備され、敵、特に敵潜水艦の侵入を阻止することが主任務となろう。「元」級潜水艦の主要性能・要目は次のとおりである。

　　◆水上排水量：2900 トン
　　◆水中排水量：(*Jane's Fighting Ships* に記載なし)
　　◆全長：72m
　　◆全幅：8.4m
　　◆推進方式：ディーゼル電気推進
　　◆軸数：(*Jane's Fighting Ships* に記載なし)

◆AIP：スターリング・エンジン×2
◆水上速力：(*Jane's Fighting Ships* に記載なし)
◆水中速力：(*Jane's Fighting Ships* に記載なし)
◆主要兵装：533mm 発射管×6、YJ-82 対艦ミサイル、Yu-3 ホーミング魚雷、Yu-4 ホーミング魚雷、Yu-6 ウェーキホーミング魚雷、機雷

注：*Jane's Fighting Ships* 2012-13 から筆者が作成。

3. 原子力潜水艦の建造

1) 「漢」級原子力潜水艦

　中国における原子力潜水艦の開発は、毛沢東が「1万年かかっても原子力潜水艦を持つ」[13] と言ったことに始まる。その実際の研究開発の動きは、聶栄臻（じょうえいしん）が科学技術開発12年計画について軍事的視点を強調し、1956年の早い段階で潜水艦用の原子炉の建設に優先度を与えたときに始まった。
　1956年、ミサイルに関する科学技術研究の領導機構として国防部航空技術委員会が設立された。さらにミサイル管理局、ミサイル研究院など10個の研究室が設立され、ミサイル研究は軌道に乗り始めた[14]。さらに海軍は、1958年までに艦艇設計、水中武器、水中音響などに関する6つの研究院を設立し、1959年にその領導機構として海軍科技研究部を設置した[15]。
　1958年6月、聶栄臻は軍事委員会の会議の開催期間中に、原子力潜水艦及び潜水艦搭載弾道ミサイルのプログラムを開始する旨の提言を国防部長彭徳懐と周恩来を経由して毛沢東と党中央に提出した。周恩来は、聶栄臻の提言に高い優先順位を与え、鄧小平を通じて政治局常務委員会に提出し、常務委員会は遅滞なくこれを承認した[16]。ここに09プロジェクトと呼ばれる原子力潜水艦建造のプログラムが正式に動き始めた。

1958年、海軍政治委員蘇振華を代表とする中国科学技術代表団は原子力潜水艦の問題で旧ソ連と交渉を行い、1959年2月4日に、いわゆる2・4協定が締結され、旧ソ連はミサイル搭載通常型潜水艦、中型攻撃型潜水艦、大型及び小型ミサイル艇並びに水中翼魚雷艇の5艦種、潜対地弾道ミサイルと艦対艦巡航ミサイルの2種類のミサイル、艦艇の動力装置、レーダー、ソナー、無線通信、航海計器など51の項目について技術を中国に供与することを同意した[17]。この中にはG級潜水艦及びR-11FMミサイルを組み立てるために必要な器財、部品、技術データが含まれていた。

　しかし、中国の経済状況、技術力の不足などの理由から、09プロジェクトは1961年に縮小され、翌1962年に中断されることとなった。多くの者が他の部署へ異動する中、中核となる技術者は研究を継続し、1965年の再開にこぎ着け、1972年までに攻撃型原子力潜水艦を進水させることが決定された[18]。文化大革命の惨禍をくぐり抜けた09プロジェクトは、09-1（NATOコード「漢」級）と名付けられた攻撃型原子力潜水艦の複殻式船体の建造を渤海造船所において開始した。09-1は20回以上の海上公試を含む各種の試験を経た後、1974年8月1日、中央軍事委員会は09-1の1番艦を「長征1号」と命名し、海軍は艦番号401を付与した。ただ、*Jane's Fighting Ships 2007-2008*は、原子炉の問題のため1番艦の就役が1974年まで遅れ、1980年代に入るまで完全な稼働状態にはならなかったと指摘する。「漢」級原子力潜水艦の主要性能・要目は次のとおりである。

◆水上排水量：4500トン

◆水中排水量：5500トン

◆全長：98m

◆全幅：10m

◆推進方式：原子力／ターボ電気推進

◆軸数：1軸

◆水上速力：15ノット

◆水中速力：25ノット

◆主要兵装：533mm 発射管×6、YJ-801Q 対艦ミサイル、Yu-3 ホーミング魚雷、Yu-1 魚雷、機雷

注：*Jane's Fighting Ships* 2007-08 から筆者が作成。

日本で「漢」級原子力潜水艦が注目されたのは、2004年11月10日に石垣島と多良間島の間のいわゆる石垣水道において領海を侵犯した事件においてである。16日、中国外交部は中国の原子力潜水艦であったことを認め、技術的問題のために石垣水道に入ったと釈明した。潜水艦による領海侵犯が発覚した場合、技術的問題、特に航海計器の不具合は常に用いられる釈明理由であり、旧ソ連の「ウイスキー・オン・ザ・ロック」[19]と呼ばれた事件でも同じような釈明がなされている。今回の事件は、中国海軍の艦隊が第1島嶼線で閉塞されるのを防ぐために外洋へのアクセス・ポイントを確保しようと、瀬踏みを行ったと見るのが妥当であろう。

2)「商」級原子力潜水艦

「漢」級原子力潜水艦の5番艦の進水を個人的に視察した江沢民は、劉華清に対し、原子力潜水艦を断絶させてはならないと表明した。2年後に劉華清が原子力潜水艦部隊の建設状況を江沢民に報告したが、その際に江沢民が出した指示に基づき1994年、中央軍事委員会と中央専門員会は次世代原子力潜水艦の研究開発の開始を決定した[20]。

1993年に起こった「銀河号」事件[21]は第2世代の攻撃型原子力潜水艦の開発を中国が決心する一因となった[22]。原子力潜水艦は遠距離の情報収集、監視、偵察および中国周辺海域への接近路における ASUW（anti-surface warfare ＝対水上戦）に投入される。さらに、弾道ミサイル搭載原子力潜水艦、空母の護衛の任務に当たることが期待されている。新しい原子力潜水艦は旧ソ連のヴィクターⅢ級原子力潜水艦とほぼ同等の性能を有することを目標に開発され、これが09-3（NATOコード「商」級原子力潜水艦）である。

1番艦は2002年に進水し、2006年に就役した。翌2007年には2番艦も就役し、両艦とも北海艦隊に配備された。しかし、「商」級原子力潜水艦は少なくとも雑音低減には成功しなかったと思われる。ある中国の研究者は「商」級原子力潜水艦の雑音のレベルは、ロシアの「アクラ」級原子力潜水艦のレベルに達していると主張しているものの、他の研究者は米国の「シーウルフ」級原子力潜水艦や「ヴァージニア」級原子力潜水艦の雑音低減レベルには到達していないと指摘している[23]。米国では米海軍情報局（Office of Naval Intelligence：ONI）が、「アクラ」級原子力潜水艦よりも雑音レベルが高いと評価している[24]。いずれにせよ「商」級原子力潜水艦は現代の海上戦闘において任務を達成することはきわめて困難と考えられ、中国においても後継が検討された。「商」級原子力潜水艦の主要性能・要目は次のとおりである。

　◆水上排水量：（*Jane's Fighting Ships* に記載なし）
　◆水中排水量：6096トン
　◆全長：107m
　◆全幅：11m
　◆推進方式：加圧水型原子炉2基、タービン2基
　◆軸数：1
　◆水上速力：（*Jane's Fighting Ships* に記載なし）
　◆水中速力：30ノット以上
　◆主要兵装：533mm発射管6門、YJ-82対艦ミサイル Yu-3 ホーミング魚雷、Yu-4 ホーミング魚雷、Yu-6 ウェーキホーミング魚雷
　　注：*Jane's Fighting Ships* 2012-13 から筆者が作成。

　「商」級原子力潜水艦の後継としては、Type095原子力潜水艦が報告されている。同潜水艦は「遼寧」の就役に伴い、空母戦闘群の Direct Support Submarine＊として期待されている。推進装置としてポンプ・ジェット方式の採用が計画されており、搭載武器の中で注目されるのが「シュクバル」と呼ばれるスーパーキャビテーションを利用した高速魚雷である。ポンプ・ジェ

ット推進方式は高速には適しているが、低速航行には向いておらず、Type095 原子力潜水艦の Direct Support Submarine としての能力には疑問が残る。

　「シュクバル」は魚雷の管体と水との間に薄い空気の層を形成し、水の抵抗を抑えて高速を得るように開発されたもので、先制攻撃を受けた場合に敵の魚雷を破壊することが第一の目的とされており、可能であれば敵の潜水艦そのものを撃沈することを狙っている。このため、核弾頭を装着している。Type095 原子力潜水艦は 2015 年の就役が推測されているが、すでに現時点において、雑音レベルは旧ソ連が 20 年前に建造したアクラ級原子力潜水艦よりも高いという評価もある[25]。

4．弾道ミサイル搭載原子力潜水艦の建造

1)「夏」級弾道ミサイル搭載原子力潜水艦

　1950 年、モスクワを訪問した毛沢東はスターリンから核の傘の提供を取り付けた。しかし、スターリンの死後、権力を握ったフルシチョフとの会談において毛沢東は旧ソ連の中国に対する態度の変化を感じ取った。2・4 協定に基づき、旧ソ連から供与された部品は大連造船所において組み立てられ、1964 年、潜水艦は進水した。

　搭載するミサイルについては、1955 年 1 月にプロジェクト 02 と呼ばれる核兵器開発のプログラムが立ち上げられ、翌年、毛沢東は将来の戦略兵器の運搬手段となる航空機及びミサイルを研究開発するよう指示した。G 級潜水艦とともに旧ソ連から提供された R-11FM ミサイルを発射するためには潜水艦

Direct Support Submarine　空母戦闘群の前衛としてスプリント・アンド・ドリフト（ソナー捜索のために低速での航行と前程へ進出するために高速での航行）を繰り返して敵潜水艦の捜索を行うこと。

の浮上が必要であり、中国は潜航中の潜水艦から発射できる固体燃料ミサイルの開発を目指した。

1964年、総参謀部はミサイル開発プロジェクトを「巨龍（julong）1」と命名し、略称をJL-1とした。なお、8年後に「巨龍（julong）1」から「巨浪（julang）」に変更されたが、頭文字が同じことから略称はそのままJL-1が使用された。設計グループは、弾道ミサイルの発射システムが技術的な問題の鍵となると認識していた。また、ミサイル発射時の速力をどうするかも問題であった。米国の弾道ミサイル搭載原子力潜水艦のミサイル発射時の速力は0.5ノット程度で、いわゆるホバリングに近い状態である[26]。この状態で潜水艦がミサイルを発射するためには、発射時の大きな重量の変化に迅速に、かつ正確に対応できる注排水装置が必要であり、これがなければ安全な潜航を維持することはできない。一方、旧ソ連では約5ノットの速力を維持してミサイルを発射しており、中国は旧ソ連と同じように約5ノットで発射することとした[27]。また、発射方式として、JL-1弾道ミサイルが水面上10～15mに達して初めてエンジンが点火する[28]、いわゆるコールド発射方式を採用した。JL-1弾道ミサイルの最初の発射実験は1982年4月に水中に設置されたポンツーン上から行われた。JL-1の実験プラットホームとしてG級潜水艦が予定されたが、前述のように同艦が搭載するミサイルはR-11FMであり、同ミサイルは中国が開発しつつあったJL-1ミサイルよりも小型であった。このため、JL-1の発射実験に対応できるよう1968年、中国海軍はG級潜水艦の改造を承認した。

そして、1982年10月12日、JL-1ミサイルは潜航中のG級潜水艦から発射され、水面に出た瞬間にエンジンが点火し、実験は成功した[29]。攻撃型原子力潜水艦の建造計画である09-1プロジェクトが最終段階に入る頃、弾道ミサイル搭載原子力潜水艦の09-2プロジェクトが動き始め、1973年に09-2（NATOコード「夏」級原子力潜水艦）を進水させることを目標とすることが決定された。実際に「夏」級原子力潜水艦が進水したのは1981年4月であり、1985年に同艦からの発射実験が行われたが成功せず、同艦の就役は1987

年にずれ込んだ。発射実験は1988年9月に成功するが、それ以降の発射成功は報じられておらず、「夏」級弾道ミサイル搭載原子力潜水艦も抑止任務には一度も就いていないとされている[30]。その原因のもっとも大きなものは160dbとも言われる[31]「夏」級弾道ミサイル搭載原子力潜水艦の雑音レベルの高さとJL-1ミサイルの射程の短さである。JL-1ミサイルの射程は2150Kmであり、同潜水艦が核攻撃を行うためには目標とする国の沖合にまで進出する必要があるにもかかわらず、雑音レベルが高いために進出途上で捕捉される可能性は極めて高い。このため、信頼性のある第2撃力を構成することは困難である。

また、同級の2番艦は1982年に進水したが、1985年に事故のため喪失した[32]とされており、1隻では戦略的確抑止任務を維持することは不可能であり、「夏」級弾道ミサイル搭載原子力潜水艦は信頼できる第2撃力を構成することはできず、象徴的な意味合いしか持っていないと言えよう。「夏」級原子力潜水艦の主要性能・要目は次のとおりである。

- ◆水上排水量：(*Jane's Fighting Ships* に記載なし)
- ◆水中排水量：6500トン
- ◆全長：120m
- ◆全幅：10m
- ◆推進方式：原子力・ターボ電気推進
- ◆軸数：1軸
- ◆水上速力：(*Jane's Fighting Ships* に記載なし)
- ◆水中速力：22ノット
- ◆主要兵装：533mm発射管×6、JL-1弾道ミサイル×12、Yu-3ホーミング魚雷

注：*Jane's Fighting Ships* 2007-08 から筆者が作成。

2)「晋」級弾道ミサイル搭載原子力潜水艦

　前述のように「夏」級弾道ミサイル搭載原子力潜水艦は象徴的役割でしかないことから、中国としては信頼できる核抑止力を提供できる弾道ミサイル搭載原子力潜水艦を必要としていた。潜水艦の開発は先に述べたように江沢民の指示により 1994 年から始まり、「商」級原子力潜水艦の船体を延長し、12 基の弾道ミサイルを搭載できるように開発した。その手法は「漢」級原子力潜水艦の船体を延長して建造した「夏」級弾道ミサイル原子力潜水艦と同じである。そして完成したのが 09-4（NATO コード「晋」級原子力潜水艦）である。1 番艦は 2007 年に就役し、6 隻が計画されている。これは潜水艦の稼働率を 3 分の 1 と仮定すると、2 カ所で戦略展開できることを意味する。

　搭載する弾道ミサイルは、1991 年に開発が始まった固体燃料で移動式の大陸間弾道ミサイルである東風 31 号を潜水艦搭載用に改良し、巨浪－2（JL-2）と命名された。射程は約 7400km と伝えられる[33]。この射程は米本土 48 州のうちの西半分を攻撃する場合でも、ハワイ西方海域まで「晋」級弾道ミサイル搭載原子力潜水艦が進出しなければならない[34] ことを意味する。

　JL-2 の開発は、「ゴルフ」級潜水艦を改造した発射試験用潜水艦からの水中発射試験によって 2001 年から続けられたが、「晋」級弾道ミサイル搭載原子力潜水艦からの実用試験は確認されておらず、戦力化は不透明な状況にある。また、中国の潜水艦に共通する欠点である雑音低減の問題も克服できていないと考えられ、2009 年 3 月に起こった米海軍音響測定艦「インペッカブル」に対する中国漁船の異常接近は、「晋」級弾道ミサイル搭載原子力潜水艦の雑音の大きさを物語っていると言えよう。

　「インペッカブル」は、「晋」級弾道ミサイル搭載原子力潜水艦の海上公試に合わせ、同艦の音響データ収集に当たっていたと推測される。「インペッカブル」は曳航式ソナーを使って対象とする艦艇、特に潜水艦の音を収集するのであるが、もし、対象とする潜水艦から放射される音が周辺雑音よりも

レベルが低ければ、その音は雑音に紛れ、潜水艦を探知し、その音響情報を収集することは不可能である。「インペッカブル」の事件は、漁船の雑音をもって「晋」級弾道ミサイル搭載原子力潜水艦の放射雑音をマスクしなければならないほどに、同艦の放射雑音は高いということを物語っている。

　このように見ると核の三本柱の一翼として「晋」級弾道ミサイル搭載原子力潜水艦が機能するためには、搭載する弾道ミサイルの射程から外洋に戦略展開させる必要があるが、護衛に当たる「商」級原子力潜水艦を含め雑音が大きく、「夏」級弾道ミサイル搭載原子力潜水艦と同様、信頼性のある第2撃力となり得ない。このため、中国は「晋」級弾道ミサイル搭載原子力潜水艦の後継としてType096の開発を始めたとされており、搭載する弾道ミサイルもJL-2の後継となるJL-3を予定しているとされるが、いずれもその詳細は不明である。「晋」級原子力潜水艦の主要性能要目は次のとおりである。

◆水上排水量：(*Jane's Fighting Ships*に記載なし)
◆水中排水量：(*Jane's Fighting Ships*に記載なし)
◆全長：137
◆全幅：11.8
◆推進方式：加圧水型原子炉2基、タービン2基
◆軸数：1軸
◆水上速力：(*Jane's Fighting Ships*に記載なし)
◆水中速力：(*Jane's Fighting Ships*に記載なし)
◆主要兵装：533mm発射管6門、SLBM発射筒12基、JL-2　SLBM×12
　注：*Jane's Fighting Ships* 2012-13から筆者が作成。

おわりに

　増強された潜水艦部隊は、これまで西太平洋における行動の自由を謳歌してきた米海軍が、無視することのできない勢力に成長してきた。米国の国防

総省の『中国の軍事力・安全保障の進展に関する年次報告』(2012 版)(Military and Security Developments Involving the People's Republic of China 2012)などにおいても中国の潜水艦を脅威として捉えている。

　中国の潜水艦はこれまで見てきた発展の軌跡からも理解できるように、第1の任務は中国の「国門」を維持するため海の長城の一翼を形成することである。ただ、「国門」は当初の海岸線付近から第1島嶼線にまで拡大されている。第2に核の第2撃力を提供し、核抑止を維持することである。第3に第1島嶼線以遠において敵、特に米空母戦闘群が自由に海洋を利用することを拒否することである。これらの任務を達成する上で、現在の潜水艦部隊は有力な勢力である。たとえその3分の1が旧式艦であっても、これらは逐次更新されつつあり、さらに新世代の潜水艦の開発も進んでいるからである。

　しかし、水上艦部隊がソマリア沖海賊対処派遣などを通じ、着実に作戦能力を向上させてきたことと比べると、潜水艦部隊の作戦能力には大きな疑問符がつく。それは乗組員の練度よりも潜水艦そのものの欠陥に起因するものである。

　中国は、70隻余の静粛化した潜水艦を保有すると主張する[35]が、これまでにも触れてきたように中国の潜水艦の能力、特に音響特性は現代の潜水艦戦を戦い抜き、勝利を得るためには十分とは言い難い。もちろん、中国においても潜水艦の雑音低減努力は行われており、先に述べた「夏」級弾道ミサイル搭載原子力潜水艦の160dbに比べれば大幅に静粛化されているが、米軍情報局の評価にも見られるように米海軍の潜水艦などと比較すると未だ不十分である。静粛化が進まない理由の1つとして雑音低減技術が浸透していないことが挙げられる。研究者が英知を結集して建造した試作艦的な潜水艦は日本や米国に引けをとらないレベルの静粛化が成されているようであるが、量産の場合にはそのノウハウが生かされていないのである[36]。

　しかし、2013年には海軍工程学院の何琳(かりん)教授が潜水艦の雑音低減技術の開発の功績により国家科技2等奨、軍隊科技1等奨を受賞したように、中国の潜水艦部隊は確実に米国や日本に追随しており、その差を縮めつつあること

には注目しておかなければならない。

注
1) 中国人民解放軍軍兵種歴史義書―海軍史編委編『中国人民解放軍軍兵種歴史義書 海軍史』解放軍出版社、1989 年、31 頁。
2) 倪健中主編『海洋中国―文明中心東移与国家利益空間』中冊、中国国際広播出版社、1997 年、839 頁。
3) ハリソン・E・ソールズベリー　天児慧監訳「ニュー・エンペラー―毛沢東と鄧小平の中国―」福武書店、1993 年、23 頁。
4) 倪健中主編『海洋中国―文明中心東移与国家利益空間』中冊、839 頁。
5) 同級潜水艦の艦種の表記について、中国文献は旧ソ連の表記をそのままにロシア語アルファベットによっているが、*Jane's Fighting Ships* は英語のアルファベットに転換し、表記している。ロシア語のＣは英語のＳに相当する。
6) シーコントロールとは「特定の場所において、特定の期間、自己の目的を達成するために自由に海洋を利用し、必要な場所において敵が海洋を使用することを拒否するという環境」を指す。(Command of the Defense Council, *The Fundamentals of British Maritime Doctrine*, London: Stationary Office, 1995, p.66.)
7) シーディナイアルは「我が方がある海域を利用する意志または能力を有しないが敵が当該海域をコントロールすることを拒否する」ことであり、シーコントロールにおいて敵の海洋利用を拒否することとは異なる。(Command of the Defense Council, *The Fundamentals of British Maritime Doctrine*, p.69.)
8) Cole, Bernard D., *The Great Wall at Sea: China's Navy Enters the Twenty-First Century*, Annapolis: Naval Institute Press, 2001, p.167.
9) 海中における音波伝搬の１つの形態を表す軍事用語である。一般的には深海サウンド・チャンネルとして知られる。水中において音は水の密度の変化によってその速さが変わり、屈折することはよく知られている。水深が深くなるにしたがって水温が低くなる状況では音は海底に向かって屈折していく。しかし、ある水深以上の海域では音の速さは水温ではなく水圧の影響を受けるようになり、音は海面に向かって屈折する。このため、音源から25から30カイリ離れた海面付近にその音が出現することがある。このような現象を convergence zone と呼ぶ。
10) David Axe, 'China's Noisy Subs Get Busier-and Easier to Track' 27 Dec.2011. http://www.wired.com/dangerroom/2011/12/china-submarines/ (at 5 July 2014)

11)「中国常規潜艇」
http://mike1-2004.blog.163.com/blog/static/825523692010928101458379/（at 7 July 2012）
12) 1980年代後半に米海軍関係者への筆者のインタビューによる。
13) 海軍史編委編『海軍史』、83頁。
14) 沈振華『冷戦中的盟友—社会主義陣営内部的国家関係』九州出版社、2013年、164頁。
15) 蕭勁光『蕭勁光回憶録（続集）』解放軍出版社1988年、196-197頁。
16) 海軍史編委編『海軍史』、84頁。
17) 沈振華「援助与限制：蘇連与中国的核武器研制（1949-60）」
http://www.people.com.cn/GB/198221/198974/199957/12798933.html（at 25 Apr. 2014）
なお、沈振華「援助和限制：蘇連対中国研制核武器的方針（1949-60）」『冷戦中的盟友』、152-188頁にはこれに関する記述はない。
18) 海軍史編委編『海軍史』、83頁。
19) 1981年10月、旧ソ連のバルチック艦隊に所属するW級潜水艦がスウェーデンのカールスクルーナの沖合わずか10kmの地点で座礁した事故。旧ソ連は事故原因を航法ミスと説明していた。
20) 劉華清「劉華清回憶録」解放軍出版社、2004年、477頁。
21) 1993年、米海軍は中国貨物船「銀河号」がイラン向け化学兵器物質を積んでいるとしてインド洋の公海上において3週間にわたって停船させた。その後の調査で化学兵器物質は積み込まれていないことが判明したが、米政府は中国に対する謝罪を拒否した。
22) Erickson, Andrew S. , William S. Murray and Andrew R. Wilson, *China's Future Nuclear Submarine Force*, Annapolis, Naval Institute Press,pp.184-185.
23)「中国新型核潜艇戦力強悍：外媒驚恐不安（2）」
http://www.yzw19.com/a/junmipinglun/2012/0315/10799_2.html at 24 Apr. 2014
24) 'A Modern Navy with Chinese Characteristics', Office of Naval Intelligence, Aug 2009.
http://www.fas.org/irp/agency/oni/planavy.pdf#search='Modern+Navy+with+Chinese+Charastaristics'（at 8 Jan.2013）
25) Ibid. あるいは Hans M. Kristensen "China's Noisy Nuclear Submarines"
http://www.fas.org/blog/ssp/2009/11/subnoise.php（at 24 Apr. 2014）
26) Lewis, John W. and Wue Litai, *China's Strategic Seapower:The Politics of Force Modernization in the Nuclear Age*, Stanford, Stanford University Press, P.71.
27) John W. Lewis, *China's Strategic Seapower*, P.71.
28) John W. Lewis, *China's Strategic Seapower*, p.73.

29）John W. Lewis, *China's Strategic Seapower*, P.115.
30）Thomas M. Skypek," China's Sea-Based Nuclear Deterrent in 2020:Four Alternative Futures for China's SSBN Fleet"
http://csis.org/files/publication/110916_Skypek.pdf#search='type096ssbn（at 28 Dec.2012）
31）「中国海軍夏級弾道導弾核潜艇」
http://mil.eastday.com/eastday/mil/node62186/node62675/node125274/userobject1ai2042506.html（at 28 Apr. 2014）
なお、列車が通過するガード下の雑音が100dbと言われることから160dbの雑音がいかに大きな雑音かが想像できる。
32）*Jane's Fighting Ships* 2007-2008, p.116.
33）U.S. Department of Defense, Annual Report to Congress *[on] Military and Security Developments Involving the People's Republic of China 2011*. Washington, 2011, p.3.
34）Ronald O'Rourke,'China Naval Modernization: Implications for U.S. Navy Capabilities-Background and Issues for Congress',8 Feb.2012,
http://assets.opencrs.com/rpts/RL33153_20121017.pdf（at 10 Jan.2013.）
35）「中国海軍擁護有70余艘静音潜艇護美台担憂」
http://military.china.com/zh_cn/head/83/20031229/11594615.html（at 26 Apr.2012.）
36）筆者の潜水艦関係者へのインタビューによる。

8章
中国の両用戦能力
―非伝統的安全保障分野における拡充―

下平 拓哉

はじめに

　2011年12月12日、「戦争以外の軍事活動（Military Operations Other Than War: MOOTW）研究センター」の設立式典が、中国人民解放軍軍事科学院で行われ、国家機関、中央軍事委員会、部隊、大学、公安当局の専門家28人による本格的なMOOTW研究がはじまった[1]。冷戦終結に伴い、非軍事的な諸問題、すなわちテロリズム、海賊、環境汚染、貧困、難民、組織犯罪、麻薬密輸等が新たな脅威として浮上し、安全保障概念は変わりつつある。これまで軍事を中心としていた安全保障が支配的であったが、それのみでは対応できない脅威にどのように取り組んでいくかという新たな安全保障問題が近年より重要性を増している。

　中国は、2011年3月31日、『2010年中国の国防』を公表し、国連平和維持活動（PKO）、海賊対処、災害救援、治安確保等のMOOTWに努めているとし、また、防御的な国防政策の下、近海防衛戦略に基づき、威嚇力と反撃能力を高めているとしている[2]。その威嚇力と反撃能力の発揮を象徴するものとしては、空母と両用戦部隊が考えられる。新太平洋研究所（New Pacific Institute）のホッパー（Craig Hooper）らの分析によれば、中国は、両用戦艦艇の整備により、沿岸やそれを越えての多目的な軍事力を投射する機会を得て、それは太平洋を真に不安定化させる可能性があると分析している[3]。そ

して、「中国だけではなく、現代の両用戦プラットフォームは、大海軍の価値ある前提条件として、世界中に相対的に低コストなシー・ベーシングを提供でき、両用戦の時代は終わっていない」[4]と、両用戦部隊の現代的意義を強調している。

　両用戦部隊に関する中国語文献は、中国国防大学出版のごく限られたものを除き[5]、管見の限り見当たらない。したがって、本章では、中国が進める両用戦能力について、主として欧米の研究論文を分析することを通じ、その実態を明らかにする。まず、伝統的な大陸国家中国の海洋国家化の特徴を明らかにし、次に中国海軍の最近の戦略的特徴を踏まえた上で、中国の両用戦能力について分析を加えることとする。

1.　海洋国家を目指す中国

　1993年に4隻のKILO型潜水艦、1996年に4隻のソブレメンヌイ級駆逐艦をロシアに発注する等、1990年代に入って中国海軍の近代化は顕著になった[6]。また、近年、中国の軍事的活動が一層活発化していることも看過することができない。1974年のパラセル諸島支配、1995年のミスチーフ礁占拠以降、比較的平穏な状況が続き、2002年11月には「南シナ海における関係国の行動宣言（DOC）」がまとめられた。しかしながら、2009年以降、中国は再び南シナ海において強引な行動をとり、国際舞台における発言においても、自己の立場を強く主張する傾向が顕著になってきている。2009年5月の南シナ海における米情報収集船「インペッカブル（USNS Impeccable）」に対する妨害活動、2010年5月の戴秉国(たいへいこく)(Dai Bingguo)国務委員による「核心的利益」発言、6月には、海軍艦艇約10隻が沖ノ鳥島周辺海域に進出し射撃訓練を実施、9月の南シナ海におけるベトナム漁船拿捕と尖閣諸島周辺海域における中国漁船と海上保安庁巡視艇の衝突事件への強硬な対応、そして2011年5月には、中国監視船がベトナム資源探査船のケーブル切断等が挙げられる。こ

れらを分析した米海軍大学中国海事研究所長のダットン（Peter Dutton）教授は、中国の目的を、地域統合、資源管理、安全保障強化の3点にあると整理しており[7]、中国のアジア太平洋地域に対する影響力は確実に高まっていると認識することができる。

また、尖閣諸島をめぐる活動も活発化しており、日中軍事衝突のおそれの分析やシミュレーションまでも活発に論議されている[8]。このように、中国の興隆が現実の問題として突き付けられている。現下の国際システムは、政治的、経済的及び軍事的なグローバル・パワーが分散、拡大しているが、特に、中国の興隆が、容易には見定められない国際秩序に大きな影響を与え続けている。中でも、アジア太平洋地域において、接近阻止・領域拒否（Anti-Access/Area Denial: A2/AD）能力を有する中国の海洋における挑戦が、現在もそして近い将来においても、大きな影響力を及ぼすことが予想される[9]。

米海軍大学のエリクソン（Andrew Erickson）准教授らは、中国のような伝統的大陸国家が、如何にして海洋国家への転換を果し得るかということをテーマとして、『大陸国家が海洋を目指す時（When Land Powers Look Seaward）』を著した[10]。その概要は、次のとおりである。

大陸国家から海洋国家への転換は、大昔からしばしば試みられてきたが、成功した例は殆どない。しかし、中国は、数世紀振りに、有利な条件下で海軍の近代化を本格的に進めている。冷戦終結とソ連崩壊により、中国は、最早、国境線における脅威に直面することはなくなり、その代わりに、海洋領域への転換が最も重要な安全保障上の関心事となった。そして、中国海軍は、強力なA2/AD能力を有する地域海軍力になりつつあるのである。

中国やその他の大陸国家が海へ進出を試みた歴史を調べると、いくつかの普遍的な教訓がある。第1に、地理条件が重要であること。大陸国家は、一般に、その地理的条件から不利益を蒙ってきた。そして、その動かしようのない地理的不利から脱却すべく、中国は万里の長城や三峡ダムのような野心的で戦略的なプロジェクトに度々挑戦してきた。中国は、合理的に見て多くの点で海洋を利用する利点を有しているが、中国と海で接する全ての近隣諸

国と未解決の問題も抱えている。

　第2に、海洋国家への転換は、困難かつ危険な過程であり、これを十分に成し得た近代大陸国家はない。歴史上、海洋国家への転換に成功したのは、ペルシャとローマだけである。これらの場合でも、帝国は、もとの大陸国家としての痕跡を残しており、少なくともある程度は、一度大陸国家であったものは、常に大陸国家である。ペルシャも、海軍を攻撃的な手段としては実際には使用せず、後方支援等に充当したのに過ぎない。

　第3に、地理的な条件の他に、経済的要素も重要である。天然資源とそれを利用した生産によって生じた富は、人口レベルを維持し、財政的資源と産業技術の組み合わせと相俟って軍事的能力になる。ペルシャは、大きな富が大海軍を獲得できることをはじめて示した。中国は、資源とこの様な資源配分を可能とする能力を有しており、強力な経済的基盤とともに包括的な国力がある。海軍の発展に関する長期的な取り組みは、経済的にも合理的である。

　第4に、国家の戦略的見通しである。これは、国際的及び国内的考察によって形成されるものであり、一義的には政権存続の問題である。複数の対立する問題に対する場合は、国家としてバランスを保ち、戦略目標の優先順位を決めることが難しい。中国の場合、長く続いてきた大陸主義者達の国内安定への執心が、昨今の経済発展によって徐々にバランスが保たれ、偉大な力となって屈辱の世紀を払拭し、中国を正当な位置に戻そうとするであろう。

　第5は、リーダーシップである。これは恐らく、海洋国家への転換を活性化する或いは欲求不満に陥らせる最も重要な要素である。鄭和（Zheng He）を支持し、清の改革者達を欲求不満に陥らせたし、劉華清上将（Admiral Liu Huaqing）は、鄧小平（Deng Xiaoping）の支持を得て、中国海軍の地位を段階的に向上させた。中国は、通商の保護と海上交通路の重要性に関わるマハンの考えを高く評価し、長い歴史の中のいつの時代よりも、海洋国家への転換に対して好意的である。しかし、反対に作用する要素も残っている。

　最終的に成功する海洋国家への転換は、海軍戦略と作戦能力によって具現化される。大陸国家は、ほとんどの場合、海洋国家に適合することはできず、

異なる取り組み方をする。オスマン帝国は、地中海の島々を獲得するために水陸両用作戦を実施したが、これを中国に当てはめれば、台湾、澎湖諸島（Penghus）、金門島（Jinmen）及び馬祖列島（Mazu）を除く全ての島々から国家主義者を追放した1949年から1955年の中国国内における軍事作戦に相当するであろう。

中国海軍は、米国と極めて異なって見えるかもしれないが、中国独自の状況に適用すれば、海洋国家化を成功するかもしれない。これまで海洋国家化を試みたことがある大陸国家は、概して失敗してきた。つまり中国は、戦略的逆風下を帆走しているようなものである。しかし、中国は、海洋国家への転換を目指したかつての国々には欠けていた次のような利点に恵まれている。

① 強固な海洋経済
② 活発な造船産業
③ ほぼ全ての近隣諸国との国境線確定
④ 海洋発展を支持し法的に拘束しない指導者

中国は、正に海へ向けて方向転換したところであり、本物の海洋国家へと転換の途次にある。これは、長い歴史の中で画期的なことであり、重要な出来事に違いない。

以上がエリクソンらの分析であるが、中国の海洋国家化は好条件下にあり、確実な進展が認められる。そこで重要視されるのは不変的な地理の活用と戦力投射能力であるが、なかでも特に顕著なのが水陸両用作戦能力とDF-21D対艦弾道ミサイルであろう。まさに、DF-21D等の中国の弾道ミサイルの配備は、「海を制するに陸を用いる（using the land to control the sea）」という取り組みを象徴しているのである[11]。

この現実は、日本にとって避けては通れない問題である。ダットン指摘のとおり、興隆する中国が成長し続けるためには、資源確保のために、安全保障能力を強化し、アジア太平洋地域に影響力を維持すること必要となり、まさにそれが現実化しているのである。

2. 中国海軍戦略の特徴

 2011 年 8 月、米国防総省が発表した『中国の軍事力・安全保障の進展に関する年次報告書(Annual Report to Congress: Military and Security Developments Involving the People's Republic of China 2011)』[12] と 2011 年 11 月に、米中経済安保調査委員会がまとめた『米中経済関係の安全保障に及ぼす影響 (U.S.-China Economic and Security Review Commission)』[13] に共通して強調されていることは、米国が長きにわたって支配してきたアジア太平洋地域の海洋において、中国が挑戦しはじめていることである。
 また、2012 年 5 月、米国防総省が発表した『中国の軍事力・安全保障の進展に関する年次報告書(Annual Report to Congress: Military and Security Developments Involving the People's Republic of China 2012)』[14] において強調されているのは、中国が隣接する関心領域を超えてその任務を大きく拡大しようとしていることであり、リビアからの在留中国人の退避活動、海賊対処活動、PKO における指導的役割、中国海軍の病院船を使用した医療活動を実施している。
 英国際戦略研究所(International Institute for Strategic Studies: IISS)は、2010 年に中国海軍戦略に関する興味深いレポート「中国の 3 点海軍戦略(China's Three-Point Naval Strategy)」をまとめ、中国海軍の近年の戦略的特徴として、抑止効果を備えた軍事演習、遠隔地への戦力投射、そして、軍事交流の 3 つを指摘している[15]。
 この 3 つの特徴に共通することとして、IISS が特筆していることは、遠隔地への戦力投射であり、特に非伝統的安全保障分野において活発化していることである。中国は PKO に積極的に参加してきており、2008 年 12 月以降は、アデン湾における海賊対処にも艦艇を派遣している。派遣当初は、補給することなく任務についていたが、現在では、ジブチやサラーラ(オマーン)、

アデン(イエメン)等に寄港し、補給も実施している。また、多国間月例会議(SHADE)や合同訓練にも参加し、シンガポール海軍と情報交換する等、海賊対処において共同行動をとることに関心を示している。さらに、2010年7月には、071型 Yuzhao 級ドック型揚陸艦「崑崙山(LPD998)」をアデン湾に派遣し、8月には海賊グループを撃退するともに、中国海軍の遠征能力を試した。そして、920型岱山島級病院船「和平方舟(Peace Ark)」がアデン湾において、医療活動に従事し、87日間の任務において、ジブチ、ケニヤ、タンザニア、セーシェル諸島やバングラデシュを訪れている。これらの活動を通じて、中国はMOOTWの意義として、兵士の訓練と装備の試用の機会であると捉えている。

そして中国は地域の戦略的抑止力を発揮しつつ、作戦行動の経験を積み、2国間及び多国間関係を強化しており、台湾問題のみならず、東シナ海や南シナ海における領有権問題においても強大化しつつある海軍力を行使するようになるであろうと結論づけている。

以上がIISSの分析であるが、このような中国の海軍力の積極的な行使に対しては、それが国際規範に則り、不安定化せずに国際的な合意が得られるように注視していく必要がある。

さらに、米海軍大学のエリクソン(Andrew Erickson)准教授は、『ディプロマット(The Diplomat)』誌に「中国の真の外洋海軍(China's Real Blue Water Navy)」を著し、中国が「2層の海軍(a two-layered navy)」を目指しているとの興味深い論を展開している[16]。つまり、近海におけるハイエンド、近海を越えたところでのローエンドを目指しているというものであり、限定的な遠征能力を保有し、強力な地域海軍を建設することを目指していると指摘している。

これらから中国の海軍戦略は、まさに、地域に応じた海軍力の戦力投射にあると考えることができる。

3. フロム・ザ・シー？

　中国の長距離遠征能力の近代化は、071型 Yuzhao 級ドック型揚陸艦1番艦「崑崙山（LPD998）」から本格的に開始された。「崑崙山」は揚陸能力が大幅に向上し、航続距離も延伸し、中国沿岸から遠く離れた地域において作戦し、強襲揚陸から空中側面攻撃、災害救援、破綻国家からの在外中国人の退避といった幅広い任務に従事することが可能となった。2番艦「井崗山」も運用中であり、3番艦「長白山」も竣工した。後続艦も凄まじい勢いで建造中であり、すでに5番艦までの建造が確認され、最終的に8隻建造される見込みである。

　また、081型ヘリコプター強襲揚陸艦（LHD）の建造も始まっている。071型よりも航空機運用能力を向上させ、中国海軍の遠隔地への戦力投射能力を大きく向上させている。フランスのミストラル級と同等で、排水量約2万トン、500人の兵員輸送能力と、ヘリコプターによる空中強襲能力があると見積もられている。

　米海軍のシニアアナリストであるコステカ（Daniel J. Kostecka）は、中国海軍の空母や強襲揚陸艦の将来的な運用を分析し、『フロム・ザ・シー（From the Sea）』を著した[17]。そこでは、伝統的安全保障任務と非伝統的安全保障任務にどのように空母や強襲揚陸艦といったプラットフォームを利用するのかについてまとめている。揚陸部隊に係る概要については、次のとおりである。

　中国は世界有数の強襲揚陸部隊を有している。過去20年、近代化は着実に進捗しているが、新型艦の大半が旧型の代替であり、揚陸能力は2個師団程度で、総合的な輸送能力は大きく増えたわけではなく、ノルマンディー上陸作戦規模の揚陸部隊が必要な台湾上陸作戦を実施するにはまったく足りないが、金門島や馬祖島、南シナ海の小島を占有くらいはできるかもしれない。

将来の中国の水陸両用部隊の構成については、071型×8隻、081型×6隻となるとの予測がなされているが、米国、インド、台湾のアナリストは、071型×6隻、081型3隻と見積もっている。また、米国際評価戦略センター（International Assessment and Strategy Center）のフィッシャー（Richard Fisher）は、071型×2隻、081型×1隻によって構成される3個強襲揚陸群を組織するだろうと予測している。3個遠征打撃群とは言うものの、実際には4500～6000人の兵力、つまり南海艦隊の2個海兵旅団のうちの1つを揚陸するに過ぎない。しかも、この見積もりは、すべての艦船が同時に作戦行動可能な状態にあるという、非常に稀な場合を想定したものである。

中国海軍は約35機の回転翼機を保有していると見られるが、その多くは対潜戦や捜索救難のためのZ-9とKa-28である。現在保有している15機のZ-8だけでは、強襲揚陸部隊を支援するには全く不十分である。

中国の将来の外洋展開型強襲揚陸艦隊の主要任務は台湾侵攻であると推測するアナリストもいるが、コステカは、中国海軍が「崑崙山」や同種の艦艇を台湾侵攻に用いる可能性は低いと見積もっており、次のとおりその理由を付している。第1に、「崑崙山」等を台湾の東海岸に向けることは、中国海軍の新鋭艦を大量にフィリピン海に展開させることを意味し、その海域では米国の攻撃型潜水艦に極めて脆弱である。第2に、071型×6隻、081型×3隻の揚陸部隊であっても、1個海兵旅団（4500～6000人）を輸送できるに過ぎない。橋頭堡を築いた後にも、継続的な作戦行動をとれるような態勢を構築しなければならない。第3に、中国海軍の伝統的な強襲揚陸作戦部隊が、台湾海峡のような狭い海峡で、台湾の高速戦闘艇や対艦巡航ミサイルにさらされるリスクを冒す蓋然性は低い。第4に、「崑崙山」は南海艦隊に所属しているという点から、その役割と任務がうかがい知れる。将来的にはこのクラスの艦が東海艦隊にも配備されるかもしれないが、運用面での問題は残る。

中国は、空母や強襲揚陸艦というものを、地域紛争における戦闘任務に加えて非伝統的安全保障任務のための重要なプラットフォームとしてみている。非伝統的安全保障活動は、中国海軍にとって「中国脅威論」を煽ることなく、

255

東アジア以遠での作戦を実施する良い機会でもあり、MOOTW は、訓練する最適な場の 1 つである。非伝統的安全保障任務には、海上における対テロ活動、大量破壊兵器の海上輸送阻止、PKO、人道支援 / 災害救援（HA/DR）活動、非戦闘員退避活動（NEOs）、海賊対処等がある。

その顕著な事例として、コステカは HA/DR 活動を挙げている。2004 年 12 月のインド洋大津波の際、米国や日本、インド、タイ等が人道支援のために海軍を展開させたのに対し、中国は適当なプラットフォームを有しなかったため、脇に追いやられ、恥をかいたことがあった。揚陸艦や空母を運用するようになれば、中国は東アジアやインド洋において HA/DR 活動に従事するであろう。HA/DR のためにインド洋へ中国海軍の揚陸艦を配備しても、中国脅威論は高まらず、また、中国海軍は国際社会から承認される形でその地域でのプレゼンスを確立することができる。さらに重要なことは、中国は空母と近代的な揚陸艦が有する柔軟性に着目しており、これらを多様な任務を達成するために、空母等を様々な伝統的及び非伝統的安全保障任務に使用するということである。

以上がコステカの分析である。このように、中国海軍の戦力投射能力は、現時点で限定的であるものの、2020 年までに空母とさらなる強襲揚陸艦を獲得すれば、アジア太平洋地域における戦力投射能力は増強され、非伝統的安全保障任務への対応能力も向上する。そして、その空母と強襲揚陸艦能力は、アジア太平洋地域では最強のものとなる可能性があり、中国の周辺海域の権益確保には大きく貢献するものとなるであろう。

4．中国の両用戦部隊

2010 年 8 月、ジェームスタウン財団（Jamestown Foundation）の『チャイナ・ブリーフ（China Brief）』に、元在中米国武官のブラスコ（Dennis J. Blasko）が「中国の水陸両用戦能力－抑止のために（PLA Amphibious Capabilities:

Structured for Deterrence)」と題する興味深い記事を書いている[18]。これは、米国防総省の『中国の軍事力に関する年次報告書』2010年版[19]を基に、独自の分析を加えたものである。

ブラスコによれば、近年の中国の水陸両用戦艦艇の数については、1997年の評価以来変化はないが、非伝統的安全保障任務が増加していることが特徴であると分析している。

一方で、水陸両用戦艦艇の人員は、1997年から2000年にかけて3倍になっており、水陸両用艦艇の近代化が進められている。具体的には、2個師団3個旅団からなり、人員は3万人から3万5000人である。

また、水陸両用戦訓練が年々顕著になってきている。訓練の規模は年によって異なるが、2001年は、陸海空併せて10万人と最大規模の訓練が実施されている。にもかかわらず、特徴的なことは、ここ10年来、上陸能力が変わっていないということであり、せいぜい、東沙や南沙の太平島といった台湾の小さな島嶼に対する上陸作戦しかできないと分析されている。

ここ10年の水陸両用戦艦艇は、旧艦艇の更新によって近代化が進んでいる。しかしながら、上陸兵力が限定され、戦略的な海上輸送能力に乏しいことから、中国の水陸両用戦部隊は、短期間で戦争を準備するというものよりも、より抑止的なものであると評価している。

そして、最近の071型ドック型揚陸艦「崑崙山」の配備等から判断すれば、中国の中核的な任務が地域紛争への準備である一方で、非伝統的安全保障任務に関する作戦に高い優先順位が与えられている。抑止する上で、優先順序の第1が、信頼できる水陸両用兵力の創設であり、第2が、その能力を誇示することであると分析している。

また、ブラスコは、2010年12月、「中国海兵隊（China's Marines: Less is More)」を著し、中国海兵隊の全容について、次のように紹介している[20]。

中国海兵隊は、2個旅団で構成され、1万2000人の兵員を有する組織である。創設は1954年12月。第1次台湾海峡危機における江山島戦役（Battle of Yijiangshan Islands）のために1個師団が配備された。その後、朝鮮戦争から

戻った11万人を編入し、8個海兵師団を組織した。1950年代後半の軍再編に伴い海兵隊は解体され、人員等は陸軍へ移された。しかし、1974年の西沙諸島の戦いにおける陸軍の拙劣さを見た中央軍事委員会は、海兵隊を組織化することの必要性を考慮し始める。1980年5月、南海艦隊に属する形で第1海兵旅団が再配置され、以降20年間唯一の海兵隊組織となった。1997～99年に兵員が50万人削減されるという計画の下、陸軍第164師団が縮小され、第164海兵旅団へと改組（南海艦隊所属）された。

海兵旅団の構成は、概ね次のとおりである。

① 1～2個水陸両用機甲大隊：水陸両用戦車・強襲車が30～40両

② 4～5個歩兵大隊：水陸両用歩兵戦闘車（IFV）や装甲兵員輸送車（APC）が30～40両

③ 水陸両用偵察部隊：潜水工作員（2人～）、特殊作戦部隊、女性隊員（約30人）

④ 自走砲大隊

⑤ ミサイル大隊：対戦車ミサイル中隊、対空ミサイル中隊

⑥ 工兵・化学防護大隊

⑦ 警備・通信大隊

⑧ 整備大隊

海兵旅団本部では、水陸両用連隊本部が機甲大隊や1～2個機械化歩兵大隊、自走砲大隊を指揮しており、この連隊が海兵旅団の主な攻撃単位と考えられる。旅団の総数は5000～6000人であり、米海兵隊とは違い、航空機を保有していない。その代わり、南海艦隊に属するヘリコプター連隊が輸送と火力支援を行っている。第1海兵旅団は、77式水陸両用戦車（63A式水陸両用戦車の後継）や86式歩兵戦闘車から、05式水陸両用歩兵戦闘車へと近代化が進んでいる。第1海兵旅団は07B式122mm水陸両用自走榴弾砲を配備している。中国海兵隊は中国軍の即応部隊の1つであり、着上陸作戦と敵の着上陸阻止が主な任務である。

次に訓練については、雷州（Leizhou）半島、汕尾（Shanwei）、広東省北

部等の水陸両用訓練場で2～3カ月の上陸作戦訓練が行われている。水陸両用偵察部隊と特殊部隊の訓練は、陸海空協同能力の構築を目的として行われている。ほとんどの水陸両用訓練は南シナ海で、南海艦隊の揚陸艦やヘリコプターとともに行われている。「Peace Mission 2005」は例外的にロシアと合同で実施され、中国海兵隊からは第1海兵旅団の水陸両用装甲連隊が派遣され、強襲上陸訓練を行っている。2010年10月28日～11月11日に行われたタイとの合同軍事演習「Blue Strike 2010」は、中国海兵隊にとって初の海外演習となった。演習の焦点は、上陸作戦、ハイジャック対処、人質救出任務であった。「Blue Strike 2010」開催中、第1海兵旅団は南シナ海で演習「Jiaolong-2010」を行い、1800人を超える将兵が参加し、装甲ヘリ、掃海艇、駆潜艇、揚陸艦、水陸両用装甲車両、強襲用舟艇等が投入された。中国国営CCTV-5は、ジャンフーV型ミサイルフリゲート2隻、Z-8ヘリ2機、Z-9ヘリ2機が火力支援し、大・中5隻の揚陸艦が10人乗りの小型揚陸艇を搭載、さらに10数隻の05式水陸両用戦車と05式水陸両用歩兵戦闘車が水上航行している様子を報じた。「Jiaolong-2010」は比較的大規模な演習ではあったものの、確認し得る情報からみて、旅団の半分ほどが参加したに過ぎないであろう。

　第1海兵旅団は、定期的に外国の軍隊や軍人を広東省の湛江駐屯地へ招いている。2006年と2008年に米太平洋艦隊司令官と米海兵隊総司令官が訪問している。中国海兵隊はパキスタンやナイジェリアの海兵隊特殊部隊と合同で訓練をしている。2004年9月の「Jiaolong-2004」は、英仏独、メキシコからのオブザーバーを招いた、中国軍が外国に向けて開放した初めての演習である。主要任務である戦闘に備えた訓練をするかたわら、中国海兵隊は非伝統的安全保障任務への準備も始めている。2008年の四川大地震での災害救助活動のために部隊を動員、北京オリンピックの際に海兵隊潜水員が水中のセキュリティ確保に貢献したりしている。海兵特殊作戦部隊の分遣隊がアデン湾の海賊対処任務のために派遣されている。これらの非伝統的安全保障任務を通して、搭載艇やヘリコプター活動等の経験を積んでいる。また、中国

海兵隊数個中隊が南シナ海の西沙（パラセル）諸島や南沙（スプラトリー）諸島の岩礁や島にある前哨基地に駐屯している。

中国海兵隊は急速に近代化しつつあるが、水陸両用戦部隊や揚陸艦の数が少ないことから判断すれば、中央軍事委員会が短・中期的に大規模上陸作戦を想定していないことが窺える。民間商船を大規模に徴用しなければ、陸海軍の水陸両用部隊の揚陸能力では全海兵戦力の3分の1程度しか輸送できず、しかもせいぜい数百マイル先にしか投入できない。ただし、中国海兵隊の大半を投入するためにそれほど大掛かりな準備は必要ないであろう。さらなる能率向上のためには、歩兵ではなく、むしろ後方や航空支援といった面での補強が必要であり、今後10年で、中国軍全体の機構はさらに縮小され、戦力配分の見直しが行われるだろうと分析している。

以上がブラスコの分析であるが、中国において両用戦部隊の重要性が高まることは間違いないであろう。フーバー研究所（Hoover Institute）のスレイトン（David Slayton）らによれば、近年、071型ドック型揚陸艦や920型病院船等を整備している新たな水陸両用作戦能力は、中国が台湾に侵攻しようとする証であるが、最近の中台関係からは、戦争は起こりそうもない。したがって、中国は、平和維持や協調的安全保障、人道支援任務において堅実な関与を進めていると分析している[21]。

伝統的安全保障分野のみならず、非伝統的安全保障分野における関与という観点からは、「渤海グリーンパール」という軍民両用船の就役も注目すべきであろう。ジェーンズ・ディフェンス・ウィークリー（Jane's Defense Weekly）のコール（J Michael Cole）特派員によれば、3万6000トンの水陸両用船であり、渤海湾における旅客輸送能力を高めることを目的とし、文民、軍事的統合戦略的開発プロジェクトの一環として開発されている中国最大の水陸両用増強プラットフォームである[22]。これは、米国のMLP（Mobile Landing Platform）を想起させるものであり、今後注視していく必要があるであろう。

おわりに

2002年5月、ARF（ASEAN Regional Forum）会合において、中国は、「非伝統的安全保障領域における協力に関するポジション・ペーパー」を提出し、①国境を越えた協力、②非伝統的安全保障脅威の拡大に対する総合的な手段、③予防の重視、④伝統的安全保障との並立、⑤内政不干渉を重視することを宣言した[23]。2003年には、陸忠偉中国現代国際関係研究所長が、中国初となる非伝統的安全保障に係る専門書である『非伝統安全論』を発表している[24]。

中国の両用戦能力は明らかに拡充しているが[25]、中でも非伝統的安全保障分野における活動の活発化が顕著である。海上における対テロ活動、大量破壊兵器の拡散阻止、PKO、HA/DR活動、NEO等、中国海軍の非伝統的安全保障活動の幅は拡大し、そこで揚陸艦が果たし得る役割も年々大きくなってきている。それは、伝統的安全保障分野と非伝統的安全保障分野との境界が曖昧になってきていることを中国が認識していることを示している。日本は、この現実を冷厳に受け止め、安全保障上の任務を精査し、優先順位を決定することがますます必要となってきている。

中国の非伝統的安全保障分野における活動は、「中国脅威論」を煽ることなくいつでもどこでも作戦を実施できる良い機会であるとともに、国際社会における責務を果たすという大義もある。そして、こうした非伝統的安全保障分野における活動で得られた経験は、兵員の練度を上げ、システム全体の戦闘力として還元されることを忘れてはならない。

米海軍大学のヨシハラ（Toshi Yoshihara）教授らは、『プロシーディング（Proceedings）』誌に、「中国海軍：コーベットへの転換？（China's Navy: A Turn to Corbett?）」を著し[26]、同じく米海軍大学のホームズ（James R. Holmes）准教授は、『ディプロマット（The Diplomat）』誌に「マハンからコーベット？（From Mahan to Corbett?）」を取り上げている[27]。クラウゼ

ヴィッツの影響を受け、陸を重要視するコーベットの主張する積極的な防御は、あくまで攻撃の機会を伺うものであることを忘れてはならない。

注
1)『人民網日本語版』2011 年 12 月 13 日。中国語では、「非戦争軍事行動」とされている。
2) 中国国務院新聞弁公室『2010 年度版国防白書』、2011 年 3 月。
3) Craig Hooper and David M. Slayton, "The Real Game-Changers of the Pacific Basin," *Proceedings*, Vol. 137/4/1, 298, April 2011, p. 42.
4) Ibid., p. 46.
5) 薛興林編『戦役理論学習指南』国防大学出版社、2002 年等。
6) 1990 年にルフ型 (Type 052) 駆逐艦及びジャンウェイ I 型 (Type 053H2G) フリゲート艦、1991 年に宋級 (Type 039) 潜水艦の建造を開始している。(Ronald O'Rourke, *China Naval Modernization: Implications for U.S. Navy Capabilities- Background and Issues for Congress*, CRS Report for Congress, October 17, 2012.)
7) Peter Dutton, "Three Disputes and Three Objectives: China and the South China Sea," *Naval War College Review,* Vol. 64, No. 4, Autumn 2011, pp. 55-58.
8) James R. Holmes, " The Sino-Japanese Naval War of 2012," *Foreign Policy*, August 20, 2012; James R. Holmes, "Rock Fight," *Foreign Policy*, September 28, 2012.
9) Milan Vego, "China's Naval Challenge," *Proceedings,* Vol. 137/4/1, 298, April 2011, p. 40.
10) Andrew Erickson, Lyle Goldstein, and Carnes Lord, "When Land Power Look Seaward," *Proceedings*, Vol. 137/4/1, 298, April 2011, pp. 18-23.
11) Andrew S. Erickson and David D. Yang, "Using The Land To Control The Sea?: Chinese Analysts Consider the Antiship Ballistic Missile," *Naval War College Review*, Vol. 62, No. 4, Autumn 2009, pp. 53-54.
12) U. S. Department of Defense, *Annual Report to Congress: Military and Security Developments Involving the People's Republic of China 2011*,August 24,2011.
13) U.S.-China Economic and Security Review Commission, *2011 Report to Congress*, November 2011.
14) U. S. Department of Defense, *Annual Report to Congress: Military and Security Developments Involving the People's Republic of China 2012*,May 18,2012.

15) The International Institute for Strategic Studies, *China's Three-Point Naval Strategy*, October 2010.
16) Andrew Erickson and Gabe Collins, "China's Real Blue Water Navy," *The Diplomat*, August 30, 2012.
17) Daniel J. Kostecka, "From the Sea: PLA Doctrine and the Employment of Sea-Based Airpower," *Naval War College Review*, Vol. 64, No. 3, Summer 2011, pp. 10-30.
18) Dennis J. Blasko, "PLA Amphibious Capabilities: Structured for Deterrence," *The Jamestown Foundation China Brief*, Vol. X, Issue 17, August 19, 2010.
19) U.S. Department of Defense, *Annual Report to Congress: Military and Security Developments Involving the People's Republic of China 2010*, August 16,2010.
20) Dennis J. Blasko, "China's Marines: Less is More," *The Jamestown Foundation China Brief*, Vol. X, Issue 24, December 3, 2010.
21) David Slayton and Craig Hooper, "China at Sea," *Hoover Digest*, 2011 No.2, March 29, 2011.
22) J Michael Cole, "China Launches largest amphibious augmentation platform yet," *IHS Jane's*, August 9, 2012.
23) 中華人民共和国外交部、China's Position Paper on Enhanced Cooperation in the Field of Non-Traditional Security Issues, May 29, 2002,
 http://www.fmprc.gov.cn/eng/wjb/zzjg/gjs/gjzzyhy/2612/2614/t15318.htm.
24) 陸忠偉『非伝統安全論』時事出版社、2003 年。
25) Ronald O' Rourke, "PLAN Force Structure: Submarines, Ships, and Aircraft," in Phillip C. Saunders et al, eds., *The Chinese Navy: Expanding Capabilities, Evolving Roles*, Center for the Study of Chinese Military Affairs, Institute for National Strategic Studies, National Defense University, December 2011, pp.158-160.
26) James R. Holmes and Toshi Yoshihara, "China's Navy: A Turn to Corbett?," *Proceedings*, Vol. 136/12/1,294, December 2010.
27) James R. Holmes, "From Mahan to Corbett?," *The Diplomat*, December 11, 2011.

おわりに

　シーパワーが国家を隆盛に導くとマハンが結論づけた時代は、海軍が敵の艦隊を撃破し、私掠船を排除することによって海上交通と植民地の安全を保証することによって交易を独占し、利益を確保することが想定された時代であった。
　しかし、中国を取り巻いてきた環境は明らかに異なり、海軍は敵の艦隊を撃破する必要もなく、私掠船の排除も求められなかった。その意味において、中国の発展はシーパワーによるというよりも、中国の発展に伴って商船隊が増大し、これを支える形で造船工業界が成長してきたと言える。海軍の命題は台湾解放による「革命の完成」あるいは「海の長城」であり、商船隊の成長とは関わりのない文脈の中で発展してきた。そして、中国が石油輸入国となり、中東からの長大な海上交通路の安全の確保を要請されるようになってからも、マハンが指摘したように海軍と商船隊とが交差することはなかった。
　中国が海洋へ進出しようとしたのは改革開放後である。目的は、英国の国際政治学者ケン・ブース（Ken Booth）が主張したように、人と物資の輸送、外交、海上あるいは陸上の目標に対して軍事力を行使するための部隊の移動、そして海洋資源を得るため[1]であった。海と向かい合った中国が、その論理的根拠としたのがマハンの理論でり、これまでの中国の行動は、マハンの優等生と言っても過言ではないほどに忠実である。植民地に換わる友好国における拠点の確保はマハンの主張するところであるが、中国は開発援助を武器として、インド洋沿岸国に次々と拠点を確保していった。
　さらに第12次5カ年計画では海洋産業構造の調整と海洋総合管理の強化が柱となっており、特に海洋経済の発展については独立した1つの「章」が設けられている。それらを背景に中国造船工業界は、各国の造船業界が調整段階に入っていく中、2015年までに高技術・高付加価値船舶の開発、建造能力を有し、年間建造能力2800万DWT、年間生産量2200万DWTを達成、さら

に舶用機器の自給率を向上させ、自国を世界における造船強国とすることを目指している。また、中国は商船隊に免税登録制度を導入し、免税期間の延長等によって自国籍船の確保に努める一方、「老朽船管理規定」を制定し、要件に合致しない老朽船を強制破棄させ、新造船の導入を促す等、海運業界における競争力の強化を図っている。港湾設備の整備も着々と進展し、商船隊の自国籍船確保、老朽船舶の強制破棄とその代替船の建造の動きは、造船工業界への追い風となっている。

　国際的な海運市況の動向、中国国内及び国際的な造船工業の需給バランスの調整など問題を抱えるとは言え、これら商船隊、造船工業界の動きは中国の海運を支え、経済の発展の維持に不可欠の力であり続けるであろう。

　さらに注目しておきたいのは、商船隊あるいは造船工業界そのものの動向ではなく、これらの施策を推進してきた中国政府の目線の確実な変化である。これまで山にしか向かっていなかった視線が、海洋資源開発に関わる施策の推進によって、相当程度、海に向かうようになっている。それはマハンが指摘したシーパワーの構成要素の一つである「政府の性格」が、中国政府にも当てはまることを意味する。

　中国海軍は2000年代に入ると「晋」級弾道ミサイル搭載原子力潜水艦、「商」級原子力潜水艦、「元」級潜水艦、「旅洋Ⅱ」級ミサイル駆逐艦、「江凱Ⅱ」級ミサイル・フリゲートなど相次いで新世代の艦艇を就役させ、艦隊の近代化を加速してきた。これに伴い、外洋における訓練も活発となり、機動部隊を編成してより実戦に近い環境の中での訓練を実施している。成功作と思われる「江凱Ⅱ」級ミサイル・フリゲートを除き新造艦艇は問題を抱えてはいるものの、中国海軍は目指すブルー・ウォーター・ネイビーへ着実な歩みを続け、新世代の艦艇はシーパワーの大黒柱としての地位を築きつつある。

　しかし、発展する商船隊と近代化が進む中国海軍、中国政府の3者が、海洋において交差することは依然としてなかった。この状況を変えたのが2008年からのソマリア海賊対処のためのアデン湾への艦艇の派遣である。中国海軍は、新造艦艇の性能の実証的把握、洋上補給能力、外国港湾での補

給・休養、船舶の様々な護衛要領、慣海性の育成などブルー・ウォーター・ネイビーを目指すうえで必要な多くのことを習得した。しかし、それ以上に重要なことは、中国国内に海洋をめぐる制度的変革をもたらしたことである。米海軍大学のエリクソン（Andrew S. Erickson）らは、ソマリア海賊対処のために海軍部隊を派遣したことは、中国海軍と外交部、運輸交通部、その他の官庁等との情報の共有、業務の調整などの経験を通じ、不測の事態にも対応できる制度的な変革を中国にもたらしたと指摘する[2]。ソマリアの経験を経て、はじめて中国海軍は商船隊、政府との交点を得たといって良いであろう。すなわち、中国はシーパワーを獲得したと言える。

本書は、中国のシーパワーを理解する第一歩に過ぎない。中国海軍と国家海洋局あるいは国家海警局との関係、あるいは力学は——。ソマリアの経験を通じて新しくなった外交部あるいは交通運輸部との関係は——。中国海軍の共産党内あるいは人民解放軍内における発言力、あるいは影響力は——。これらは「政府の性格」をより深く理解するために、不可欠な事柄である。

また、中国の造船に関わる者の数は約80万人に上り、船員数は150万人を超え、若年層の就労希望者が減少しているという問題点を抱えながらも、現在中国は世界屈指の船員供給国である。これらシーパワーを潜在的に支える、海洋に関わる人々の集団が、どのような力を形成しているのか。第1次世界大戦以前、英国とドイツ間における建艦競争によって両国の造船業界は拡大し、それに関わる人々によって海軍協会が設立された。この協会が圧力団体として力を持ったことから、英国の歴史家ジェームズ・ジョル（James Joll,1918〜94）は『第1次世界大戦の起源』で、彼ら造船に関わる人々が第1次世界大戦の原因の1つになったと指摘している[3]。中国の造船に関わる人々が同じように政治的な力を持つのか、今後注視すべきである。

このように、これまでの中国はマハンに依拠して海と向き合ってきた。しかし、今、マハンからコーベットへシフトしようとしている。中国ではコーベットの主著である Some Priciple of Maritime Strategy（邦訳、『海洋戦略の諸原則』）が『海洋戦略的若干原則』として翻訳、出版されている。コーベッ

トヘシフトした中国が、例えば海からのパワー・プロジェクションが極めて重要な非戦争軍事行動においては、どのような行動を取ろうとするのか——。このような問題への取り組みは今後を期したい。

　本書の構想の段階でご尽力いただいた澤井弘保氏に謝辞を献したい。澤井氏のご尽力無くして本書を世に出すことはできなかった。

　最後になったが、本書を出版するに当たり忍耐強く、誠意を持って協力、支援をいただいた創土社編集部に心からお礼を申し上げたい。

（山内敏秀）

注
1) Booth, Ken, Navies and Foreign Policy, New York:Holmes & Meiew Publishing, Inc., 1979, p.17.
2) Erickson Andrew S., Austin Strange 'The Relevant Organs: Institutional Factors behind China's Gulf of Aden Deployment', China Brief, Volume: 13, Issue: 20, October 10, 2013, The Jamestown Foundation,
http://www.jamestown.org/programs/chinabrief/single/?tx_ttnews%5Btt_news%5D=41470&tx_ttnews%5BbackPid%5D=25&cHash=5db6d3c0b3e1a378ac33ad23067f7dce#.UmH2dh-CjIU（at Nov.7 2013）
3) ジェームズ・ジョル　池田清訳『第一次世界大戦の起源』みすず書房、1997年、99-107頁を参照されたい。

索引
（中国の固有名詞は原則、漢音表記）

人名

【あ行】

天児慧　153
ネーザン，アンドリュー　209
栄毅仁　27
エリクソン，アンドリュー　21,211,214,216
王志国　81
オルーク，ロナルド　21

【か行】

何其宗　39
カステックス，ラウール　5
茅原郁生　155
何琳　242
宦郷　43
キッシンジャー　161
倪健中　5
コーベット，ジュリアン　26,27,261,267
コール，ガブリエル　260
胡志強　52
高之国　19
江沢民　33,151,235
胡錦濤　19,165
伍修権　39
呉勝利　169
コステカ　215,254
コリンズ　214
ゴルシコフ　22,210

【さ行】

蔡英挺　156
柴樹藩　23
周恩来　69
習近平　19
朱光亜　39
朱文泉　156
シュリーフェン，アルフレート・フォン　51
聶栄臻　23,69
蕭継光　24
蕭克　28
常鵬寧　161
徐光裕　73,16
徐錫康　74,163
ジョッフル，ジョゼフ　51
ジョル，ジェームズ　267
スコーベル　209
スレイトン　260
石雲生　74
施昌学　40
曾恒一　19
宋時輪　28
粟裕　23
蘇振華　24,68,155,234

【た行】

戴秉国　248
ダットン，ピーター　249
チャン，ディーン　214
張愛萍　23,156
張永剛　53
張学思　66
趙克石　156

269

張秀川　24
張序三　163
張震　39,156
張文木　50
張連忠　74
丁衡高　23
ティル，ジェフェリー　14
鄭和　6,30,250
鄧小平　23,72,124,151,178,211,228,250
陶勇　68,
杜義徳　34,
トハチェフスキー，ミハイル　52
トルーマン，ハリー　157

【は行】

馮芳　49
ブース，ケン　152,265
ブラスコ，デニス　256,
方強　68
彭徳懐　36
ホッパー，クレイグ　247

【ま行】

マハン，アレフレッド　5,12,80,154,250,265
毛沢東　6,36,64,151,211,233

【や行】

裕溪口　104
葉剣英　69
叶向東　18
楊尚昆　23
楊得志　44
ヨシハラ，トシ　261

【ら行】

羅舜初　67
羅瑞卿　24,68
リー，ナン　216
李継耐　168
李作鵬　24
劉華清　9,21,68,159,210,227,250
李耀文　44
梁芳　53
林彪　24,68,200
ルーデンドルフ，エーリヒ　52
ルトワック，エドワード　20
レーマン，ジョン　29
盧東閣　28

事項索引

【アルファベット】

A2/AD　210,249
China Shipping　96,99
CIC　134
CNSC　134
COSCOグループ　96
CSIC　48,126,132
C級潜水艦　223
EEZ　22
KILO級潜水艦　15,75,77,78,158,231
MIRV（マーブ）　78
MOOTW　212,247
M型潜水艦　223
PKO　252,256
RIMPAC　76
RORO船　112,93
R級潜水艦　226

Shshuka 型潜水艦　224
Sinotrans& CSC グループ　96,98
SLOC　154
VLS　78
W級潜水艦　225

【あ行】

アデン湾　48,81,168,253,266
アンダンマン海　80
一般貨物船　92
以劣勝優　21
インド洋　80
インペッカブル　248
ウェーブ・ピアサー　77
ウォータージェット　77
海の長城　6,67,154,224
エア・シーバトル　52
エアランド・バトル　52
営口　106
エリア防空　185
遠海訓練　83
沿海船　101
沿岸防備部隊　65
大隅海峡　83
沖縄　84
オケアン演習　72

【か行】

海外訪問　76
改革開放　6,7,16,22,23,27,33,45,49,54,55,
　62,72,73,87,124,135,158,159,182,211,265
海軍外交　14
海軍学校　66
海軍軍事学院　70
海軍航空学校　66

海軍航空部隊　65
海軍指揮学院　75
海軍政治幹部学校　70
海軍戦略　5,23,29,30,33,37,38,39,40,42,43,
　152,162,178,250
海軍陸戦隊　65
海警　9,16,267
外航海運　1,87,88
外国籍船　91,109
海巡　16
海上荷動量　95,120
海上権力史論　5,12
海賊対策　14
海底鉱物資源　73,160
海洋監視組織　16
海洋国家　5,8,10,248,249,250,251
海洋戦略　6,42,152,159
海洋力　15,18,21,22,26,45,47,48,49,50,54,55
「夏」級弾道ミサイル搭載原子力潜水艦
　75,78,237
核実験　171
核心的利益　248
核戦略　75,78
核兵器　54,166,172,212
河川航路　89
河川船　91,101
華東軍区海軍　63
貨物輸送量　7,88
環インド洋地域協力連合　80
「漢」級原子力潜水艦　74,76,158,202,
　233
漢口　104
環太平洋合同訓練　76
環渤海　106,141
環渤海地域　89

271

旧ソ連　22,64,65,66,67,71,72,159,170,171,72,176,178,179,180,181,182,189,190,193,199,199,200,201,203,211,222,223,224,225,226,232,234,235,237,238,
京杭運河　89,108
局部戦争　74
魚雷艇　61,189,199,222
機雷戦艦艇　200
機雷敷設艦　202
近海　34,151,188,247
近海防御戦略　72,74,152,160,200,229
金門島　153,251
空母　10,43,72,132,162,210
空母戦闘群　77
空母搭載航空機　224
空母不要論　162
駆逐艦　47,61,62,189,214
グローバルサービス　147,
グワダル港　79,
軍事海洋学　53,53
軍事学院海軍系　70
軍事法学　54
軽巡洋艦　61
「元」級潜水艦　10,78,158,202,232,266
建軍記念日　61
原子力空母　211
原子力潜水艦　61,171,171,173
建設資材　105
建造コスト　10,145
原油輸入量　94,164
「黄安」号　62
黄驊　104
黄海　6,38,76,161
江凱　77
「江滬」級（ミサイル）フリゲート　83

広州　96,105
抗米援朝　66
国際観艦式　61
国防産業　23,44
国防費　42,29
国民党海軍　61
国務院国防科学技術工業委員会　125
国連海洋法条約　22,29
531計画　48
国家海洋委員会　19
国家海洋局海警局　16
国家地震災害緊急救援隊　167
国共内戦　24,152,180
コンテナ　92,120,154
コンテナ運賃届出制度　110
コンテナ船定期航路　110

【さ行】

作戦海域　38
作戦形態　34,164
作戦範囲　34
三峡ダム　108,249
南沙諸島　36
三線建設　72
「三路向心迂回」戦略　157
シーコントロール　14,73
シーディナイアル　73
シーパワー　8,265
自給率　10,146,266
自国商船隊　109
枝城　104
上海商船設計研究院　128
11期3中全会　71
重慶　106,107
「重慶」号　62

索引

舟山列島　152
10大軍工集団　47
需給ギャップ　144
珠江水系　89,105
珠江デルタ地域　89
「商」級原子力潜水艦　10,235,266
商船隊　7,16,43,91,102,166,211,265
商船隊船腹量　91
上陸作戦訓練　259
水陸両用戦　78
「晋」級弾道ミサイル搭載原子力潜水艦　10,78,240,266
シングルハルタンカー　113
秦皇島　104
深圳　75,79,105
新造船建造量　121
新造船受注量　128
新造船竣工量　128
人道支援／災害救援　216,256
人民戦争戦略　151,199
水上艦部隊　65
垂直発射システム　78
水陸両用戦部隊　10,260
制海権　14,27
西沙海戦　31
西沙諸島　258,260
西南沿海　106
世界貿易機関（WTO）加盟　87
石炭　94
石油埋蔵量　73,160
石油輸送路　82
積極防御　72,90,158,162
接近阻止・領域拒否　210,249
尖閣諸島　16,195,248
船型標準化　112

潜水艦　10,43,65,158,158,202,217,221
潜水艦部隊　10,65,217,221
戦争以外の軍事活動（Military Operations Other Than War: MOOTW）研究センター ⇒ MOOTW
潜艇学校　70
船舶工業中長期発展計画　140
戦略的防御　34
戦力投射能力　162,210,215,251
掃海艇　201,259
「宋」級潜水艦　228
造船業　22,23,43,45,113,119,267
造船工業　8,9,10,120,177,265
造船政策　147
双胴船　77
蘇州　105,106
ソマリア沖海賊　7,78,168,187,242
「宋」級潜水艦　75

【た行】

大同　77
第1島嶼線　32,154,187,229
第12次5カ年計画　8,108,139,265
大豆　94
第二船籍制度　110
第2島嶼線　32,160,229
大陸国家　249
台湾海峡　65
台湾解放　65
タンカー　92,113,120
弾道ミサイル　74
弾道ミサイル搭載原子力潜水艦　61,171,173,237
中国船舶工業集団公司　47,48
中越戦争　34,71

273

中央軍事委員会　23,67,151,211,247
中海工業有限公司　134
中華民国海軍　22
中国遠洋運輸公司　134
中国遠洋運輸（集団）総公司　10,96
中国海運（集団）総公司　10,96
中国外運長航集団有限公司　10,96
中国海兵隊　257
中国船級協会　127
中国船舶研究及び設計センター　128
中国船舶工業行業協会　127
中国船舶工業公司　124
中国船舶工業集団公司　48,126
中国船舶工業綜合技術研究院　127
中国船舶工業総公司　48,124,125
中国船舶重工集団公司　47,48,126,132
中国船舶設計研究センター公司　128
中国長江航運公司　134
中ロ共同訓練　83
中国船舶工業総公司　124,125
長江水系　89
朝鮮戦争　61
鎮江中船バルチラ・プロペラ有限公司　136
青島（ちんたお）　48,66,96,104,105,141,189
津軽海峡　84
提督たちの反乱　162
鉄鉱石輸入量　94
天津　104
東海　82
東海艦隊　67
統合作戦　51,52
韜光養晦　41
唐山　104
東南沿海　106

徳勤集団　106
ドック型揚陸艦　61,78,169,178
トン数標準税制　114
東風　78

【な行】

内航コンテナ輸送　105
内航水運　88
718 工程　45
南海　83
南海艦隊　67
南京　105,191
南沙諸島　31,185,260
日照　104
日中関係　15
日中航路　110
寧波―舟山　106,107,109

【は行】

排他的経済水域　22
馬祖　155,251
85 戦略転換　73,159,159,228
パラセル諸島　31,248
ばら積み船　92,98,92
バルク貨物輸送　105
パワー・トランジション　9,17
パワー・プロジェクション　15,79,163,169,268
「漢」級原子力潜水艦　76
東シナ海　16,158,229,253
非戦争軍事行動　10,82,166,167,216,268
フィーダー輸送　90
フィリピン　15,65,158,255
フェーズド・アレイ・レーダー　197
フォークランド紛争　30,163,163,185

武漢　81,15,168
福建国航遠洋運輸　106
フリゲート　61,158,162,179
フルスペクトラム・オペレーション　52
文化大革命（文革）　24,62
米中関係　27
米中国交回復　62
米中和解　71
平和維持活動　167
ベトナム　15,71,71,94,157,248
ベトナム戦争　71
砲艦外交　14
砲煩兵器　180
澎湖諸島　251
ホームズ　261
補給艦　168,178,203
北洋水師　6
浦口　104
北海　83
渤海　38,79,112,160,229,260
北海艦隊　67
蚌埠　77

【ま行】

馬鞍山　77
万山群島戦役　66
ミサイル　162
ミサイル駆逐艦　25,45,79,168,190,227
ミサイル艇　67,178,199
ミサイル・フリゲート　83,167,181,227
南シナ海　18,72,158,229,248
南シナ海西沙　34
ミャンマー　81,165,165
「明」級型潜水艦　75,76,84,227,228,231
免税登録制度　19,266

誘敵深入　72,90,158,151
揚子江（長江）デルタ地域　89
熔盛重工株式会社　135
洋務運動　22
4つの現代化　7,6

【ら行】

リトラル　163
「リバランス」政策　15
領海法　21
「遼寧」（空母）　10,77,198,209,236
両用戦部隊　248,256
「旅州」級ミサイル駆逐艦　77
「旅大」級サイル駆逐艦　75,76
「旅海」級ミサイル駆逐艦　77
「旅滬」級ミサイル駆逐艦　75,77
「旅洋」級ミサイル駆逐艦　77,78
連雲港　104
老朽船廃棄　109
6大業種　47
6・4協定　67,178,225
ロシア　76

【わ行】

ワリヤーグ　77
湾岸戦争　30,151,202

◇執筆者一覧◇

浅野亮：同志社大学法学部教授
国際基督教大学教養学部卒業。専門は現代中国政治。著書『中国の軍隊』(創土社)。共著『肥大化する中国軍』(晃洋書房)、『概説 近現代中国政治史』(ミネルヴァ書房)、『中国、台湾』(同社)、『中国をめぐる安全保障』(同社)等。

山内敏秀：横浜商科大学講師
防衛大学校卒業(基礎工学Ⅰ専攻)、青山学院大学国際政治経済学研究科修了。太平洋技術監理有限責任事業組合理事(安全保障担当)、元防衛大学校国防論教育室教授、元1等海佐。著書『潜航！―ドン亀・潜水艦幹部への道』(かや書房)、編著『戦略論大系5 マハン』(芙蓉書房出版)、共書『肥大化する中国軍―増大する軍事費から見た戦力整備―』(晃洋書房)、『中国の軍事力―2020年の将来予測』(蒼々社)等。

森本清二郎：公益財団法人日本海事センター研究員
早稲田大学政治経済学部卒業、早稲田大学大学院政治学研究科博士課程単位取得退学(国際法専攻)。寄稿「国際海運のCO_2排出削減のための経済的手法―検討の現状と今後の論点―」(『海運経済研究』第44号・海運経済学会)、「ソマリア海賊への各国・機関の対応状況と民間武装警備員乗船制度」(『船長』第131号・日本船長協会)等。

松田琢磨：公益財団法人日本海事センター研究員
筑波大学第三学群社会工学類卒業、東京大学大学院経済学研究科博士課程単位取得退学。寄稿「外航海運の現状と課題」(『運輸と経済』第131号・運輸調査局)、「日本の海事クラスターの規模について」(『船長』第130号・日本

船長協会)、「バルク貨物コンテナ化の決定要因について―北米/韓国・台湾航路における金属スクラップ輸入の分析―」(『海運経済研究』第 47 号・日本海運経済学会) 等。

重入義治 : 元(一社)日本舶用工業会業務部担当部長
神戸商船大学卒業(商船学部航海学科)、同乗船実習科修了。元 JETRO 上海事務所船舶機械部長(2007 〜 2011)。共著『荒天対応型オイルフェンスの開発(その 1)』(日本造船学会) 等。

下平拓哉 : 海幕防衛部 1 等海佐、米海軍大学連絡官
　政治学博士。防衛大学校卒業(電気工学専攻)、筑波大学大学院地域研究研究科修了。寄稿「米海軍のアジア太平洋戦略」(『戦略研究 13』・芙蓉書房出版)、「南シナ海における日本の新たな戦略」(『戦略研究 11』・芙蓉書房出版)。翻訳「水陸両用作戦、今かつてないほどに」(『海幹校戦略研究』第 2 巻第 1 号増刊(翻訳論文集・自衛隊幹部学校)等。

中国の軍隊

浅野 亮 Asano Ryo

兵力　組織　歴史　戦略

毎年2けた以上伸び続けている国防費、その詳細は不明だが、近代化に力を入れていることは間違いない。周辺諸国・地域の中国脅威論も根強い。220万人という世界最大の兵力を擁する軍事大国の実像に迫る。

【中国の軍事力を過去・現在・未来の視点で分析】

　毎年2けた以上の伸びている国防費、その詳細は不明だが、ハイテク戦争に備え近代化に力を入れていることは間違いない。周辺諸国・地域の中国脅威論も根強い。兵力・組織・歴史・戦略の多角的視点から、225万人という世界最大の兵力を擁する軍事大国の実像に迫る。

【著者紹介：浅野　亮】

　1955年生まれ。同志社大学法学部教授。専門は現代中国政治、とくに中国の対外政策、安全保障問題に造詣が深い。共著に『中国をめぐる安全保障』(ミネルヴァ書房)、『中国・台湾』(同)、『軍事ドクトリンの変容』(日本国際問題研究所) など。

四六上製　・288ページ　本体価格2000円＋税
ISBN：978-4-7893-0003-2　(全国書店からご注文できます)

中国の海上権力

海軍・商船隊・造船～その戦略と発展状況

2014年7月12日　第1刷

編者

浅野亮・山内敏秀

著者

浅野亮・山内敏秀・森本清二郎・松田琢磨・重入義治・下平拓哉

発行人

酒井 武史

装丁デザイン　山田剛毅

発行所　株式会社　創土社
〒165-0031 東京都中野区上鷺宮 5-18-3
電話 03-3970-2669　FAX 03-3825-8714
http://www.soudosha.jp

印刷　モリモト印刷
ISBN978-4-7988-0218-7　C0020
定価はカバーに印刷してあります。

好評既刊！中国関連書籍

変革期の基層社会―総力戦と中国・日本―

奥村 哲編　A5 ハードカバー・302 ページ 本体価格 3000 円＋税

日中戦争・国共内戦・東西冷戦は中国をどう変えていったか。 農民・農村を中心とする「普通の民衆」（基層社会）に焦点をあてる。 近現代の戦争＝総力戦においては、庶民は総動員され、否応なく国民意識を注入されていった。その中国的特色とはなにか。東アジア、特に日本と比較して考察する。

新中国の 60 年～毛沢東から胡錦濤までの連続と不連続

日本現代中国学会編　A5 ハードカバー・312 ページ 本体価格 2800 円＋税

毛沢東から始まった中国で、60 年目の今、毛沢東の再評価が行われている。第一線の中国研究者たちの協同作業による新たな「中国認識」の枠組み

中国における国民統合と外来言語文化
～建国以降の朝鮮族社会を中心に

崔　学松著　A5 ハードカバー・254 ページ 本体価格 2800 円＋税

多民族国家中国――建国後の最大の政治課題は「国民統合」、それぞれ独自の帰属意識を持つ住民の間に共通した国民意識を醸成することだった。本書は中国東北地域・朝鮮族社会における外来言語文化の受容の考察を通じて、 少数民族に対する中国の勢力拡張と支配の特徴を浮き彫りにする。

宗教が分かれば中国が分かる

清水勝彦著　四六ソフトカバー・216 ページ 本体価格 1700 円＋税

中国のアキレス腱は宗教問題だ。2008 年 3 月にチベットで起きた抗議行動が「チベット騒乱」にまで拡大していくのを見て、中国の宗教問題の専門家である著者が実感した中国に対する確信。学術書にありがちな難解な描写を避け、中国事情に疎い人でも理解しやすいよう詳細な用語解説を多数交えつつ易しく解説した最適の入門書。